MAPPING THE MORAL DOMAIN:

A Contribution of Women's Thinking to Psychological Theory and Education

·当代德育理论译丛·

檀传宝　主编

描绘道德的图景：
女性思维对心理学理论与教育的贡献

卡罗尔·吉利根（Carol Gilligan）
[美] 贾妮·维多利亚·沃德（Janie Victoria Ward）
吉尔·麦克莱恩·泰勒（Jill Mclean Taylor）　主编◎
贝蒂·巴蒂奇（Betty Bardige）

季爱民　杨启华　译◎

教育科学出版社
·北京·

主编简介

卡罗尔·吉利根(Carol Gilligan,1936—),哈佛大学社会心理学博士,先后任教于哈佛大学、剑桥大学、纽约大学。吉利根以其对女性心理发展的研究著称于世,其代表作《不同的声音——心理学理论与妇女发展》被《牛津哲学辞典》称为当代女性主义理论中最有影响和争议的著作。

译者简介

季爱民,女,1972年出生,教育学博士。现为武汉理工大学副教授,硕士研究生导师。主要研究领域为道德教育、思想政治教育、高等教育。

杨启华,女,1981年出生,教育学博士。现任教于首都师范大学政法学院,主要研究领域为道德教育、中学政治课程与教学论。

总 序

多元文化时代中国德育的必然选择

（一）

尽管一些人对"多元化"抱有过分谨慎的态度，多元文化时代的来临在全球范围内都已经是一个不争的事实。德育是一个最具文化特性的事业，无论是德育目标、内容的确定，还是德育过程与方法的选择，全部德育活动都是一种无法脱离文化的价值存在。

多元文化时代给德育带来的积极意义是不言而喻的：在德育的目标和内容方面，多元价值的相遇、对话，甚或是冲突，都有利于当代德育更认真、更仔细地看待价值文化的相对与共识；在德育的过程安排、方法选择等方面，由于价值本身具有的相对性在多元文化时代的空前凸显，所有人都会发现：没有学习者的主体性就没有真正意义上的德育，古代社会所笃信的强制灌输的德育模式将彻底地无以为继。就像互联网使得信息垄断变得日益困难一样，多元化时代的来临最有价值的意味是一个前所未有的民主与科学时代的来临——其中当然也包括德育的民主化和科学化。

更为重要的是，文化或者价值多元会使得当代人前所未有地在价值生活上无所适从。而这一时代特征将使所有社会和个人都"被迫"关注德育，并认可它的重要性，关切其实效的提高。从德育的立场出发也许我们可以说，托多元文化之福，一个从真正意义上关心德育的时代已经来临。

当然，多元文化时代并不仅仅是一种廉价的、单方面的福利。"双刃剑"之所以成为我们经常引用的一个隐喻，最主要的原因之一是价值多元的另外一个层面——危险性或者挑战性的层面。

　　与德育密切相关的危险性、挑战性首先表现在：由于达至共识是如此之难，价值多元最有可能导致的危险就是虚假的价值宽容或者相对主义。价值相对主义的结果往往是价值虚无主义。而当什么都是对的之时，德育将在实际上被取消。最近二十多年时间中，西方社会之所以普遍出现德育向传统回归的趋向（比如，美国的品德教育运动正在蓬勃展开，英国已经将公民教育列入中小学的必修课程），就是因为学校德育已经走向了价值相对主义和虚无主义，或者已经被错误的"民主"、"自由"等概念所误导。当许多人宣称道德、价值的选择完全是个人的自由与权利，教育能做的就只能是帮助学生"澄清"他们已有价值观的时候，德育其实已经不再存在。我们相信，如果不对西方一些国家所经历的曲折保持理性、冷静的观察，像中国这样正在向西方学习、努力实现教育"现代化"的东方国家就极有可能重蹈他们的某些覆辙。

　　此外，由于多元化与"全球化"的密切关联，多元文化时代又是一个极容易被操纵、被引诱的时代。当发展中国家或者弱势文化群体宽容、膜拜某些价值观（常常属于强势文化）的时候，多元化恰恰可能变成一个文化强权、价值灌输的工具。以美国当下风头正盛的品德教育（Character Education）运动为例，当一些学者热衷于找寻价值共识或者底线，以便进行正面、直接的品德教育的时候，一些学者已经公开质疑："谁"的共识、"谁"的底线？——原来他们发现，在美国绝大多数社区通过家长投票之类方法所确定的所谓价值共识依然不过是盎格鲁撒克逊（Anglo-Saxon）白人的"主流"价值观，少数族裔的价值观已经被无情、"合法"地边缘化了。这种"多数人的专制"将会继续下去，如果我们缺乏足够的、理性的文化批判精神的话。

　　多元文化时代的中国社会和中国德育的必然选择只能是：积极拥抱多元文化时代而不是被迫生活在这样一个机遇与挑战并存的历史阶段。因此，保持中国文化与德育的主体性，批判性评价和吸收外来文化的营养，并向其他文化贡献中华民族的价值与教育智慧等都是十分必要的。但是，批判、吸收、创造的前提都是——打开窗户看世界。我们特别需要认真比较、分析、取舍外部世界的相关思想与信息，以便以比较开阔的胸怀和视野真正独立自主地去解决我们面临的现实德育问题。因此，作为一套力图全面介绍当代国外德育理论，尤其是发达国家中为国际学术界公认的、有较高研究与应用价值的德育理论著作的翻译作品系列，"当代德育理论译丛"的正式面世，应当说是正当其时的。

（二）

　　基于多元文化时代德育使命的分析，我们对于"当代德育理论译丛"的意义或者严肃性有充分的认识。

　　为了保证品质，本"译丛"将遵循从严和开放两项基本原则开展工作。所谓"从严"，首先是指入选的著作一定是经过本领域专家认真甄别并确认为一流水平的研究成果，其次是指我们将在翻译、出版的各个环节尽最大努力保证每一本译著的质量。而"开放"的意思是：本"译丛"不仅在国别上向美、英以外的国家开放，争取更广泛的国际视野，而且意味着一个适当开放但仍然严谨的"德育"概念——对作品的选择将以道德教育为主，但是适当延伸到公民教育（Citizenship Education）、品德心理研究等相关领域。

　　我们深信，"当代德育理论译丛"出版的现实意义（学术价值、社会效益）将是巨大的。中华民族是一个礼仪之邦，有重视德育的优良文化传统，所以中国德育一方面现实问题很多，另一方面深切关心的人也很多。从政府到民间，许多有识之士都非常关心德育实效的提高，都在积极找寻有借鉴价值的"他山之石"。在学术层面，中国本土德育理论创新更是急需与世界各国，尤其是发达国家德育理论的最新研究成果及时地和认真地对话，并获得有益的启示。所以更多可供学习、借鉴的国外德育理论著作的翻译出版，无疑将会对中国社会文明与学校德育的进步产生积极的影响。因此，作为主编，本人要在这里真诚地向对本"译丛"出版作出重要贡献的相关人士致敬和致谢。他们是——

　　在筛选和确定第一批备选书目方面给予热心帮助的 Alan Lockwood 教授（University of Wisconsin-Madison）、Nel Noddings 教授（Stanford University）、Elliot Turiel 教授（University of California-Berkeley）、Larry Nucci 教授（University of Illinois-Chicago）、Marvin Berkowitz 教授（University of Missouri-St. Louis）、James S. Leming 教授（Saginaw Valley State University）、Merry Merryfield 教授（Ohio State University）、Fred Newmann 教授（University of Wisconsin-Madison）等所有美国同行，和为本"译丛"提供同样帮助的伦敦大学教

育学院（Institute of Education）的 Graham Haydon 博士、Hugh Starkey 博士，以及其他国外和国内的专家。

踊跃承担"译丛"的翻译，并且认真负责地完成各自任务的译者及进行认真审校，确保翻译质量的各位同仁。

热心支持本"译丛"出版的教育科学出版社领导和为"译丛"出版付出了许多心血的编辑朋友。

桃李不言，下自成蹊。也许本"译丛"出版的意义言说和由衷感谢的话实际上都没有特别的必要。最后我们所能说的也许只能是：衷心希望通过不懈努力，本"译丛"能够成为多元文化时代中国德育学术研究中一道最亮丽的风景。

檀传宝

July 26, 2006

Room 202, 15 Woburn Square

IOE, London

序 言

□ 卡罗尔·吉利根（Carol Gilligan）

　　今年秋天，一位女士从孟菲斯给我寄来一封信，信中夹有一份剪报。这份剪报的内容是，孩子们按照一位记者的要求写作有关如何改善其所在城市的文章，这位记者注意到男孩和女孩所写的文章之间存在差异。对于男孩，改善城市就如我们通常所构想的那样，意味着城市的更新：更多公园、新建筑、革新、更好的街道、更明亮。然而，女孩以一种令这位记者惊奇的方式对改善城市进行了描述。她们建议加强人们之间的关系：对有需要的人作出回应并采取行动帮助他们。现在，写这封信的法学教授解释，她在耶鲁大学法学院读过《不同的声音》一书，认为我一定会对这些描述感兴趣。

　　这些有时被称为"逸事"，有时被称为"自然主义"的现象，引起了心理学家的困惑：如何解释这种差异？或者，对此观察结果作何解释？人们谈及他们自己、他们的生活或他们的城市的方式存有差异，这些差异可能不会使他们的生活有什么不同，对其行为也没有什么影响。但是，剪报所包含的案例提出了一个更深入的问题：为什么相同的词语（诸如"改善城市"）对不同人有不同的意义？谁的意义将成为主流并被当作"正确的"或确定的？以被认为是"正确的"言语进行观察或谈论意味着什么？

　　本书所汇集的论文分析了道德声音和道德倾向方面的差异。道德声音与道德视角的研究倾向的转换，最初在《不同的声音》中被加以描述，它影响了心理学与教育的话语。在成败关头,诸如"自我"、"关系"、"道德"和"发展"这样的关键词具有什么意义?本书中,研究者在不同情境中探索"公正视角"与"关怀视角"之间的区别。这些研究的共同发现是,通过倾听人们谈及道德问题的方式可以区分两种声音。这两种声音意味着体验个体与他人关系的不同方式。人们注意到,当前在心理学与教育范畴内,仅有一种声音被认可并得到充分描绘,这引起了人们对其他一些声音的关注。正如在开篇所提及的孩子们于文章中表达出相异观点的实例一样,将道德声音与性别相联系,使得这些文章主题既具政治性,又具争议性。

通过本书中的论文可以看到,研究者在共同努力,以使人们在讨论心理发展与教育问题时关注道德声音和性别差异问题。由于心理学与教育领域把公正视角和男性话语作为标准,因此我们努力探寻如何从理论和实践角度倾听女性的声音,如何容纳关怀视角。为此,我们在哈佛大学教育学院成立了研究中心。该中心在过去一段时间内逐步推进研究工作——每一项研究都以另一项研究为基础——这意味着道德版图的重新创制,意味着心理发展理论的新框架,同时也为心理治疗和教育实践指出新的方向。但是,它也提出了有待进一步研究的种种问题,并指出需要新的研究方式及研究策略来解决这些问题。

我们将这项正在进行中的研究工作呈现出来,是希望其他研究者能从中受益并避免我们曾犯过的错误。基于这一目的,本书既汇集了单项研究报告,也汇集了对这些研究报告进行概述并探讨研究报告所提问题的论文。本书审视和重新思考了公正与关怀的声音或视角之间的关系,从而使道德声音、道德倾向与性别之间的关系逐渐变得更加清晰、更加精细。

本书第一部分的论文论证了公正和关怀的声音如何勾勒出一种新的理论框架的坐标。这两种道德声音引导人们关注诸如压迫、放弃这些人类的弱点——这些弱点根植于人类生命周期之中并构成道德考虑的基础。第一篇论文,"重绘道德的版图",在自我概念与道德概念之间建立起密切联系,将公正伦理和关怀伦理同那些设想与他人相联系的自我的不同方式相联结。这些关系中自我的不同形象创建了一种真正的道德模糊感。在随后的论文中,研究者对两种道德声音和观点进行了系统的探索,力图为评价道德声音、确立道德倾向创建一种标准方法。莱昂斯的研究体现了这种努力之下的第一步,作为一种突破，它为后续研究开辟了道路。约翰斯顿将这种努力深化，揭示了个体对道德问题的自发反应不一定是其认为最好或更好的。到了 11 岁时，多数孩子能够以权利话语（公正方式）和回应话语（关怀方式）两种方式解决问题。个体以某种方式解决问题并非意味着他或她不知晓或不认可其他方式。

论文"两种道德倾向"将这种讨论加以深化，它描绘了"聚焦现象"——当描述道德冲突与道德选择经历时，人们倾向于或者聚焦于公正考虑或关怀考虑。这项研究阐明了"不同声音"的现象。在道德推理中，尽管关怀聚焦并非所有女性的特征，但在北美地区拥有良好教育背景的三组被试中，它几乎是女性专有的现象。于是，巴蒂奇的论文提出以下问题：在由初等学校升入中等学校的青春期早期，关怀视角处于风险之中吗？巴蒂奇的研究提出，事实上，那些在青春期早期看起来具有较低水平认知的女孩，可能抵制作为抽象推理或形式推理特征的疏离。在巴蒂奇的研究中，这种抵制由以表面价值思维看待暴力的证据构成。暴力问题在第一部分的最后一篇论文——"童年早期关系中的道德起源"——中仍然是中心问题。在此，心理学家以怀疑主义的态度审视了有关移情或道德推理中性别差异的报告，以对照在诸如暴力犯罪的影响、幼儿的关怀这些道德相关行为方面所表现出的明显的性别差异迹象。如果心理学家既看到社会现实，又关注一般观察结果，而且不散布一种过分简单化的"男性"和"女性"行为的观点，那么，一种新理论框架将被视为必需的。作为人类关系的两种理想，公正和关怀为一种新的人类发展理论提供了坐标。当我们将思考道德推理和道德情感的两种方式放在一起时，能够解释为何男性和女性之间存有可观察到的相似及差异。

在本书第二部分，这个包含两种声音的框架界定了解决下述问题的一种新途径：是什么构成了青春期和成年期的发展？以及以下相关问题：中等教育和职业教育的目标是什么？作为经济学家阿尔伯特·O. 赫希曼纪念文集一部分的第一篇论文，"青少年发展中的退出—呼吁困境"提到经济发展理论和心理发展理论是平行的。因此，这篇论文将赫希曼关于对社会组织衰落的不同回应的分析，引入有关青春期的分析，在此，"退出"解决和"呼吁"解决之间的戏剧性引起人们对忠诚的新意义的关注。因此，对不完善的发展模式的关注开始指向对市内旧城区①青少年的考虑。心理学家有代表性地报告了社会阶层与道德发展之间的一种相互关系——一种曾受到罗伯特·科尔斯激烈抨击的相互关系。在此，沃德所进行的市内旧城区青少年对其所目睹暴力进行反思的研究，证实了市内旧城区青少年以公正和关怀两种方式进行推理，也证实了这些道德声音对暴力有不同的看法。沃德的研究提供了新的分析类别（关怀和公正的组合），指出了关怀推理能阻止人们以暴力回应暴力或侵害，由此，沃德的研究为进一步研究开辟了道路。

由阿塔纳斯和威拉德撰写的有关成人发展的两篇文章，特别聚焦于母亲的经历。这些论文考察了关怀的性质、对关怀的曲解，还特别考察了与传统的女性"善"的概念相联系的关怀概念。两篇论文都强调母亲以怎样的话语描述其作为母亲的自己，突出母亲"自己的话语"与根植于当代文化潮流的女性母性形象的话语（诸如心理学家所描绘的好的或"足够好的"母亲形象、现代媒体中的"超级母亲"形象）之间的差异。在最后两篇论文中，对关怀和公正问题的考虑是在当前法律和医学实践中进行的，并对医学和法学教育的惯例与目标提出了质疑。两篇论文都对这种将成年等同于公正观，将成熟等同于疏离、自足和独立的发展模式提出挑战。医科学生和律师——都是有意无意地——从关怀视角出发进行讨论，他们以自我和他人之间的联结或相互依赖为根本前提，关注人们被他人影响和感动的方式。个体之于他人的弱点或开放性能够导致人们之间的相互伤害，但同时也创建了一个有力的援助渠道。因此，这样的开放性既是人类脆弱的标志，也是人类力量的源泉。

最后，关于本书的政治策略和争论。多年来，完全以男性作为研究样本是不言而喻的，研究人类发展的心理学家正是以这种方式开展研究。长久以来，女性或男性研究者并未意识到这种抽样方式存在的问题，这会导致女性或男性研究者的研究具有不同的盲目性。这些样本顺利通过同行评议委员会的审议的事实，那些完全采用男性样本的有关青少年、道德发展和同一性形成的研究反复获得资助并且其研究成果在专业期刊上广泛发表的事实，都表

---

① inner city，又译作"市中心贫民区"。在美国，这类地区通常处于城市的中心地带，但居住拥挤，住房破旧，经常出现社会问题。——译者注

明心理研究团体需要对其客观性及无偏见主张进行再审视。如果无视对人类一半人口的遗漏，或者认为这样的遗漏并不重要，或者它们没有（被男人或女人）作为一个问题来谈论，那么，还有其他哪些遗漏未被看到？从最简单的意义来看，对本论文集的阅读可作为对下列问题的一种解答（初步解答）：由于忽略女性，有什么被遗漏了？本书对女性思维进行了多维研究背景之下的探索，这样的探索，其贡献在于显示了一种谈及关系和自我经历的不同的声音、不同的方式。对这种声音的接纳改变了对道德图景的创制。由于倾听女性的声音，我们得以开始有所不同地倾听男性的声音。我们已经开始有所不同地思考人性和人类环境，思考心理学和教育，思考那些有助于理解和改善人类生活的问题。

致　谢

　　我们研究道德问题与性别问题，目的在于引起发展心理学家及致力于促进人类发展的研究者的关注。在研究过程中，我们获得了许多学者的慷慨帮助。在哈佛大学教育学院院长帕特里夏·阿伯杰格·格雷厄姆（Patricia Albjerg Graham）的支持和鼓励下，我们得以在哈佛大学成立研究中心。玛丽莲·布拉赫曼·霍夫曼（Marilyn Brachman Hoffman）一直以来都在为我们的研究生提供各种支持，并为本论著出版提供资金，以使我们的研究成果能引起科教界的关注。此外，麦尔曼家庭基金会（Mailman Family Foundation）不仅鼓励我们成立研究中心以便能在此平台上与我们合作，还为这一研究中心的成立提供充足的资金支持。我们开展研究的最初支持来自国立教育研究院（National Institute of Education）和杰拉尔丁·洛克菲勒·道奇基金会（Geraldine Rockefeller Dodge Foundation）。有赖于 A. 埃丝特与约瑟夫·克林根斯坦基金（Esther, A. and Joseph Klingenstein Fund）、洛克菲勒基金会（Rockefeller Foundation）及莉莉基金会（Lilly Endowment）的资助，我们才有可能将研究扩展到极其重要的领域——由单一性别学校到男女同校的学校，从郊区到市区。还有许多人也给予了我们必要的帮助：学校项目的行政总监伊迪斯·费尔普斯（Edith Phelps）和行政助理马尔基·特罗腾伯格（Markie Trotienberg）给予了我们许多支持；休·克里斯托弗森（Sue Christopherson）对本书许多文稿进行了评阅，并提出了改进意见；本书编辑林恩·汉密尔顿（Lynn Hamilton）也在工作过程中成为我们的良师益友。

目　录

第 2 编　启示：　为青少年及成人发展界定一种新方法

导言·对青少年发展的再思考

□ 卡罗尔·吉利根（Carol Gilligan）

在一篇题为《现代文学的现代元素》（"On the Modern Element in Modern Literature"）的论文中，莱昂内尔·特里林（Lionel Trilling）描述了他在哥伦比亚大学教授现代文学时的不安。"从来没有哪种文学，"他指出，"像我们今天的文学一样如此令人震惊地针对个人——它提出的每个问题都是文明社会所禁止的。它质疑我们是否对我们的婚姻感到满意，是否对我们的家庭生活感到满意，是否对我们的职业生活感到满意，是否对我们的朋友感到满意……它质疑我们是否对我们自己感到满意，我们是得到了拯救还是受到了诅咒。"一个人该怎样教这样的文学？在讲述了诗歌形式、讽刺修辞和散文常规这些学术性内容之后，老师必定还要面对学生们的个人求证，"必须使用一切他可能拥有的权力去评论一项工作是否真实，如果不真实，为什么不真实，如果真实的话，又是为什么"（Trilling，1967，pp. 164 – 165）。然而，一个人只有在大量考虑个体私性（privacy）的情况下才能做到这些。困扰特里林的是，对这些个人问题的忽略，恰恰证实了文学作品中所出现的问题——当面对最富激情及最具个体性的情形时疏离和冷静的代价。

当谈到青少年健康时，又遇到一个类似问题。一旦我们学术性地看待身体疾病和心理机制，我们该怎样回答青少年的种种问题，或者紧接着的以下问题：什么是真实的？什么是有价值的？我现在是谁？我的家在哪里？我已通过关注人们谈及自身、谈及他们所面临的冲突和选择时所采取的种种方式，对认同和道德发展进行了研究。在这样的语境中，我已经认识到心理成长的本质是它属于真理性的、有价值的问题。青春期是一段自然发生的过渡期，一段能产生影响自身体验和与他人关系的种种变化的时期。所以，青春期是一个产生认识论危机的时期，是一个迫切需要阐明问题的年龄。青春期的动荡和不确定闻名已久，它经常由于性和冒犯行为引起冲突，这个问题也能被追溯到这些需要解释的问题上。在本文中，我将把对当代青少年的关注与对心理学的解释问题的关注相结合。我将从具体论述当前重新思考青少年心理学的四个原因开始，继而为思考青少年发展和中等教育提供一个新的框架。

重新思考青少年发展的四个原因

重新思考青少年发展的第一个原因是我们对童年的认识已发生了变化。由于青春期表示从童年向成年的过渡，个体在青春期"发展"的关键是其怎样看待青春期前的童年和青春期后的成年。最近对幼儿期和童年早期的研究表明孩子远比心理学家先前所想象的更会社交，这就引发了对大量有关认知、社交及道德发展的起始或早期阶段描述的质疑。丹尼尔·斯坦（Daniel Stem）的近作《婴儿的人际交往世界》（*The Interpersonal World of the Infant*，1985）和杰罗姆·卡根（Jerome Kagan）的《孩童的天性》（*The Nature of the Child*，1984），记录了幼童的人际交往能力和他们的社交天性：他们对他人的回应及对标准的正确评价。先前，幼童被描述为只是"锁在自我的圈子里"，"谨慎地"与他人交流，只能"自顾自地玩耍"，现在人们认识到幼童可以建立并维持与他人的联系，可以通过进行社会交往而与他人创建关系。罗伯特·埃姆德（Robert Emde）的研究表明，9个月大的婴儿更喜欢他们的母亲对其行为作出回应而不是模仿他们的行为（Emde et al.，1987）。此外，由于这个阶段的婴儿已经建立了与他人交往的特殊方式，因而，婴儿与他们的母亲、父亲、照看人、兄弟姐妹等的关系能够被区分——被研究者区分，也可能被婴儿自己区分，因为这些联系是反复出现的。因此，与他人的关系或联系被幼儿看作即刻发生与持续发生的：多主题、多变化。

这种可以被人类感知的交往知识之间的张力，这种对什么是关系的最早理解，这种利用语言来表述知识的能力，很可能揭示了人们所经历的许多心理问题，也揭示了许多心理学自身的问题。无论心理学家们如何持续不断地探讨自身和他人、人和环境的互动与联系，心理学语言还是被固定的分离形象所占据。因此，心理学家们致力于描述界限以区分、分类乃至最终预测和控制人的行为。然而，人的行为——特别是在自然状态下观察这些行为时——通常会抵制这种分类。目前，马丁·霍夫曼（Martin Hoffman，1976）所进行的有关幼儿移情和利他的观察，以及约翰·莫迪凯·戈特曼（John Morde-cai Gottman）的专著《儿童是如何成为朋友的》（*How Children Become Friends*，1983），对既存的社交和道德发展阶段理论提出了挑战。这些研究来源于对儿童日常生活中天性的观察，揭示了阶段理论把儿童看作"缺乏社交性的"或"不懂道德"的，而事实上儿童具有强烈的与他人交往的社交和道德天性。正如约翰·鲍尔比（John Bowlby，1973，1980）的观察，他看到儿童会对因分离而带来的损失感到悲痛。霍夫曼注意到，幼童对他人的需求有所感知并作出回应；戈特曼观察到，儿童即使远隔重洋或很多年后仍然记得他们的朋友。

对童年认识的变化，导致了心理学家研究青少年发展的前提基础发生变化，因此必然要求对有关青少年发展的描述作出必要修正。如果社会性回应和道德关怀在童年早期已经出现，那么它们在青春期的缺失就变得令人吃惊了。与其问为什么这些能力在青春期没有显现出来，孩子被"困"在某个更早或更低的阶段，还不如问幼儿的回应性怎么了，孩子的交往能力是怎么降低或消失的。这种视角的转变也为分析青少年对分离的抵制，尤其是部分青春期女孩对分离的抵制（Gilligan，1986）提供了一种新的思路。对分离的抵制并不意味着它是一种冲突，相反，对分离的抵制反映了青春期女孩与他人的关系在很大程度上受到危害。

重新考虑青少年发展的第二个原因直接来自以下观察。不断有人指出（Bettelheim，1965；Adelson & Doehrman，1980）对女孩的忽略是青春期文学的一种欠缺，这就引发了一个问题：由于忽略对女孩的研究，造成了怎样的疏漏？通常答案是某种和关系相关的东西。那些对女性进行研究的人证实了这一推测。吉斯拉·科诺普卡（Gisela Konopka）走进那些女少年犯的封闭世界，倾听她们讲述"自己的故事"，她发现这些故事的内容都是围绕一种

"绝望的孤独"，那是一种极度的孤独，是"在一种不受保护、没能力结交朋友，被一个未知的、强大的成人世界所包围的基础上产生的"（Konopka, 1966, p. 46）孤独。科诺普卡注意到尽管那些女少年犯对与他人交往，也就是参与到那些"真正的朋友"或一个被看作"人"的成人交往之中有非常强烈的需要，但是"对依赖的需要似乎是所有青春期女孩都具有的"（pp. 40–41, 最早提出）。20 世纪 70 年代中期，让·贝克·米勒（Jean Baker Miller）在描写那些前来寻求心理治疗的女性时，提到女性的自我意识建立在有能力与他人交往并保持这种交往关系之上，而且很多女性认为关系的损害等同于自我的迷失（Miller, 1976）。当我们倾听女性谈论她们自身、谈论她们在不同情况下的冲突经历和选择时，我听到她们所言及的自身和道德的概念暗含着另一种思考关系的方式，这种方式时常将女性从西方主流思潮中剔除掉，因为其重要前提是自身与他人是相互联系、相互依存的（Gilligan, 1977, 1982, 1984, 1986）。

因此，陈述事实——正如 20 世纪 80 年代的《青少年心理手册》（Handbook of Adolescent Psychology）（Adelson & Doehrman）中所提出的，女性"并未得到足够的研究"——仅仅只是开始认识到这样的研究可能包含怎样的内容。由于对女性的漠视而重新考虑青少年发展问题，其目的在于对"自我"与"发展"——或许首先是"关系"——这样一些心理分析术语的含义加以重新考虑。

心理学家在构建发展理论时曾忽略了女性视角，觉察到女性视角的缺失具有极其重要的潜在意义，这意味着应暂缓当前所有关于性别差异的讨论，直到评价标准和对照条件能够既从有关女性的研究又从有关男性的研究中得出时，再进行有关性别差异的讨论。科诺普卡、米勒、我本人及其他人所被激起的关于疏离的强烈愤怒感和绝望感——当女性被排斥、疏忽和遗弃时的强烈情感与判断，以及当女性面对疏离、冷淡或缺乏关怀时常常采取的令人绝望的行动——可能反映出人们意识到女性生活与西方文化之间存在某种分裂。然而，这种意识被削弱了，因为女性认为她们的愤怒感和绝望感是不合理的，她们被排斥是正当的或值得的。《青少年心理手册》中提到的"不关注女孩和青春期女性发展过程"（Adelson & Doehrman, p. 114），含蓄地表明了研究女性的重要性或价值。在青春期女孩和妇女所描述的道德冲突中，她们聚焦的一个两难困境就是对分离这一问题的关注：女性问，是远离他人好还是放弃自我好？这个问题——在自我和他人之间进行选择时，是"自私"还是"无私"——是以真正的交往必定失败为前提的。审视这一前提是重新思考青少年心理学的一个原因。

重新思考青少年发展的第三个原因，与认知的发展和对认知的定义即什么是认识和思考相关。随着20世纪50年代末苏联人造地球卫星上天，美国人开始关心数学和科学教育，并将其看作"赶超苏联"努力的一部分。60年代初，让·皮亚杰（Jean Piaget）的作品的重新走红为这一努力提供了一种合理的心理解释。皮亚杰认为，认知的发展和数学及科学思维的增长有同等意义（例见 Inhelder & Piaget，1958）。这种认知发展的概念传达了一种想法，即人们生活在一个永恒的抽象规则的世界中。在这种思维框架内，没必要讲授历史、语言或写作，或者没必要关注艺术和音乐。事实上，皮亚杰心理学理论在过去20年间的流行，是与这些学科在中等学校课程中的衰落相一致的。

那些寻求从心理学方面为课程决定提供充分理由的教育者，仍然不能找到充分的根据以证明学校应该讲授历史，或者鼓励学生学习至少一种语言，抑或强调有关翻译的复杂问题以及强调阅读含义模糊的文本所需要的策略。在一个充满"批判思想"的永恒世界中，一个人不能用法语和英语精确地说出同一件事，这一事实变得在本质上与智力发展无关。最近，黛安娜·拉维奇（Diane Ravitch，1985）指出高中生对历史知识的了解在减少，并对历史课变更为社会科学课表示痛惜。为了巩固基础，或者为了捍卫人文学科在课表中的地位，人文学科常常不得不证明它们在分析数学结构和科学推理方面的学术价值。

一种无关历史的对人类事件的关注方式，为重新思考青少年发展的第四个原因提供了基础：那就是，心理学家对分离、个性化和自主给予了高度评价。将自足视为个体成熟的特点，传达了一种与人类环境不一致的成人生活的想法，这种观点不能维持与他人的长期交往和联系，而这又是民主社会的人们抚育孩子或作为公民所必需的（参阅 Arendt，1958）。伴随分离的发展和伴随独立的成熟，两者共同假设了一种代际的根本断裂，倡导一种本质上脱离历史或时间的人类经验的观点。心理学者在将青春期的特征描述为"第二次个体化"（"second individuation"）（Blos，1967）时期和在赞赏"自我形成"（"self-wrought"）（Erikson，1962）的同一性时倡导一种思维方式，在这种思维方式中，人类的相互依赖、相互信任要么是有问题的，要么是心照不宣的（tacit）。在最近出版的《个性和社会心理学杂志》（*Journal of Personality and Social Psychology*）（Pipp *et al.*，1985）中，一篇有关青少年的文章明显反映了该评价结构以何种方式影响研究结论。

皮普（Pipp）等人致力于揭示青少年如何看待他们在过去一段时间内与父母的关系——从童年早期到最近的青春期他们之间的关系都发生了哪些变化。研究者要求那些尊重、支持心理学研究的大学二年级学生以图表和调查问卷的方式，用五个时间点表明童年早期以来他们与其父母的关系性质。作者注意到两种明显趋势。一种趋势是可预期的并且为任何熟悉发展理论的人所常见的。它以一种线性方式阐释了为何过去一段时间内孩子和父母从不平等的关系逐渐发展成一种理想的平等关系。因此，青少年在描述他们与父母的关系时，认为他们自己在责任心、优越性和独立性方面稳步成长，与此同时，父母在这些方面却呈倒退趋势。伴随着这种力量均衡的转换，孩子和父母日益变得更加相同或类似。第二种趋势出乎意料地表明了"一种显著的不连续性"。随着对爱和亲密关系这样一些变量的关注，大学二年级学生意识到他们现在与父母的关系要比前几年亲密得多，就像记忆中在童年早期与父母的关系那样亲密。此外，当学生以不同的方式描述他们与母亲和与父亲的关系时表现出差异。他们感到母亲"更具责任感"，认为母亲"特别友善"；而他们感到自己更像其父亲，更具支配性。

这些出乎意料的有关自我和他人交往经历的两条不对称发展路径的发现，对我而言很有意义，因为它证实了我通过分析人们描述自己和作出道德判断的方式而得出的发展模式，这个模式建立在对平等和依恋的区分之上，平等和依恋是塑造"自我"经历、界定道德冲突术语的两种关系维度。然而，目前我希望关注皮普等人对其研究结果的解释方式，我也特别愿意指出，他们在论述其研究结果时，以极其关注平等和独立的方式推翻了他们提出的两种趋势。因此，他们认为19岁的学生将自己描述为父母的孩子表明这些学生的成长具有局限性，意味着他们的个性化过程仍然不够完善。

虽然［我们的研究对象］感到他们自己比父母更加独立，但有迹象表明，他们仍然觉得自己只是父母的孩子……该结果表明，个性发展过程在 19 岁时仍然正在进行。这种状况是否继续贯穿于成人期，这样的观察将会非常有趣。（Pipp *et al.*，1985，p. 1001）

由于这样的原因，作者们通常将其自身与心理学领域相结合。他们将童年依恋看作朝向独立发展的主要因素，他们把青少年和父母间的持续关系描述为一种依赖迹象，它没有什么价值，并且限制了青少年的成长。

总结第一部分就是：由于对婴儿及儿童认识的变化，当前需要重新思考青少年发展问题；对女孩的研究不够，而那些切实存在的对女孩的研究常常被忽略或不被引用；皮亚杰的认知发展理论甚至没有为传统上所认为的文科或人文主义教育的精髓提供基本原理；关注分离和独立价值的青少年心理学未能表现成人生活的相互依赖，而是传达了一个扭曲的人类环境的图像，一个现在被研究者称为“文化自恋”的图像。

我从这些观察中得到以下认识：需要对新概念和新范畴进行解释；在旧有的概念性框架下积累资料只会使这些问题延续下去；只有更好地认识女性发展，对性别差异的评估才能得到充分实施；这样的理解可能改变对男性和女性发展的描述；对青少年心理学的探讨以及对青少年发展与教育问题的探讨，必须具备诸如人类学、历史学和文学这些学科的洞察力。特别是心理学家需要具备人类学家的一种认识，即认识到将一套种族中心主义的范畴强加于另一个民族的危险，并且以多样化的阐述和可选择的世界观的建构来实现人类学家、历史学家和文学评论家的关注。

阐明一种方式

在《代达罗斯》杂志（*Daedalus*，1971）一期关于青春期初期问题的探讨中，有几篇论文提到了价值观问题。杰罗姆·卡根（Jerome Kagan）论述道，正如劳伦斯·科尔伯格和我也曾说过的，如果高中没有一套连贯的价值观或一种道德哲学，它就不能约束学生的承诺。青少年易被其他一些东西分散精力，他们能够发现矛盾，他们有辨别成人伪善的敏锐视觉，当失败似乎

是不可避免时，他们不愿抛弃自尊。考虑到青少年的这些特点，学校和文化
大系统必须为青少年的行为提供正当理由，以使人们了解青少年。几年前，
布鲁诺·贝特尔海姆（Bruno Bettelheim）就已经把青年期问题和代际问题相
联系："每当长辈迷失方向时"，他写道，"年轻的一代也迷失了方向。对仿
效或反叛的主动选择均未被失去的品质所替代"（1965，p. 106）。在人们对
当代青年看法的分歧逐渐扩大的时期，埃里克·埃里克森写了篇文章，提到
成年人"和年轻人分享真正的权威就意味着他们承认已经学会不信任自己：
一种真诚的伦理潜力"（Erikson，1975，p. 223）。对埃里克森来说，对伦理
的关注是成人和青少年之间的一个自然认识平台，二者都呈现出由现代文明
困境所带来的不确定性。

　　然而，如果伦理问题在成人和青少年的关系中是必然发生的，如果青春
期问题在某种意义上是文明社会的标记，是文化生产与再生产潜力的标准，
那么，特里林提出的问题就成为核心问题：成年人是如何提出现代社会伦理
问题的？对青少年进行教育的教师拥有什么样的道德权力？特里林正在教授
的著名现代小说中的主题已成为当前核心的、支配性的主题——"我们的文
化和文化本身的觉醒……朝向文明的辛酸历史路径"（p. 60）。这样，问题的
迫切性在于：我们对我们的婚姻、工作和我们自身满意吗？我们如何预见到
我们能获得救助？我们能传递给下一代什么样的智慧？20 世纪的历史仅仅只
是凸显了文明社会生活的矛盾性，德国就是一个例子。"二战"前的德国是
教育最发达和人民最有教养的国家之一，然而他们道德上的极端残暴却达至
"残暴"一词之极。鉴于这段历史，任何认为道德水平和文化程度、聪明才
智或受教育程度相对等的言论都会立刻受到质疑，而这种质疑已经为当前宗
教原教旨主义和恐怖主义的复兴开辟了道路，也为当前对 19 世纪的发展观
念或进步观念的怀疑论打开了大门。"不考虑自身兴趣或传统道德规范而放
任自己去体验，特别是完全脱离社会的束缚是，"特里林提出，"每个现代人
观念中的一种'要素'。"（p. 82）这种要素在当今青少年的许多问题中以这
种或那种形式表现出来。

　　人类行为中的非理性所具有的令人敬畏的力量，是传统悲剧作品和现代
心理学的主题，它们都试图以不同的方式理清和解释其"逻辑性"，试图理
解为什么人们会沿着明显标示为自我毁灭的道路行进。例如，为什么青少年

以绝食、滥用毒品、自杀以及其他多种方式毁坏他们的未来？对于青少年的这些病症，专家们的回应方式有两种。一种方式依赖于强加控制，并将行为矫正和机能反馈疗法作为治疗手段，通过教授青少年如何管理压力、调整饮食和饮酒使他们关注自身健康。另一种方式是探寻问题产生的缘由，并将教育中的人文主义信念与现代心理学的见解结合起来。如果人类发展就是教育的目标，那么，我们需要转而关注这个问题：是什么构成和促进了发展？

我正是以后一种方式来关注青少年发展问题。激起我的研究兴趣的是埃里克森对人生和历史间关系的关注以及科尔伯格著作中的两种见解：首先，纳粹大屠杀之后，心理学家必须致力于研究道德相对性问题；其次，青少年对道德问题是很感兴趣的。因此，青春期可能是道德教育的关键期。埃里克森对马丁·路德的研究突出了青春期的同一性问题与道德问题之间的主要联系。但是，它也引起了人们关注路德改革的神学信念是如何扩展到当代心理学思想体系中的：一种让个体踏上一条通向自我拯救的孤独旅程的世界观，一种围绕自主和独立价值观的世界观。路德否定和证实的陈述——“我不是”和“这就是我的立场”——已经成为现代同一性危机的象征，这种危机始于“自我”的分离，它始于童年期的认同和依恋，止于路德的以下陈述：“我有信念，因此我被证明是有理的。”在一个世俗的时代，信念和证明已变成心理上的。这种观点的局限性已被各种各样的社会批评家所阐述，并且也是我重新思考青春期心理学的原因所在。具体而言，这些局限性包括：将童年期依恋看作非必需的或可替换的；女性在宇宙哲学中的缺席；将思维等同于形式逻辑思维；将价值建立在自足和独立之上。由于最近青少年自杀、暴饮暴食和教育问题等社会问题的上升，对上述局限性的批判有所增加。因此，目前需要从理论和实践方面寻找新的方向。

两种道德声音：问题解决的两个框架

我研究发展问题的路径是关注道德声音，它揭示了另一种世界观的特征。以女孩和妇女为研究样本所获得的看似异常的数据，引发人们关注那些不符合“道德”定义的道德判断和与“自我”概念不一致的自我描述。这样，那些最初显得不一致的数据就成为再阐明和再思考什么是“自我”和

"道德"的基础（Jilligan，1977，1982）。

两种道德声音标志着以不同的方式思考道德问题的构成，以及此类问题如何被提出或解决。此外，两种声音注意到一个故事能从不同的角度来讲述、一个情境可以用不同的方式来看待。像那种模棱两可的图画既能被视为一个花瓶又能被视为两张脸的形象感知一样，道德判断的基本要素——自我、他人以及他们之间的关系——可以通过不同的方式加以组织，这依赖于"关系"是如何被想象或解释的。从寻求或喜爱公正的视角出发，关系是以平等的话语加以组织的，以天平的平衡为象征。道德关注集中于源自不平等的压制问题，道德理想是人们互惠或相互尊重。从寻求或注重关怀的视角出发，关系意味着作出回应或承诺，关系具有弹性，以网络作为象征。道德关怀聚焦于疏离、分开、遗弃或冷漠等问题。道德理想的特点是关心和作出回应。因为所有关系都能用平等话语和依恋或联结话语来刻画，因此，所有关系——公共的和私人的——都能以两种方式来看待，以两套话语来谈论。通过采取一种或另一种道德声音或立场，人们能突出与不同弱点相关的问题——压迫或遗弃——并将注意力集中于不同类型的关怀上。

一系列研究系统地表明，人们在描述道德冲突时既关注公正又关注关怀，而且这些关注将人们进行选择时的思考组织起来。在这些研究中，研究者要求被试讨论他们实际面临的冲突和选择。通过要求被试谈及他们面临的冲突，就有可能审视人们如何考虑怎样生活或该做什么这些古老的问题。大多数参与这些研究的人，主要是北美地区的青少年和成人，在描述一个道德冲突经历时兼顾公正和关怀考量。然而，他们趋向于把注意力聚焦于公正或者关怀，详细描述一种关注，而最低限度地表现另一种关注。通过这些研究所得到的令人吃惊的结果就是这种"聚焦"现象的程度。例如，如果被试的道德考虑中有75%及以上是有关公正或关怀的问题，那么就可以界定被试的道德考虑存在聚焦现象。据此，80名受过良好教育的青少年和成人被试中有53人——也就是抽样中的2/3——显示出了聚焦现象。其余1/3被试的公正和关怀考虑大致相等（Jilligan & Attanucci，参阅第4章）。

人们在很大程度上以公正或关怀话语来组织关于冲突和选择的经历，这种倾向与有关道德倾向的研究结果是一致的，这些研究涵盖从诺娜·莱昂斯（Nona Lyons）和沙里·兰代尔（Sharry Langdale）有关倾向优势的报告，到更具说服力的有关倾向聚焦的分析（Jilligan & Attanucci，本书），以至对"叙事策略"的更具解释性的分析（Brown et al.，1987）。叙事策略的方法不仅考虑公正和关怀视角的数字或比例，而且还考虑公正和关怀如何在彼此关联的方式下被呈现，如何在与困境中的讲述者相关联的方式下被呈现，也就是说，公正和关怀是单独地还是综合地呈现出来，一种或两种道德考虑是与讲述者（"我"）的声音相结合，还是以讲述者"自己的话语"来表达（参阅 Brown et al.）。事实是，在陈述道德冲突及选择时，两种道德声音能被反复地加以区分。另一个事实是，人们趋向于将他们的注意力集中在不公正问题或分离问题上。这两个事实使我们确信，公正和关怀是两种明显相异的道德语言，它们可以作为解释思想和情感的组织框架。此外，这一聚焦现象意味着人们为了作出决定或为了证明他们作出选择的正确性，倾向于忽略一种视角或压制一种声音。

研究发现，男性和女性都存在视角的聚焦现象，这意味着视角的缺失是两性的共同倾向。然而，在聚焦方向上存在着性别差异。在表现出聚焦倾向的 31 位男性中，有 30 位关注公正；在表现出聚焦倾向的 22 位女性中，有 10 位关注公正，12 位关注关怀。尽管关注关怀并非所有女性的特征，但在三个针对北美地区受过良好教育的人群的抽样中，它却几乎是女性特有的现象。如果将女孩和妇女从研究中除去，那么道德推理中关注关怀的倾向实际上将消失。

随着对不同声音的现象的阐明（观点或视角的主题转变、道德话语和自我描述的变化、这些差异与女性的经验性联系），有可能转向有关青春期发展和心理学解释的新问题，也有可能转向对道德相对主义和道德教育的关注。值得注意的是，男性和女性在描述他们面临的道德冲突时都提高了对关怀的关注，因而都把关怀和联系问题看作道德关注的主题。正是女性对关怀的细致阐述，揭示出了将关怀伦理作为作决定的框架的一致性。女性的思维揭示了对回应和人类关系的关注如何前后一致地形成一种世界观或一种建构社会现实的方式，以及如何形成一种问题解决的策略——考虑行动和选择的焦点。将关怀描绘为一种一致的道德视角的焦点，而非女性道德推理缺陷的标志（或者是一个公正框架内道德关注的次要内容，诸如对特殊责任或个人困境的考虑），这样的描述将道德维度重铸为至少包含两种道德倾向。进而，

　　道德成熟大致需要具备的能力是至少以两种方式看问题，至少以两种语言表述问题，而且公正和关怀视角或声音之间的关系成为有待研究的关键问题。

　　凯·约翰斯顿（Kay Johnston，1985）设计和实施的研究阐明了道德倾向概念对于思考青春期发展的意义。约翰斯顿着手检验迈克尔·波兰尼（Michael Polanyi，1958）的建议，即形式化智能包含相互冲突的两方面：一个方面依赖于形式化手段（诸如命题逻辑）的获得，另一个方面依赖于"在学习过程中参与学习的人的普遍参与"。波兰尼认为，后一种智能取决于"一种实质上说不清的艺术"（Polanyi，1958，p. 70）。约翰斯顿提出的问题是：这样的学习方式能否被清晰地揭示出来。她对这个问题的解决方式由利弗·维果茨基（Lev Vygotsky）的理论而得出，即所有的高级认知功能（有意注意、逻辑记忆、概念形成）的发生都起源于个体间的实际关系，因此，在发展过程中"人际间的过程转变为个体内心的过程"（Vygotsky，1978，p. 57）。维果茨基的理论考虑到个体差异不是发展性差异，并且提供了一种解释方式，即不同的关系经历如何可能导致思考问题的不同方式。根据维果茨基的认知发展理论，南希·乔多罗（Nancy Chodorow，1978）所描述的童年早期关系中的性别差异将为认知差异作好准备，进而也为道德推理差异作好准备。此外，在界定认知和道德能力时，那些自身经验被忽略的女性们可能可以举例说明在当前背景中难以说清的思考方式或认知方式。约翰斯顿的问题是，默会知识和认知的"直觉"形式——玛丽·别列尼基等（Mary Belenky et al.，1986）后来称之为"联结认知"（Connected knowing），两者中的哪一个可能作为解决道德问题的不同形式出现。

　　因此，她在一个典型中产阶级居住区的两所学校，要求 60 名 11—15 岁的青少年陈述和解决在两则伊索寓言故事中出现的问题。在 60 名孩子中，有 54 人（或是 56 人，每个寓言不同）刚开始要么把问题作为一个权利问题，要么作为一个回应问题。从权利角度而言，他们认为冲突能够通过诉诸公正程序或裁定矛盾主张的规则而得以解决；从回应角度而言，他们认为冲突问题是需求问题，它引发的问题是：有一种对所有需要都作出回应的方式吗？每一种界定寓言问题的方式都与一种不同的问题解决策略相关，这意味着每一种道德倾向促进不同种类的推理的发展。例如，在寓言《豪猪与鼹鼠》（参见第 3 章附录）中，公正倾向聚焦于识别和优先考虑有冲突的权利或要求（"豪猪肯定得离开。这是鼹鼠的房子"）。相比之下，关怀倾向聚焦于识别需要并形成一种回应所有相关需要的解决方式［"用一条毛毯盖着豪猪"（这样，鼹鼠就不会被刺到，同时豪猪也能有住的地方）或者"把这个洞挖得更大一些"］。需要强调的是，这两种方法不是彼此对立或互为镜像的（缺失关怀的公正、缺失公正的关怀）。相反，它们构成了导致不同推理策略的组织问题的不同方式，构成了考虑诸如正在发生什么以及该做些什么等问题的不同方式。

约翰斯顿的设计的一个革新之处在于，当孩子们陈述并解决了寓言问题之后，她问道："还有其他解决这个问题的办法吗?"差不多有一半孩子（15岁的多于11岁的）自发地转换倾向并以其他方式解决问题。其他孩子则是在一些暗示（"有些人说你可以有一项规则"，或者"有些人说你可以解决困境，这样所有动物都将满意"）之下作出这种转换。接着，约翰斯顿问道："这些解决方案中哪一个是最佳方案?"除了极少数例外，孩子们回答了这个问题，说出哪一个解决方案更好并解释其原因。

这项研究是我探索发展理论和进行研究的一道分水岭。很明显，人们以一种方式解决问题并非意味着他们没有机会运用其他方法。而且，一个人最初或"自发"解决问题的方式并非必然是他或她在更多考虑后才认定是更好的那一个。11—15岁的青少年能够解释为什么他们采取在他们看来是有问题的解决策略，还能够说明为什么他们把在他们认为是更好的解决方案放到一边。除了那些他们所列举的原因之外，在此情境中，是否还有其他原因？那些选择公正策略但却说他们更喜欢关怀解决方案的男孩认为，关怀方案太天真且难以实行，这一事实在本质上具有重大意义。例如，在一所高中，男女学生都趋向于把聚焦于关怀的解决方案或兼容的问题解决策略描述为理想化的或过时的；一个学生把它们与不切实际的星期日学校（Sunday school）教学联系起来，另一个学生则把它们与陈腐的"嬉皮士"哲学（Philosophy of "hippies"）相联系。或许，那些在学校主张关怀策略的学生将从他们的同伴身上看到这些反应。

孩子们以权利或回应话语界定寓言问题的趋势与他们转换倾向的能力相结合，提高了对模糊形象感知的类推，同时也引发了一些问题。为什么在考虑同一个问题时有些人聚焦于公正而有些人聚焦于关怀？此外，为什么在相同情境中，有些人认为权利解决方案更好，而另一些人则认为回应解决方案更好？约翰斯顿在自发道德倾向和更喜欢的倾向的选择中都发现了性别差异，男孩更经常地选择并且更喜欢公正策略，而女孩更经常地并且宁愿选择关怀策略。此外，她发现了不同寓言故事问题解决方案的差异，这表明道德倾向既与推理者的性别相关，又与所考虑的问题相关（参见 Landale，1983，类似研究结果）。

由于人们能采用至少两种道德观，能按照至少两种不同的方式解决问题，因而道德观的选择，无论是含蓄还是明确，成为作出道德选择及道德发展研究的一个重要特性。道德观的选择将一个新的维度添加到那种在道德抉择中通常符合"自我"的角色中。传统上，在道德理论中，自我被描述为是否决定依照道德标准或准则行事，被描述为是否有"一个好意愿"。然而，当自我被视为一场道德冲突的讲述者或一场道德剧的主角时，当考虑正在发生什么（问题是什么）及该做些什么时，自我也面临有意或无意的选择，需要选择站在什么立场、寻找何种标志、倾听什么声音。人们用自己较喜爱的方式去观察、倾听及交谈，这样，一种声音更容易被他们听到或理解。约翰斯顿证实，至少到 11 岁，孩子能够理解并解释两种问题解决策略的逻辑，并表明为什么他们认为这种或那种选择更好。在青春期，当思考变得更深沉、更自觉时，道德倾向和自我界定交织得更紧密，由此，自我感觉或个人正义感就变得与一种独特的观察或谈吐方式相一致了。

但是，青春期是一个将思考变为自我有意识地解释的时期，也是一个包括社会规范体系、价值体系及角色体系在内的文化阐释体系对理解和判断有更直接冲击的时期，它在一种给定的社会框架内对所看、所感、所想的"正确方式"及"我们"的思考方式进行界定。因此，青春期是思考变得符合习俗的时期。作为个体道德推理特性的道德观，包括在中学阶段所习得的解释或理智惯例，也是阐释体系的一个特征。在道德发展理论中清晰明确的（Freud，1925；Piaget，1932；Kohlberg，1969）聚焦于公正的现象，也是其他心理理论的特征，因此，能够在一定程度上解释道德发展测试和认知测试、社会性测试及情绪发展测试之间的相互联系。虽然测量的是不同方面，但所有这些测试可能是从相同的角度进行测量。这样，聚焦于关怀，这种别样的道德推理的一个方面，成为某一解释水平上的一种关键观点，这对流行的世界观提出了挑战。在此,特里林提出的问题变得尤其贴切,因为它们清楚阐明了现代文化的一个中心主题,它与当代心理学中占统治地位的观点不一致,这是一个觉醒的主题。心理学对现代文明中道德危机的反应已变成一种盲目乐观主义,这不仅反映在当前发展阶段理论的话语中,也反映在那种传达"道德成熟的性质是清晰的、发展道路是明显的"印象的教育干预或治疗的干预中。引入一个这些理论中所缺少的观点,扩充了对认知和道德的定义,并且使有关人类发展和道德困境的描述变得更复杂。

一个有关可选择世界观的例子

以下有关道德推理的例子来源于一项高中生研究,它直接阐述了错误观点存在的问题,指出流行的公正倾向如何影响青少年的判断——既对其表达出来的关注发生影响,也对其保持低调或缄默的关注发生影响。该例子既包含理论观点,也包含方法论上的告诫:两种判断(一种直接陈述,一种间接陈述)既突出了分离和联系之间的发展性张力,又强调了忽视立场观点问题及可选择的框架或世界观问题而收集资料存在的局限性。这个可选择世界观的例子及其所提出问题的核心是关键但微妙的视角转换,用通俗话语表达就是"以自我为中心"和"成为自我中心"之间的区别。

有位名叫安妮的高中生,在一所接收具有学术才能及进取心的学生的传统预备学校上学,该校曾是男校,近几年才变成男女同校的学校。当要求她描述一个她所经历的道德冲突时,安妮谈及某人请她帮忙购买香烟而她没有答应的事情。对公正的考虑致使她拒绝了对方:"如果我反对抽烟,但我却为某人购买香烟,我想我是自相矛盾的。"没有矛盾在这里意味着互惠:对自己和他人运用同样的标准,对待他人如同对待自己或希望自己被他人所对待的那样,因而对人显示同等的尊重。当被问及是否觉得自己做得正确时,她回答说:"是的……我想是的,因为我没有自相矛盾,因为我根据我的信念来判断。"这样,她通过检视自己行为与信念的一致性来评价其决定的正当性,也就是证明以生活和健康评估为基础的公正性,然后她又被问道:"还有其他方式来看待这个问题吗?"她说:

哦，不。我的意思是，确实没有其他办法。这并不像是否购买香烟那样简单。它和我确信的每件事都有关……从另一角度看，它代表我如何作出判断，我如何处理我所相信的事。就算有人给我压力，我也不改变我的决定，但我不觉得自己处于像人们常在书中描写的那种境地……我不认为人们偶然的表现能够代表他们是谁。

需要强调的是，这种以另一方式看问题的暗示以及对人和情境的描绘，可能不是精确的描绘，它们仅仅发生在下述问题之后："能用其他方式看待这个问题吗？"这种解释性问题导致混乱，导致密集的陈述，这些陈述似乎是在两种视角之间交替（一种是详细阐述的，一种是隐含的）。这种隐含的观点——"和我确信的每件事都有关"——仅仅当安妮谈及一位她认为具有"自我中心"特征的朋友时才得以阐明。在这样的情境中，"自我中心"的意义从"坚持我所相信的"转换为"不考虑某人的话语或行动如何影响他人"。有了这一转换，可选择的世界观及其所提出的问题就变得清晰了。

安妮说，她的朋友并没认识到她所说的话如何影响他人。"她不考虑她所说的话如何影响他们，而只是考虑她告诉他们的事实。"换句话说，她表现得似乎言说能脱离倾听或者词语能脱离阐释。安妮的朋友对解释的差异是疏忽的，她"不能时常认识到，她喜欢听的并非是其他人喜欢听的，还可能伤害他们的感情"。在她未认识到"其他人并非都喜欢她"这一点上，她是以自我为中心的。

这样，对解释差异的关注是与他人联系的核心。由研究者提出的解释性问题使安妮关注视角问题，也使她以某种方式思考为什么看不到差别在道德上是有问题的，它意味着漠视或分离（以自我为中心），并且为无意伤害创造了条件。这是一套完全不同于非矛盾（non-contradition）的关注，它与作为安妮的公正推理特征的信念相一致。有了视角的转换，"自主"一词呈现出不同的意义：自我调节或自我管理意味着以自身为中心，但它也意味着不关注他人或不对他人作出回应。存在于这两种看与听的方式之间的紧张状态，制造了一个如安妮所说的"并不像是否购买香烟那样简单"的冲突，此外，这个冲突不能充分代表有关"同伴压力"问题这一青春期道德冲突的一般性描述。

当被问及是否从经验中学到什么时，安妮有两种回答。她声称对自己能"坚持自己所相信的"能力感到满意，"至于从中学到什么，我会说'不'，而且我还能再次说不"。但是，她还声称她对拒绝他人感到不安，对变得不受其变化着的生活环境影响感到不安，对变得不积极回应周围的人感到不安。

> 但我并不知道我将一直对每件事说"不"。你不能总是说"不"，当你处于不同环境和形势下时，当你能交到更好的朋友时，我想我的回答会改变——因为我变得更像这个学校的人。因为无论你在哪里，你至少将趋向于与你周围的人有一点儿相似。

安妮并不怀疑她在此例中说"不"的决定的智慧或正当性，但这个事例提出了一个更深入的问题：她如何能既对自己又对他人坚持立场呢？由于把生活看作生存于一个变动的时间之中，把自己看作对周围的人是敞开的，她相信总有一天她和她的回答将会改变。她面临的困境或紧张状态不同于同伴压力——怎样向她的朋友或同学说"不"。相反，它源自一种思考与他人关系中的自我的不同方式，一种导致什么是关系这一问题——或在此例中友谊意味着什么——的方式。

能够维持对一个事件产生不同看法或从两个不同角度讲述同一故事的能力，可以被看作青春期认知和道德成长的标志，或许是在普通人的生活中，被济慈（Keats）称为"消极感受力（negative capability）"的一种标记，这是一种艺术家走近并采取不同于自己的看待和讲述事物的方式的能力。例如，分离或个体性的问题体现在青少年对其与父母关系的理解中，一名青少年说："我不仅是我母亲的女儿，我也是苏珊。"另一个女生描述她在与母亲通电话中的愤怒时提起自己对母亲说的话："你永远是我的母亲……我永远是你的女儿，但你得放手让我去闯。"这些青春期女孩在描述她们与母亲联系中的自己时所使用的"不仅……而且"结构，使两种视角（她们自己和她们母亲的视角）处于张力之中，传达了一种发生在持续依恋或联系背景中的有关变化的观点。这样，青少年认为发展并不意味着疏离，或许部分因为他们认识到关系是不可替代的。从这一观点出发，由青春期关系转换所造成的道德问题不仅是关于不公正和压迫的问题，也是关于遗弃和不忠的问题。这样看来，青春期心理学呈现出了新内容。历经讨论的道德相对主义问题中加入了道德简化问题，即通过声称只有一种道德观而简化人类遭遇的困境。

青春期的联系

在一所高中实施的对女孩的研究，揭示了道德冲突包括不公平问题和分离问题。随着孩子年龄的增长，带来了孩子和成人力量均衡的转换，联结的体验及意义也同样发生了改变。在童年早期构成依恋的因素在青春期并未构成联结，这是由于青春期的性别变化以及主观情感和反思的增长。这样，问题就出现了：心理学家所发现的明显存在于幼年和童年早期的回应性承诺，在青春期的对等物是什么？什么构成了青春期的真正联结？

我提出这个问题旨在说明这样一个观点，即当谈及青春期发展和健康问题时，有的观点最初看起来可能是无关紧要甚或对立的。一个人能轻易支持安妮所作出的不帮他人买烟的决定（依据公正话语），把她说"不"的能力看作一个将对她有用的方面。我的意图不是证明这种判断的正当性或弱化这种能力的重要性，而是同时强调另一能力的重要性。就像担心屈服于他人的压力一样，对不听他人意见或变得与他人切断联系的担心也是至关重要的。然而，青春期创建与维持人类联结的能力，可能与区分真假关系的能力以及发现区分真实与虚假的联结形式标记的能力而定，这样能够使个体建立关系的愿望或者向他人敞开的愿望获得保护，以免受到极度失望或失败的影响。形式运算思维的发展所强调的，以及通常被赞誉为认知及道德发展特点的青春期疏离能力，就这样获得了双重界定。它不仅意味着一种批判性地反思的能力，也具有一种安妮所谓的变成"自我中心"的可能。尽管疏离意味着冷静——代表着公正推理中的公平，一种超脱出自我及他人，以抽象方式衡量冲突性断言的能力，疏离也意味着联结的缺乏，它具有一种为冷漠或侵害、为种种朝向他人或自我的暴力创造条件的潜在可能。

青春期问题——我要去哪儿？——提出了疑问，因为青少年缺乏成人工作和爱的体验。包括生活贫困的市内旧城区青少年在内的高中生，经常谈及他们未来工作和组建家庭的计划。然而，即使这样的目标是清晰可见的，青少年也没有如何达至这些目标的经验。当你不知道你要去哪里或者如何去时，阐释范围便大大扩展。例如，如果你去商店，所有迹象都会表明"去商店"。但是，如果你以前从未到过那里，即使你知道你在寻找那个商店，迹象也可能是不清楚的。青春期问题——我的家在哪儿？——时常被大学生提及，他们会疑惑是在学校，还是在俄亥俄州或是在拉奇蒙特村？将来会怎样？我如何解释在我生命中做出的每个新举动？（Kaplan，1985）。

这些解释性问题最后都归结为威廉·佩里（William Perry，1968）已经探索过的智力和伦理发展问题，这种发展由相信真理是客观的并由权威所知晓，转变为相信真理是相对的、取决于情境的，而对承诺的责任是不能逃避的。然而，尽管强调现存困境，佩里仍然没有解决困扰特里林的疏离问题，并提出了他的教学困惑：什么样的承诺值得捍卫，以及在什么基础上一个人需要权威？埃里克森（Erikson，1968）提到青少年倾向于绝对真理和极端解决方案，倾向于通过抓住控制权和试图使时间停止或抹去时间，抑或以一种或其他方式消除别人或自己的困惑的来源，从而一劳永逸地终结所有的不确定性和困惑。在这些话语中部分青少年的许多破坏性行动就能被理解了。因为青少年不仅有抽象逻辑思维能力，也有参与认知活动的能力，因为他们在某种意义上能意识到某观点的主观性和观点本身，因为他们在寻求正确答案，或者在寻求某个能引导其生活的人的同时，他们能识破对权威的错误需求，因此，对成人来说，处理青少年问题的诱惑是面对多种可能或权威时的选择，是逃避那种存在于被黛安娜·鲍姆瑞德（Diana Baumrind，1978）称为"有权威的"姿态中的问题。

抵制疏离

在对青少年采取一种有权威的姿态时存在一个问题，那就是在这个社会中，许多成人和青少年一样没有什么权威。因此，虽然事实上他们可能对青少年生活了解很多，但他们可能对自己掌握的知识并无信心。他们的行动可能与判断相分离，并且将其决定归因于那些有更强社会权力者的判断。但是，另一问题却使研究者长期犹豫不决：在试图指引青少年远离那种明显被标示为破坏性的路途时，应该采取什么措施？如何识别朝向正确方向的标志？在重新思考青春期发展的性质时，出现了这样一个关于观点的问题——这样的重新考虑将从什么角度或者以怎样的话语进行？

最近有关青少年的家庭和学校的研究发现，青少年在成人关注他们的情境中生活得更好，母亲和教师在青少年生活中是最重要的。青少年与父母的大多数联系，典型地表现为与母亲的联系，母亲是与他们交谈最多的人，并且他们将母亲看作最了解他们生活的人（Youniss & Smollar, 1985）。多数研究者认为父亲应该更多地参与到青少年生活中，但是他们也发现，总体而言，父亲并没有像母亲一样与青少年一起度过许多时光或亲自与青少年谈话。在学校研究中，教师被证明为中等教育成功的关键。迈克尔·拉特及其同事（Michael Rutter *et al*, 1979）以及萨拉·莱特富特（Sara Lightfoot, 1983）认为好的高中具有以下特征，即拥有一些能够表现权威并对其行为负责的教师。然而，越来越多的青少年的母亲处于贫穷的单亲生活之中，而且当前教师普遍是没有支持的、受到贬低的。青春期心理的发展可能依赖于青少年所秉持的她或他的心灵是值得发展的信念，而这种信念可能反过来依赖于一个了解和关心青少年心灵的成人出现在青少年生活中。因此，对于当前那些作为成人主要和青少年在一起的母亲和教师的经济与心理支持，对努力促进青少年的成功发展可能是必要的。

选择什么姿态或方向的问题，是关于道德倾向的概念以及暗示两条发展路线及其紧张关系的研究结果关注的焦点。如果当前对关怀的聚焦构成一种关键的阐释立场并突出需要被提出的学校和社会问题，那么一种关怀视角如何能在青春期得以发展和维持？在北美地区受过良好教育的人群中，关怀聚焦主要表现在女性身上，这一迹象提出了有关女性发展与中等教育的关系问题。但是，它也暗示女孩可能会抵制流行的疏离和阻断的社会风气，这种抵制具有道德的、心理的以及政治的含义。这样，问题就出现了：这种抵制怎样以及以何种代价被培育和维持？

在分析女性认为什么构成关怀以及联结意味着什么时，我注意到女性很难把她们自己包括在她们认为从道德上而言应该去关怀的人当中。总的来说，把自我包括进去无论是对女性还是对社会来说都是有问题的。女性的这种自我包含，对传统上女性通过关怀和自我牺牲表现美德的认识提出了挑战，此外，包含女性也对西方传统中的解释范畴提出了挑战，引发了人们对人性问题的描述表示怀疑，并对"关系"、"爱"、"道德"和"自我"的意义继续进行审视。

或许由于这一原因，当女高中生描述关怀聚焦困境时，会说她们的冲突"不是道德问题"，而"仅仅是"与她们的生活及她们确信的一切有关（Brown，1986）——就像安妮所说的，事实上，当她阐明问题时，她有另一种以公正话语表达的看待困境的方式。从关怀视角出发，她的其他值得称颂的向他人说"不"的能力似乎有潜在问题；那些似乎有价值的以自己为中心以及坚持自己所相信的东西的能力，现在看来有些以自我为中心，这是一种把自己和周围人孤立起来的方式。这样，青春期女孩的"发展"就形成了一个难题。此难题的中心是有关联结的问题：如何与世界、与他人保持联系并保持自我。与他人真正联结的可能性是什么？鉴别真假关系的标志是什么？是什么使得女孩坚持寻求对他人回应的承诺？在此寻求中存在什么风险？最后，抵制疏离的道德、政治和心理意义是什么？如果有一种目标是培养这种抵制，那么在此过程中，中等教育可能发挥关键作用。

贝蒂·巴蒂奇（Betty Bardige，1983，以及本书）分析了作为社会研究课程——"正视历史和我们自己：大屠杀与人类行为"（Strom & Parsons，1982）——一部分的7、8年级学生日记。她找到证据证明道德敏感性在青春初期似乎有风险。尤其是她观察到24个女孩中的8个和19个男孩中的1个所写的日记，显示出他们愿以表面价值思维看待暴力，把一个人对某人正受伤害的感知的回应看作采取措施制止暴力的原因。因为对暴力迹象的这种回应与不大复杂的推理形式有关，因为疏离与客观和双方面看问题的能力相联系，因此处于回应和疏离之间的紧张态势形成了一种教育困境：如何在发展通常意义上的道德敏感性的同时又发展逻辑思维能力和审思判断能力。中学课程对假定推理和演绎逻辑推理的优先安排，对"批判性思维"（被定义为以抽象方式考虑思维的能力）重要性的关注，经常使得依赖于微妙和谐感的道德敏感性未受教化或未获得发展。对通过看和听所吸收的内容作出回应的能力，可为辨认错误假定奠定基础，也为知晓正在发生什么和考虑要做什么奠定基础。

由于青少年增强的自我意识和对嘲笑或暴露的强烈惧怕，中等教育对教师提出了一个重大挑战：如何使青少年维持对体验的开放态度并愿意冒险进行发现尝试？教师和学生之间关系（某种程度上，这样的联结包括一个真实承诺或思想的交流）的回应性，在这一点上（参见 Wiggins，1987）可能是关键的。然而，当对人类资源的依赖被理解为一种局限性的标志并与童年依赖相关时，那种人们能够并且确实互相帮助的方式将不再呈现。因此，关怀的活动可能是心照不宣的，或是暗地进行的，或是与理想化的美德及自我牺牲形象有关。这对教师、父母和青少年提出了问题，该问题由于各种各样的原因而可能较多地发生在女孩身上。

最近，心理学家已试图寻求理解女性谈论体验的话语，并且已注意到既暗含对他人回应的渴望，又暗含对该联结所包含内容理解的关系话语（参见：Surrey，1984；Miller，1984，1986；Belenky *et al*，1986；Josselson，1987）。凯瑟林·斯坦纳-阿代尔（Catherine Steiner-Adair，1986）在对高中女孩暴饮暴食的特点进行研究时，发现当进行饮食态度测试时，那些在回答有关自己的未来期望和女性社会价值的提问时能清楚说出"重要的关怀视角"的女孩，很少暴饮暴食。重要的关怀视角构成了一种立场，由此，女孩能拒绝"女强人"的媒体形象，能拒绝那些将分离和独立与成功相联系的文化价值。斯坦纳-阿代尔发现，在当前受过良好教育的北美地区人群中，暴饮暴食现象很普遍，那些或含蓄或明确地呈现或支持女强人形象的女孩，那些不能识别关系中的回应性和女性传统或成功传统之间冲突的女孩，是最容易出现暴饮暴食的人。这样，显示敏感性迹象的女孩似乎陷入了一个具有破坏性的可解释框架之中；当讨论她们自己的未来愿望和社会价值时，她们不能将回应和联结迹象与完美形象和控制形象相区分。

在类似方面，简·阿塔纳斯（Attanucci，1984）和安·威拉德（Willard，1985，以及本书）研究北美地区受过良好教育的幼儿母亲时，注意到当母亲谈论她们作为母亲的体验时，她们"自己的话语"和当代文学文本中对母亲和"母性"的描述语言的差别。母亲自己的话语包括传达母亲与孩子联系体验的关系话语，因此，在这些话语中，关心孩子既无所谓"自私"，也无所谓"无私"。相比之下，被心理学家用来描述为"好母亲"或"很好"的母亲的话语传达了这样的印象，即作为母亲，只要她们是好母亲，就会满足孩子的需求胜于满足自己的需求，而只要是心理成熟和健康的妇女，都会满足自己的需求并把自己与孩子分开而论。威拉德发现那些在作出有关工作和家庭的决定（无论这些决定的性质是什么）时考虑到自己和孩子的联结经历的妇女，趋向于不患忧郁症。相比之下，那些在文化脚本里作出职业决定的女性，无论是好母亲还是女强人，都经常显示出抑郁症状，这说明目前文化脚本中的母亲形象对女性是有害的。区分文化脚本里的母亲和母亲自己话语中的母亲，就需要在女性自身与其孩子之间划分界限，由此，母亲在本质上被描述为处于自身和孩子之间的个体。因此，青春期女孩和成年妇女对心理疾病的抵御与她们界定关怀的能力相关——以反映真实关系经历或对他人具有回应性承诺的方式去界定。

最近关于市内旧城区青少年的调查研究（Gilligan *et al.*，1985；Ward，1986；参见本书第 8 章和第 9 章）也揭示出，重新考虑关怀和联结以及在关系中作出回应具有重要意义。市内旧城区青少年阐明关怀的方式，经常比他们阐述公正的方式要高级得多；他们注意到关怀和依赖人力资源的必要性。例如，当一个 15 岁男孩被要求描述他所面对的道德冲突时，他就会谈到，有一次，他想在舞会后和朋友一起出去，但他母亲却想要他回家。他决定回去，他说这是为了避免"给母亲带来麻烦"。然而，当被问到他是否认为自己做得对时，他说事实上他知道，就像他所看到的他妹妹回家晚了时所发生的事一样，他母亲会整夜不得安睡，直到他回家。他回家的原因不单是基于一种避免惩罚的期望（科尔伯格的推理阶段 1），而且还是一种不伤害母亲和并非"只考虑自己"的愿望。

> 如果我不回家，我的母亲会整夜为我担心……我的妹妹曾经这样让她担心过，她整夜不能安睡……我不能只想着自己而不为她着想，你知道，一直让她担心不能入眠的话，我心里会很难受……我怎么能只想着自己整夜不回家，而不顾及母亲的感受呢？

由于听到这个青少年关注于避免惩罚和不想惹麻烦，接受过发展心理学传统的教育的心理学家可能缺乏质疑，而将该青少年编码为低水平的发展阶段，并认为他处于较低发展水平是合理的，因为他具有较低的社会经济地位。然而，如果研究者认识到，一个 15 岁大的青少年却处于发展阶段 1 是多么令人难以想象，由此产生质疑并探寻男孩的认识，即认为他的行动会伤害母亲，此时男孩的道德力量就表现出来了。他表达了对伤害母亲的担忧，以及他所意识到的该如何行动才能避免伤害，这就表现出一种关怀视角。此外，他对怎样的行动将造成伤害的认识基于他自己的观察。这样，他无须将自身置于其母亲的位置（这将会使他在社会、道德和自我的发展阶段方面得到较高分数），因为他从与母亲的相处经历中得知她将会有怎样的感受。

倾听市内旧城区青少年有关道德冲突的两种不同声音，使得对青少年的评价结果产生变化。以下这个案例进一步展现了这种变化。一个 12 岁女孩描述了她如何反抗母亲的要求。她认为，道德世界是以一种绝对的"好人"和"坏人"的形式展开的，她将这种道德语言与一种"必要性"的语言相对比。她解释道，"好人"接受两个方面的评价，知道"什么是对，什么是错，什么时候应该做正当的事，也知道什么时候有必要犯错误"。她的道德冲突的例子正好包括了这个判断。一个严重割伤自己的邻居呼救，是因为她需要绷带，但这个 12 岁的女孩已被母亲告知不准离开房子。在讨论她作出离开的决定时，她反复地叙述"不得不离开"房子的事实，并谈及邻居的"需要"和她自己的判断，那就是这个帮助是"绝对必要的"，"她太需要我的帮助了，我要尽力去帮她。我知道我是唯一能帮她的人，我必须帮她"。

上述事例也包含一个表面上简单的道德概念（在此，确定正确和错误的绝对规则的概念不涉及意图或动机，它是皮亚杰理论中的"他律"道德或科尔伯格理论中的低水平道德），与较复杂道德理解之间的一种对比，以必要性的语言表达就是：人们对帮助的需要和相互帮助的能力。虽然这个女孩的决定看来不能获得母亲的赞同，或者以罗伯特·塞尔曼（Robert Selman，1980）的话语来看，这将使其陷入一个较低水平的交往决定，她还是会坚持"我做的是对的"，坚信其行为是正确的，这表明一种更加"自主"的道德感。在她描述的实例中，她的判断引导她的决定，她认为当需要和可能时，必须提供帮助："你不能袖手旁观，眼睁睁地看着那个女人……死去"（Gilligan *et al.*，1985）。以传统心理学标准衡量的社会和道德发展看似低水平的阶段，与较之这种发展性阶段描述所暗含的更多的道德理解和感知的迹象之间的差异，在我们对市内旧城区青少年的研究中一再出现，这种有关孩子道德生活的问题已被罗伯特·科尔斯（Robert Coles，1986）清晰而明确地提出。

将这些研究成果会聚到一起进行分析，其意义在于那些需要解释的问题不能脱离对青少年发展问题的关注，这些问题不仅涉及有关青少年的问题，也涉及未来社会和文化问题。教师们时常注意到，总的来说，女孩们在青春期之后变得不再那么坦率，在公众场合不大发表不同意见，甚至不愿参加课堂讨论，此外，教师们还注意到，少数民族孩子的学校成绩在青春期降低，这表明中等教育或对文化的解释框架，对那些经历和背景与框架制定者更相似的学生来说可能更容易接受和理解。在一个看来日益关注公正的社会，关怀视角提供了一个评判视角，它也阐明和解释青少年所描述的关怀活动——不仅帮助他人，而且与他人建立联系，这些活动是与他们感觉对自己有利的活动联系在一起的（参见 Gilligan *et al.*，1985，也参见 Osborne，1987）。

在一些受过良好教育的青少年身上呈现出的性别差异，在市内旧城区青少年身上也有所体现。在描述有关朋友的道德冲突问题时，11 个男孩中的 9 个把注意力集中在抵抗同伴压力问题上，10 个女孩中的 6 个把注意力集中在对关系的忠诚上，把遗弃、疏离和排斥作为道德问题的例证。此外，市内旧城区的女孩比男孩更可能描述持续一段时间的困境，而非描述只出现一次的困境，或者同样问题的重复出现。因此，或许女孩更可能寻求有关其所描述问题的包含式（inclusive）解决方案，该方案有助于她们维持和加强她们与需要作出回应的每个人的联系。当女孩倾向于谈论关系中的问题或相关的人时，男孩则更可能谈论离开。研究中有个男孩描述了寻求包含式解决方案的持续困境，他谈及寻求与其离婚的父母维持关系的问题。因此，这种表达对关系的关注、追求并评价关系中的关怀和回应的倾向，与这些研究中的社会阶层和性别相关（也可参见 Ladner，1972；Stack，1974）。这与约翰斯顿（Johnston，1985）和兰代尔（Langdale，1983）的发现——解决道德问题时的道德倾向或所采取的立场与性别和所考虑的问题相关——是相似的。

"必要性"语言是市内旧城区青年的道德话语的特征，这使得人们相信，在这个以高暴力为特征的环境中，存在着令人信服的关怀视角。贾妮·沃德（Ward，1986）研究了市内旧城区青少年对其在日常生活中目睹的暴力进行思考的方式，揭示了对关怀和联结问题聚焦的优势所在，由此使得对暴力的非暴力反应以及阻止暴力反应成为可能。沃德的研究也揭示了让母亲知晓对青少年来说家庭暴力也是暴力（而非谈论什么是爱或不谈论正在发生什么）以及想办法阻止家庭暴力的重要性。有关暴力行为的明显的性别差异以及这些差异对青少年男女的不同影响，在当代有关道德发展性别差异的讨论中竟然令人吃惊地被忽略了。然而，这些差别向理论和研究提出了重要问题。

从公正和关怀两种立场重新考虑青春期，考虑在两套话语体系中是什么构成了"发展"，也引发了对传统研究方法的重新评价，特别是对蕴藏于研究实践中的疏离问题进行重新思考。当采访那些正考虑流产的怀孕少女时，令我震惊的是，她们中的大多数人知道怎样避孕。她们怀孕看起来似乎部分是因为她们的行为有时是不顾一切的，有时是被误导的，有时是为了关心自己、关心他人，为了得到她们想要的，以及为了避免孤独的天真想法。这些青少年置身于一个探询道德冲突和需要解释的困境之中，这就引发了一个伴有医学和教育意义的研究成效问题。通过在研究访谈中询问青少年的道德冲突经历，能获得怎样的关于联结和疏离、关怀和公正的认识？

可能的是，要求青少年谈论其自身的道德冲突和选择经历，构成了一种有效干预，就像先前一些迹象所表明的那样。这样的质询可能向青少年揭示出他们具有一种道德观，某种有价值的东西在他们所经历的冲突中利害攸关，因此，他们有理由在可能感到震惊或迷惑的情境或不能进行恰当选择的情境中采取行动。将访谈作为一种干预的功效可能取决于研究关系的回应性，取决于研究者是否投身于与青少年相关的研究，而非简单地反映或评价他们的回应。对青少年来说，意识到他——或许尤其是她——具有一种成人感兴趣的道德观，或是具有一种个体将作出回应的道德声音，这样的认识能使行动框架摆脱那种介于妥协和反抗之间的选择（以他人话语界定的活动），并且为发现个体自己的话语提供语境。在青春期，这种发现充满了活力，并能激发个体的主动性和领导才能。

对教师而言也同样如此。在考虑青少年发展时引出的解释性及伦理问题，为心理学家和中学教师的真正合作奠定了基础。一位教师对这种合作的考虑（见本文附录），为这种工作方式的目标和意图提供了一个令人信服的描述。在本质上，该方法将一种自然主义（或许是最古老的教育策略）的研究方法添加到研究中：不是为了教给现成的答案，而是提出能激发求知欲的问题，而且，就发现的实质来看，发现就是倾听令人感兴趣的事。如果现代文学中的现代元素是文化或文明思想幻灭的主题，那么，对谈论青少年发展或心理健康与教育的我们提出的挑战就是：严肃对待那些在现代文化中即将成为青少年的个体所提出的真理和价值问题，继而，在对这些问题进行回应时，想象这一代人可能倾听不同的声音并且可能从一个新的角度看问题。

附　录

有位教师在一项于埃玛·威拉德女子学校（Emma Willard School for girls）进行的有关青少年发展的研究中发表了以下评论。

我看到在"使用"这个研究去确认或证明一个先前存在的议程时的危险。当有人声称"这项工作证实了我们所说的"一套制度上的规则或规定时，我就变得紧张起来。我讨厌去想一项要求我们倾听一些反映思考方式复杂性的自我对话和问题的研究，可能被缩减为关注所有年轻女性思考方式的规定好的"假设"，或者我们作为教师应该用以教授所有课程内容的方式，又或者为什么任何种类的模式化（尽管以一种改变了的形式）都应该被鼓励。

我设想一个兴奋的同事谈论他在研究中的收获。如今，很清楚为什么女球员会停下来扶起她们的对手而不去绕过守门员射门得分。结论是女性需要学习"做游戏"。问题并不在于"游戏"是否意味着严酷的考验或技巧。需要认识到的是，该情境能让我们至少从三个方面提出疑问。当然，我们可能质询，哪种"教育"能教女性对付一个守门员进而得分。我们也可能质询，一支训练有素的球队有没有可能既未扶起守门员又未得分。或许我们要问，就像我们需要学校评分等级制度一样，得分系统和规定是否真能体现那些我们希望受到赞赏的能力和行为。我们需要考虑任何构成这一冲突的情境其自身被质疑的可能性。如果我们假设这些结构（制度、教学法、评分系统或其他）优先于而非体现一个特殊的观点，我们就会失去这项研究对我来说最为重要的某个内容。

致 谢

欢迎和支持女性学者进行研究的两个研究机构，为我致力于本文的写作提供了条件，它们是位于拉德克利夫学院（Radcliffe College）的玛丽·英格拉哈姆·邦廷研究所（Mary Ingraham Bunting Institute），以及拉特格斯大学妇女研究中心（Women's Studies at Rutgers University）的布兰奇、伊迪丝、欧文·J. 劳里新泽西讲座（Blanche, Edith, and Irving J. Laurie New Jersey Chair）。感谢卡内基公司（Carnegie Corporation）对梅隆学者奖学金（Mellon Faculty Fellowship）的支持。特别感谢道格拉斯学院（Douglass College）的玛丽·哈特曼（Mary Hartman）院长，感谢劳里讲座研讨会的成员为我提供了一个充满激励和回应的工作环境。感谢罗伯特·布卢姆（Robert Blum）盛情鼓励我撰写和改写本论文。吉姆·吉利根（Jim Jilligan）、简·利林菲尔德（Jane Lilienfeld）、伯纳德·卡普兰（Bernard Kaplan）和黛安娜·鲍姆林德（Diana Baumrind）为本文提供了最有益的批评和建议。

第 1 编

1 重绘道德图景： 关系中的自我新形象

□ 卡罗尔·吉利根（Carol Gilligan）

　　维吉尔（Virgil）在《埃涅阿斯纪》（*Aeneid*）① 第 6 卷中写道，埃涅阿斯（Aeneas）来到地府寻找他的父亲，却意外地遇到狄朵（Dido）的灵魂。埃涅阿斯无法相信这种事会发生在自己身上。"我难以置信，"他告诉狄朵，"我的离去会给你带来如此严重的伤害。"（Virgil，6：463 – 464，p. 176）看到狄朵痛苦的样子，埃涅阿斯哭着问道："是因为我吗?"（Virgil，6：458，p. 175）而后，他解释说自己当时并不愿离开她，他说自己是一个拥有独立自我的人，却又因为所负之责任而受到命运的束缚。他陷于两种自我形象之间：既被命运束缚又相对独立。这一例子正好说明了"自我"的困境：什么才是自我，如何在与人若即若离的社会结构中表达自我的存在。

---

　　① 史诗。古罗马诗人维吉尔作于公元前30—前19年。共12卷，约12000行。主要描写特洛伊被希腊军攻陷后，特洛伊英雄埃涅阿斯在天神护卫下携家出逃，辗转到了意大利，娶当地公主为妻，建立了罗马城，开始了朱里安族的统治。其中第4卷写道，特洛伊失陷后，埃涅阿斯在迦太基避难，与迦太基的狄朵女王相爱。但女巫传神的旨意，要埃涅阿斯回国去重建家业。不可抗拒的命运感，迫使埃涅阿斯抛狄朵而去。狄朵心碎而自尽。——译者注

西方文化中很早就曾描述了两种自我：独立的、与他人疏离的自我（自我与他人的界限是固定的）和拥有弹性界限的自我（自我与他人的界限并非固定的，而是有弹性的）。事实上，个体之承担社会责任与独立自主是一致而非对立的。维吉尔在《埃涅阿斯纪》中讲述了这样一个故事——主人公埃涅阿斯是具有独立自我的人，特洛伊失陷后，他的使命在于建立一座城邦，并把诸神带回拉齐奥地区（Latium）。故事的悲怆在于主人公无法表达的"深深的悲伤"与"深厚的爱"（Virgil，2：3，p.33；4：85，p.98），也即埃涅阿斯对于特洛伊失陷的深深悲伤，以及狄朵对埃涅阿斯的深厚的爱。关于悲伤和爱的故事，已经被普遍排斥在有关道德和个体的讨论之外；正如在《埃涅阿斯纪》中一样，悲伤和爱被视为不可言说的痛楚，它是个体内心的情感，可以感知，但却无法用语言来确切表达。那些有关埃涅阿斯英勇艰辛旅程的故事被广泛传扬，然而，维吉尔却暗示了其中存在某种联系（connection）。由这种联系所导致的不确定性，出现于埃涅阿斯和狄朵在地府的相会中。地府相会的场景被艾略特（T. S. Eliot）描述为最为辛辣和最具启蒙性的诗篇（Eliot，1957，p.63）。在这一场景中，一种敏锐的心理学智慧引发着人们对模糊的道德观的深刻感知。

埃涅阿斯应该为狄朵所遭受的自我创伤负责吗？为什么他无法相信他的离去会如此严重地伤害她？这些问题反映了两种在关系中思考自我的方式。一种是"爱的心理学"，它可以阐明埃涅阿斯的离去与狄朵的行为之间的关系，也能解释狄朵在埃涅阿斯离去之后愤怒与沉默的原因。而与这种"爱的心理学"分庭抗礼的是各种道德判断，它们预设了人是单独的、自主的个体。由这两种方式所产生的两种自我形象，意味着两种根本无法调和的思考责任的方式。当埃涅阿斯遭遇到他既无法相信又并非有意为之的行为后果时，当曾经慷慨、热心的狄朵变得悲伤而冷淡时，这种分裂瞬间显露出来。埃涅阿斯的断然离去变成他对狄朵感情的忽视；然而，他对建立城邦的使命的信奉，又并非意味着不关心已变得多愁善感的狄朵。于是，人们不再简单地去谴责埃涅阿斯背弃狄朵或者狄朵破坏纯洁誓言，而是思索更复杂的观念，这种观念涵盖了坚守承诺的能力以及对关系作出回应（responsiveness）的能力，并且承认二者之间存在着悲剧性冲突。

"责任"的两种含义——履行义务和对关系作出回应——是本文所提出

的道德图景的核心。① 由于道德判断反映了"社会理解"的逻辑，并形成了进行自我评价的标准，因此，道德观念成为在关系中确立自我观念的关键。通过追问我们如何把握道德价值观，通过探寻个体价值观如何在人际关系中逐渐确立，我将对内在于人类生命中的两种道德倾向——公正和关怀——作出区分。公正倾向和关怀倾向可追溯至根植于亲子关系中的不平等经历以及依恋（attachment）② 情感。每个人在压制和离弃面前都会表现出脆弱，因而公正和关怀这两种道德经历在人类体验中反复出现。

依据亲子关系的不同特点——不平等性及相互依赖或依恋性，可以将人们的情感区分为不平等/平等、依恋/疏离（detachment）等维度，这些情感维度就是人际关系的主要特征。与单一的道德观点及"一的反面即是多"的假设相比，这两种关系维度为重新想象自我及重新描绘发展提供了一套坐标。"责任"的两种含义使人们认识到了关系中的自我的不同形象，由此也修正了以往依赖于单一解释框架的个人主义观点。同时，对作为人类经验主要维度的依恋或相互依赖的认识，有助于从爱的心理学角度探究道德成长及自我发展。

对比埃涅阿斯看到伤心的狄朵时的情景描写——"月初/某人凝视着，沉思着，月亮/透过云层升起，都是模模糊糊的"（Virgil，6：450 – 452，p. 175）——维吉尔笔下地府相会一幕里那令人难以忘怀的微笑，刻画出了充斥于对现实的认知之中的不确定性，尽管这种不确定性已被遮蔽或削弱。当暗淡的月光唤起淡泊、超然及崇高的个人主义时，它使爱变得脆弱、易于消逝和疏离。因此，"个人主义"与"爱"的变动的结构使这二者之间存在一种基本的混乱，"爱"容易迷失并被掩埋于"地府"之中。

近年来，两位古典学者——约翰逊（W. R. Johnson）和玛丽莲·斯金纳（Marilyn Skinner）——已经注意到批评家们的评论，他们倾向于减少维吉尔诗歌描写的复杂性，去除其含糊性，以解决诗歌辞藻华丽但主旨模糊的问题（Johnson，1975；Skinner，1983，pp. 12 – 18）。当代心理学同样具有减少复

---

① 理查德·尼布尔（H. Richard Niebuhr）对此也作过类似的区分。参见其著作：*The Responsible Self*，New York（1963）.
② 文中他处联系不同语境，也可译作"依附"、"依赖"。——译者注

杂性的明显趋势，其中个体自主的理想使得爱的情感逐渐消逝。从这个意义上说，最近由约翰逊和斯金纳修订的《埃涅阿斯纪》，强调地府相会的重要性，这与心理学中为复原一个已知但仅被模糊领会的爱的故事所付出的努力是一致的。它们所涉及的那种"重新获得"均揭示了一种内在复杂性，将注意力引向了"现在可领会，而先前却被视为有些棘手的经历的伦理困境"。由于对这种困境的感知"要求维吉尔界定一个新的英雄形象"（Johnson，p. 153），因此它意味着需要变革发展心理学理论和个体心理学理论。

由"自主的自我"这一理想所界定的个人主义，体现出了"独立"在道德思考、自我发展、应对失败（loss）方面具有重要价值，它也是青少年心理学的重要内容。通过重构存在于依恋与疏离之间的、被这种描写所消融的紧张关系，我将描绘有关道德与自我的两种观念，它使我们以不同的方式理解失败，并对那些产生于人类生活过程中的忠诚冲突作出不同的思考。我希望通过展示一个关于爱的失而复得的故事，来表达疏离与冷静之间的紧密联系所揭示的问题，以及这个问题如何改变了关系中的自我形象。

从个体自主和社会责任（一种由意志加以规定、以责任或义务加以引导的内在良心）方面来说，这种关于自我和道德的界定预设了一个相互作用的概念，我们可将其表述为"绝对命令"或"黄金法则"①。但是，当以这些术语来解释什么是设身处地的能力时，它不仅暗含着人的抽象化和概念化能力，而且还意味着一种最终必将归诸自我的道德知识观。尽管我们能够站在他人角度思考问题，奇怪的是，自我似乎保持不变。相反，如果把了解他人的过程视为参与他人的故事和经历的过程，这就意味着我们有可能以改变自我的方式向他人学习。按照这种方式，自我处于关系之中，因而，关系成为进行自我判断的参照物。尽管这种与他人相处的能力——设身处地理解他人的快乐与痛苦并作出回应的能力——被发现在儿童早期甚至婴儿期就已存在，但在描述人类发展时，这种能力并未得到很好的关注，部分原因在于，有时某种固定的关系形象早已深入当前流行的自我观念之中。

从乔治·赫伯特·米德（George Herbert Mead）所描绘的通过他人反馈

---

① "黄金法则"出自基督教《圣经·新约》中的一段话："你想人家怎样待你，你也要怎样待人。"这是一条做人的法则，又称为"为人法则"。——译者注

而获得的自我、库勒（Cooley）的"镜中自我"，到埃里克森（Erikson）所强调的在他人认可中发现自我，以及时下正流行的对"镜像"过程的心理分析，个体身份形成的关系维度被人们反复阐述。但镜像的反复再现，又使人们认识到关系是缺乏生气的。当他人被描述为自我反思的对象或自我发现与自我认同的手段时，关系的意蕴被逐渐耗尽，直至变得毫无生气。尽管自我被心理学家置于关系的范畴中，但是自我仍被定义为疏离的、独立的。这样，他人消失了，在诸如"对象关系"这样非人格化的语言中，爱成为投射。①

近年来，通过关注女性的经历，人们以另一种方式界定自我，不过它常常被混同为失败的自我界定。② 在这种界定自我的方式中，自我在关系经历中被认识，个体通过与他人的相互联系而非以独自反思的方式认识自我。我所观察到的自我描述和道德判断之间的紧密联系，说明了将自我描述和道德判断进行区分是非常重要的。进行区分的方法在于，指明不同的自我形象如何唤起不同的道德力量。然而，在对责任的不同界定之中，这些道德力量有不同的表现。

当被问及"责任对你意味着什么"时，一名高中生回答说，"责任意味着作出承诺并坚守承诺"。这种回答表明，人们通常将责任理解为个人承诺与契约性义务。然而，另一个学生的回答则显示出关于自我和道德的不同观念，"责任是当你意识到他人的存在并了解他们的感受……责任是通过关注自己周围的人，关注他们的需要以及自己的需要，从而掌控自己……并积极

---

① "object"一词最早由弗洛伊德在《性三论》（*Three Essays on the Theory of Sexuality*，1905）中用来区分性对象和性目标。该词现在被"对象—关系"理论家——遵从梅拉妮·克莱因（Melanie Klein）与玛格丽特·马勒（Margaret Mahler）的心理分析师们——广泛加以使用，他们强调关系的首要性。在两种语境中，该词均指一个已成为另一人期望对象的人。

② 20世纪70年代中期有些学者描述了这种差异。参见：N. Chodorow，"Family Structure and Feminine Personality," in M. Z. Rosaldo and L. Lamphere，*Woman*，*Culture and Society*，Stanford，Calif.（1974）；J. B. Miller，*Toward a New Psychology of Women*，Boston（1976）；C. Gilligan，"In a Different Voice：Women's Conceptions of the Self and of Morality," *Harvard Educational Review*，47（1977）. 以下著作对此作了进一步扩展：Chodorow，*The Reproduction of Mothering*，Berkeley，Calif.（1978）；Gilligan，*In a Different Voice*：*Psychological Theory and Women's Development*，Cambridge，Mass.（1982）；Miller，"The Development of Women's Sense of Self," Stone Center Working Paper Series，12，Wellesley，Mass.（1984）.

行动"①。在这种观念中，责任意味着在关系中敏锐地行动，以及作为道德力量的自我主动认识到某种需要并对此作出回应。自我不是与他人疏离的，而是处于关系中的，由此，自主的概念得以改变。"通过关注周围的人而把握自己"看似矛盾，实则体现了一种由自我所主动发起的行为的关系维度。

上述两种关于责任的概念是由两位年轻女性界定的，它们最初被当成了女性的声音与心理学理论之间的不和谐音（Gilligan，1982）。通过探索这种不和谐，笔者阐明了有关道德判断与自我描述的新类型，以捕捉联系或相互依赖的经验，从而超越传统的将利己与利他相对照的研究方式。这种扩充了的概念性框架提供了一种新的途径来探寻男性和女性的思维差异。在一系列旨在分析自我概念与道德概念之间的联系并测查它们与性别、年龄的关系的研究中，从人们界定和解决道德问题的方式以及对所作选择的评价中，能够可靠地辨识出两种道德声音：一种声音涉及关系、无伤害、关心和对他人关心的回应；另一种声音则涉及平等、互惠、公正和权力。尽管两种声音经常一道出现，但是二者之间也存在一种紧张状态，或者表现为两种声音相交错而发生混乱，或者表现为其中一种声音具有占据主导地位的趋势。虽然不特指性别，这种主导模式却是与性别相关的，它意味着道德推理中常见的性别差异在道德倾向上也有所体现；反过来，这些差异又受制于对关系中的自我的不同构想方式。②

公正价值观和自主价值观被当前的人类发展理论所预设，并被融入道德概念和自我概念中，它意味着将个体视为与他人疏离的存在，意味着个体依据相互关系的强制与合作倾向而将关系视为等级性或契约性的。相比之下，女性的价值观偏重于关心和关系，认为自我和他人是相互依赖的，并且认为需要通过对他人予以关注及作出反应来创建和维系关系网络。因此，表达上述观点的两种道德声音，反映出两种不同的看待世界的方式。从每一种观点

---

① 这些关于责任问题的回答是由位于纽约特洛伊（Troy）的埃玛·威拉德（Emma Willard）女子学校的学生们作出的。本文所有此类引证均来自这些女孩。

② 参见：C. Gilligan, S. Langdale, N. Lyons, and M. Murphy, "The Contribution of Women's Thought to Development Theory," report to the National Institute of Education, Washington, D. C. (1982). 另见：S. Langdale, "Moral Orientation and Moral Development," in "References," this volume; N. Lyons, "Two Perspectives: On Self, Relationships and Morality," *Harvard Educational Review*, 53 (2) (1983).

来看，社会理解的关键条件具有不同的意义，它反映出关系意象的变化，标志着道德倾向的转换。正如我们既可以把一幅模糊的图像看成一个花瓶也可以把它看成两张人脸一样，在与他人的联系中感知自我似乎也存在两种不同的方式。它们都基于现实，但每一种感知都将一个不同的组织体系加诸于现实之上。可是，就像辨认模糊的图像时一样，当一种自我形象出现时，其他形象似乎暂时消失了。

下面以一个例子来澄清这些差异的特性及含义。有两个 4 岁大的孩子——一个男孩和一个女孩——在一起玩耍，他们想玩不同的游戏。[①] 面对这种常见的两难困境，女孩通常会说，"我们来玩假扮隔壁邻居的游戏吧"。"我想玩海盗游戏，"男孩回答道。"好的，"女孩说，"那你就当住在隔壁的海盗吧。"通过比较两种解决方案，即将两游戏相结合的兼容方式（inclusive solution）以及两游戏轮流玩且各玩同等时间的公平方式（fair solution），人们不仅可以看到男性和女性在解决问题时的不同方式，而且可以看到每一种解决方式如何既影响游戏的特性，又影响个体的关系体验。

轮流玩的公平方式，使得每一游戏保持完整性。它为每个孩子提供了体验他人的想象世界的机会，并且通过设置一个基于平等尊重前提的规则来调节交换。相比之下，兼容的解决方式将两种游戏加以改造：扮邻居的游戏因海盗住在隔壁而改变；海盗游戏由于海盗成为邻居而改变。每个孩子不仅进入他人的想象世界，而且以他或她的存在来改变那个世界。两个独立游戏各自的特性产生了一个新组合，孩子之间的关系促成了这种谁也难以单独构想的游戏。由此可见，公平的解决方式保护每一游戏的特性、确保关系范畴内的平等，而兼容的解决方式通过对关系的体验来改变两种游戏各自的特性。因而，解决冲突的不同策略表现出了个体构想自我的不同方式，同时这些不同的自我定义方式也意味着个体不同的理解自己与他人之联系的方式。

1935 年，英国精神病医生伊恩·萨蒂（Ian Suttie）唤起了现代心理学对爱的关注。他质疑道："当我们热切期望能够避免情感侵入我们的科学研究框架时，我们能否做到将它们从我们的观察中彻底排除？"（Suttie，1935，p. 1）他提出，正如人们通常所设想的那样，科学"在处理人类'依恋'问

---

① 关于本例，我要感谢这名 4 岁男孩的母亲——安·格利克曼（Ann Glickman）。

题上处于一种特殊的劣势"，萨蒂观察到，爱或者被降低为欲望，或者作为一种幻想而不被考虑（Suttie，p. 2）。于是，他着手在心理学领域重构爱，他将爱界定为一种"积极而协调的相互影响状态"，并将其溯源至一种在婴儿期就已出现的"存在于积极的同伴关系中的愉悦，以及在孤独和疏离中体会到的不适"（Suttie，p. 4，楷体为原文的强调）。

英国精神分析学家约翰·鲍尔比（John Bowlby，1969/1973/1980）将这种关于爱的理解加以扩展。正如弗洛伊德在梦与自由联想中找寻一扇通向人们心灵的窗户一样，鲍尔比从儿童对失败的反应中发现了一种观察关系的途径。从这种角度出发，在儿童的哀痛中，他领悟到一种从前难以想象的爱的能力。这种关于儿童早期就拥有爱的能力的认识，要求改变对于人类发展的描述。通过将依恋的形成追溯至在关系中给予爱和作出回应，鲍尔比将关系描绘为一个明显相互约束的过程。在此基础上，鲍尔比对以往心理学家们的观点进行质疑。以往心理学家们将"自我与他者疏离"（seperation）视为自我发展的健康状态。与此相反，鲍尔比认为，自我与他者疏离是影响自我健康发展的不利因素，它会造成个体与他人的疏远。在这种与他人疏远的过程中，个体的爱的能力会逐渐消逝。

鲍尔比采用的方法本质上类同于弗洛伊德在《精神分析新论》（*New Introductory Lectures on Psychoanalysis*）中提出的方法。鲍尔比采用放大病理的方法，揭示了用其他方法难以揭示的现象。他将失败看作一种断裂，这种断裂暴露出联系的潜在结构。如同弗洛伊德所观察到的神经官能症形成中的精神断裂，鲍尔比在损伤性疏离中看到关系的破裂。通过引证戈斯（Goethe）的论断"我们仅仅看见我们所知道的"，以及威廉·詹姆斯（William James）所观察的"恐惧在童年期的最大来源是孤独"（Bowlby，1980），鲍尔比开始描述人类的依恋及悲伤现象，他将有关失败、哀痛、安慰以及关爱的叙述从传统的精神分析解释中分离出来，并且试图以直接的观察来替代之。鲍尔比的分析单元是关系而非个体。

弗洛伊德（Freud，1917）在其论文《哀痛与抑郁》（"Mourning and Melancholia"）中清晰地描述道，抑郁症的复合症状归因于一种失败的哀痛，这是一种未能超脱的失败。可以说，抑郁者不是从一个早已丧失的、无法挽救的对象上撤除力必多，而是否定现实，苦苦争辩说那个对象是不可失去的。弗洛伊德说，这种否认机制是种自居作用，它由于愤怒而变得复杂进而导致自我贬低。在努力避免一种似乎难以承受的悲伤过程中，抑郁者成为其感情抛弃的对象。他选择成为他人、放弃自己，而非放弃他人。因此，在弗洛伊德的精致阐述"对象的影子落在自我（ego）之上"（Freud，1917，XIV，p. 249）中，自我（self）显得黯然失色。

基于对儿童处理失败和疏离的观察，鲍尔比（Bowlby，1980）在描绘哀痛的自然发展过程时，划分出一个包括抗议、绝望和疏离在内的三阶段顺序。鲍尔比认为，人们遭遇失败时不可避免会产生的情绪是否认失败、愤怒——人们在悲伤时通常会有这样的情绪反应。鲍尔比将疏离重新解释为一种可致病的压抑的征兆，而非一种已终结的哀痛的信号。尽管弗洛伊德和鲍尔比都强调记忆的重要性，但弗洛伊德强调记住失败并屈服于现实，鲍尔比强调记住爱并为爱的表现找到一条途径。这种分歧使得他们形成了关于人们失败之后爱的能力的截然不同的观点。弗洛伊德认为，只有当放弃最后的希望和记忆时，力必多才能自由地再次发生连接（Freud，1917，XIV，p. 248）。鲍尔比从关系的概念以及心理能量的模式这些不同角度着手，将哀痛过程描述为须待恢复的疏离或者痛苦，他认为应通过恢复爱的能力使破碎叙述得以聚合。关于爱的故事必须以能够持续而非被人忘却的方式来讲述。尽管"对象找寻"（object-finding）可能是"对象再找寻"（object-refinding），然而就定义而言，弗洛伊德的著名术语（Freud，1905/1963，VII，p. 227）依恋——适时产生并随着相互的亲密关系而增长——从定义上看是不可替代的。

因此，鲍尔比将一种新的关系语言引入心理学，他认为发展不是新旧更换，而是个体苦心经营的结果。针对人类具有亲密关系的特征，鲍尔比记录下有关寻求依恋与给予关爱的相互影响，这些影响促成人类联结的形成与维持。然而，他是从动物行为学及信息处理研究中抽取出经过修正的理论概念进行研究，这使得他远离了其着手描绘的人类爱的世界。他运用了动物比拟及机器形象，这使得他的研究与流行的科学隐喻相一致；然而，被"科学"所同化的代价是削减了对关系的描绘。他经过研究认为：对孩子而言，母亲是其依恋对象；母亲也会给予孩子关爱。尽管他阐述了寻求依恋与给予关爱的相互影响，但由于其研究方法的局限，关系的相互性没有得到充分呈现。

在将人们的注意集中于人与人之间相互联系的特征时，鲍尔比从真实与虚拟人际关系的差别出发，在其著作中重新阐释了哀痛与抑郁的差别。从他的这一视角看，哀痛反映的是对依恋失败的悲痛，这种悲痛一直保持在记忆中；抑郁反映的是当发现依恋变得支离破碎时产生的分离感。如果疏离感揭示出人的本质的相互联系性，那么，情绪低落的抑郁，以及对自责的无休止争论，可被看作一种对依恋失败而非疏离失败的反应。这种解释为理解《埃涅阿斯纪》中关于悲伤与爱的故事提供了一个新的途径。

当狄朵发现埃涅阿斯正秘密筹划离开她时，她才突然间察觉到早已存在于他们之间的那种爱。察觉到这点之后，她便从距离上加以修正，起先以"客人"而后以"叛离者"来替代"丈夫"这个称谓（Virgil，4：323，p. 107；4：421，p. 111）。然而，在一种恍惚的记忆驱使下，她疯狂地寻求支持，但是仅仅找寻到某种非确定因素，最后，她转而走向自身关系的毁灭。埃涅阿斯对她的死感到震惊，这确证了他疏离的现实。然而，他那迟显的悲伤表情揭示出了其先前曾被隐藏的爱。在第4卷中，"丈夫"一词的两种用法传达了一个核心误会：埃涅阿斯所说的"我从未举起新郎的火把/从未签下婚姻的契约"，指的是婚约的缺乏；而狄朵，"她在爱的面前将骄傲换作谦卑"，指的是成婚的事实（Virgil，4：338－339，p. 107；4：414，p. 110）。在第6卷中，这两种观点开始交叉与混合。

通过语义回应与情境倒置的方式，维吉尔编写了一些讽刺性的隐喻，正如斯金纳所观察的，"回忆先前的不幸，并从另一角度对其进行观察"（Skinner，p. 12）。那种引人入胜的辛辣及埃涅阿斯和狄朵最后的会面最终不过是徒劳无功，一方面是由于认识到埃涅阿斯坚忍克己的疏离已失却其崇高品性，"变成了可悲的自我防御"，另一方面是由于认识到狄朵的死似乎少了几分悲剧的必然性，仿佛是一次"不幸但却可以防止的意外"（Skinner，p. 12）。这样，无论是由于对画（圣母玛利亚哀痛地抱着基督尸体的画）的误解而接受某种观念，还是由于损伤性的疏离，疏离的代价变得越来越清晰。当埃涅阿斯站在那儿请求时，狄朵飘然而逝，这表明当时她不愿作出回应，她意识到他将再次离开自己。埃涅阿斯，由于其"先前的善意倾听"而受制于神定职责，所以其缔造一座城邦的使命还得延续。在诗的结尾，他表现出了"武士般的凶猛"以及"骇人的愤怒"。在极度痛苦与狂怒之下，他以信守诺言的名义无情地实现了对图尔努斯（Turus）的报复（Virgil，12：938；12：946－947，p. 402）。

这种构筑于疏离之上的文明形象，在弗洛伊德所描述的青少年发展中得以恢复，在这里，他将其作为"青春期最重要同时也是最痛苦的精神收获之一……从父母权威中疏离，仅此过程就能使对立成为可能，它对于代际间的文明发展非常重要"（Freud，1905/1963，Ⅶ，p. 227）。疏离尽管痛苦，但却是每个人成长的必经过程。这一观点有助于理解青春期的疏离问题。弗洛伊德观察到，"在每个人都有权经历的一般发展过程中，由于每个阶段都有一定数量的人在发展上遭遇阻碍，因此有些人从未战胜过其父母的权威，并很少甚至完全没有减弱其与父母的感情"，弗洛伊德认为，个体发展中的疏离失败大多发生在女孩身上（Freud，1905/1963，p. 227）。

然而，从另一种不同的观点来看，女孩对疏离的抵制凸显出这样一种伦理困境，即有关发展的传统解释是不清晰的。不愿摆脱依恋可能表明了试图以一种兼容的方式解决忠诚冲突的努力，而非表明了某种个体化（individuation）的失败。有关青春期女孩对疏离的抵制的描述，通常出现在刻画青春期的文学作品中，这些作品旨在揭示那些当童年期的关系形式尚未改变时所出现的问题。但是，通过关注忠诚问题，关注抵制脱离倾向的依恋转换问题，女孩的青春期经历会有助于界定关系中自我的形象，这种界定将会带来对进步与文明的不同认识。

心理发展通常沿着一条从不平等到平等的单一线路推进，并且遵循儿童生理成长的步调。依恋与不平等相关，发展与疏离相连。这样，关于爱的故事就类似于有关权威与力量的故事。在通过两种关系维度重绘发展并由依恋辨识不平等时，我希望能阐明这种相似性。人们可以从孩子的不平等及依恋状态出发，探索一条导向平等与增强权威的道路。但是，人们也可遵循依恋的发展来追踪某种精细线路，以此描绘关系的性质及结构的变化，并指明爱的能力如何增长。这种二维的解释框架阐明了种种由压抑和疏离所致的问题。但是，两条发展线路的交织揭示出一种心理上的含糊性及伦理上的紧张状态，该状态可从"依赖"（depend）一词的两种彼此对立的含义中得到最直接而贴切的反映。

由于依赖有联系的含义，它能延伸至关系的两种维度：或者走向独立，或者走向孤立（isolation）。这些有关依赖的彼此对立的内涵——独立与孤立——阐明了关系框架中存在着某种转换，这是因为与他人的联系一方面会妨碍个体自主或自由，但另一方面又能提供快乐、安慰及抵御孤独的保护。当简单地将依赖与独立相对立时，关系的这种悖论就消失了。随之，发展就仅仅意味着从依恋走向疏离，而且发展可能被视为客观性及力量的标志；含糊性消失，并且依恋可能被视为个体自主发展的一个障碍。

通过研究青春期女孩对有关依赖的意义这一问题的回答，我们可以发现，依赖与独立并不是对立的，我们需要重新探寻相关伦理问题以及内在的心理张力。一项旨在描绘女性发展脉络的研究正是以这些女孩为对象，而很多关于青春期发展的文学作品都没有描述这一主题。[1] 在这项包括过去经验、自我描述、道德冲突及未来期望问题的访谈中，有关依赖的问题被置于关系这一部分的末尾。该研究着眼于对比多种有关关系的观点，这些关系观主要涉及依赖和自主的对立问题——这种对立已构成青春期发展的讨论主题，并大量出现于心理评估中。下面这些例子就揭示了基于依赖与独立相对立的观点之上的关系观。

对你而言依赖意味着什么？

我想它是当你能被人依赖或者你能依赖某人的时候，并且，如果你依赖某人，你能依靠他们做些事情；当你需要他们时，他们或许就在那里；你相信人们能理解你的问题，另外，人们也能依赖你去做同样的事。

当你烦恼时，你知道某人就在那里；如果你想要和人说说话，他们就会在那里，而且你能依赖他们去获得了解。

哦，这个词有时烦扰着我，因为它意味着你正依赖于某人以使事情进展顺利。而且，你知道，这个词也意味着你在依赖别的什么人来帮助你，或者是促使某件对你而言的好事发生，或者仅仅是当你需要和他们说话时他们正好在那里，而且不会感觉到你在占用他们的时间或者他们

---

① 该研究在埃玛·威拉德女子学校进行，它是一项更大的有关青春期发展研究的一部分。关于青春期女孩的更多文学描写，请参阅：J. Adelson, *ed.*, *Handbook of Adolescent Psychology*, New York (1980).

并不愿看到你在那里。

我不会说完全依赖，但是如果我们曾因为某事而彼此需要，我们就能完全依赖此人，这是没问题的。对我来说，依赖意味着当我遇到问题时，我可以依赖她（she）来帮助我，或者当我遇到任何需要帮助的事情时，她都会出现在那里，无论她是否能帮助我，她都尽力而为，而我也会这样对待她。

关怀。知道那个人总会在那里。我认为可以用诸如"不辞劳苦"这样的词来形容他。你知道，那个人将要经历所有的痛苦……这种情况是极少的，如果有人愿意为你那样做，你实在太幸运了。

我知道，如果我带着一个问题或某件类似的事情去找她，或者没有问题而仅仅是去看看她，即使她已经发生了变化或我已经改变，我们也能彼此交谈。

哦，依赖的意思在我看来就像这样，是指当我有某事要说时，我确实需要他来听我讲，或者当我想谈论某事时，我确实希望他在那里并且听我讲。

在这里，依赖被视为人类的基本状态，那些多次出现的词语——"在那里"、"帮助"、"交谈"、"倾听"——传递了这样一种感知，即人们为了理解、安慰及爱而彼此依赖。"依赖"这个词意味着，对某人的依附使个体就像一个拴在绳子上的球、一个受物理定律控制的物体，这些反应传递了以下认识，即依恋源自人们感动他人及被他人感动的能力。这样，依赖不再意味着无助、无力以及无控，而是表明这样一种信念，即一个人有能力对他人产生影响，它也表明这样一种认识，即相互依赖的依恋能够增强自我与他人的力量，而非以他人为代价来提升个体的力量。这些关怀活动——在那里、倾听、帮助的意愿以及理解的能力——展现出一种道德维度，它反映了个体对他人需求的关注而非不理不睬。由于认识到他人所具有的关怀能力使其变得可爱而不仅仅是可靠，因而关怀的愿望与能力成为自我评价的标准。从这种积极的观点看，对个体而言，依赖表明了一种践行爱的决心，而非个体化的失败。

我会说，我们在各自保持独立的意义上相互依赖；我还会说，我们非常独立，但是随着我们友谊的发展，我们相互依赖，因为我们知道我们双方都意识到无论何时我们需要对方的帮助，对方总会在那里。

为了更深入地理解，为了爱，我依赖她，出于同样的原因，她依赖我；我们知道我们是为了彼此而在那里。

这些关于爱的描述揭示了爱的认知和情感维度，爱的基础是一种能从他人的角度来认识他们并对其需要作出反应的能力。由于此类认识所产生的力量利弊并存，对这种力量的使用成为种种关系中评判责任与关怀的标准。在青春期，当需要和认识都呈现出新的意义时，责任冲突表现出新的维度，并导致棘手的忠诚冲突。为了感知自己及他人的需要并作出回应，青春期的女孩们问道：她们能否在不失去与他人的联系的前提下，对其自身作出回应；她们又能否对他人作出回应而无须放弃自己。为有关忠诚冲突的两难困境寻求兼容或非此即彼解决方案的努力，出现在自私与无私相对立的道德选择中——在这种对立中，自私意指排除他人，无私则是排除自我。因此，这些在女孩童年期的游戏中非常突出，并在其解决冲突的策略中表现出来的有关兼容和非此即彼的主题，在青春期的发展路径中开始被有意识地提出来，这一发展沿着依恋的体验与认识的变化而展开。

在这种解释框架下，身份形成的中心隐喻是对话而非镜像，个体通过获取意见与评价来定义自我，并且在与他人的接触中了解自我。当处于青春期的女孩们被要求描述一种某人未被倾听的情境时，这种寻求界定自我的道德激情表现得很明显。她们对未被倾听所表现出的敏锐，以及对忽视征兆的意识，贯穿于从国际政治问题到个人关系冲突的诸多例子之中，这使得依恋或相互依赖的公共与私人维度都变得清晰起来。在女性叙述中集中出现的有关沉默与表达的主题，不但体现了倾听问题的道德维度，而且是主张表达不同观点的努力，是对这种努力如何被轻易挫败的认识。当某人拒绝倾听时，就发出了拒绝关爱的信号，处于青春期的女孩们用碰壁来形容自己的体验。沉默可能是面对此种忽视时保持完整的一种方式，一种避免更多无效性的方式。但是，就青春期发展过程而言，愿意倾诉并愿冒风险去表示不同意见是重要的，这使得依恋的重组成为可能，并使人能够辨识各种正确与错误关系的差异。

"我只是希望和我母亲的关系能更好些，希望能更容易地表达和她不同的意见，"一名青少年解释说，这种与他人联系而非"在他们的形象之下做自己"的愿望，可能既表明了她屈服于他人感知的倾向——仿佛变成一面镜子——也表明了她认识到对她自己的排斥使关系变得了无生气，从而消解了联系的可能性。由于这种消解，依恋变得不可能。由于反映女性体验的解释方案业已失败，由于无私被当作女性的美德而大受颂扬，女孩们对疏离的抵制，对两项长期存在的等式发出挑战：一是将人类等同于男性，二是将关怀等同于自我牺牲。这种挑战基于一个关于爱的故事，该故事将对立及发展与依恋联系起来，并将作为个体的自我置于连续的关系范畴之中。

简·奥斯汀在小说《劝导》（*Persuasion*）中构造的情节，揭示了这种在理解爱与责任的过程中的转换——一种由自我感知的变化而决定的转换。女主人公安妮·艾略特（Anne Elliot）听从其"出色的朋友"——拉塞尔（Russel）夫人——的劝说，并且出于责任与审慎而中断和上尉温特沃斯（Wentworth）的约会。由这种疏离所引发的痛苦在小说中得到了重点描绘，但是问题的解决发生了有趣的转折。安妮·艾略特由于认识到"她和她那出色的朋友有时会有不同的考虑"（Austin，1964，p.140），因而重建了对于关系的理解；温特沃斯上尉逐渐明白，正是"我自己"给关系制造了障碍。他解释说："我太妄自尊大了，以至于没有再次邀请您。我并不了解您。我欺骗了自己。"（Austin，p.234）。两种定义自我的方式——服从与疏离——已经给依恋制造出了情感障碍；当对话代替沉思、盲目许诺让位于积极反应时，这种障碍开始消除。就像探照灯的照射一样，这些旨在形成亮点的交错的自我转换，使得自我和他人紧密相连。在这部小说中，有关婚约的不同观点定义了对幸福婚姻的不同认识，关系中自我的新形象开启了对于道德和爱的新的理解。

致 谢

由衷感谢玛丽·切特菲尔德（Mary Chatfield）引领我认识《埃涅阿斯纪》及相关的学术研究，感谢希尔德·海恩（Hilde Hein）提供有关依赖关系的见解。有关两种道德倾向的研究得到了美国国家教育研究院（National Institute Education）的经费支持。我们在埃玛·威拉德女子学校所作的研究得到了杰拉尔丁·洛克菲勒基金会的支持，我想对该校的特鲁迪·汉默（Trudy Hanmer）和罗伯特·帕克（Robert Parker）、洛克菲勒基金会的斯科特·麦克韦（Scott McVay）和瓦莱丽·皮德（Valerie Peed）表达我的谢意，并感谢沙里·兰代尔（Sharry Langdale）、玛格丽特·利帕德（Margaret Lippard）和诺娜·莱昂斯（Nona Lyons）的合作。我由衷感激玛丽莲·布拉齐曼·霍夫曼（Marilyn Brachman Hoffman）在一些关键问题上的慷慨帮助和鼓励以及卡内基公司（Carnegie Corporation）的资助，后者使我能有一年的时间在拉德克利夫学院（Radcliffe College）开展研究。苏珊·波拉克（Susan Pollak）对本文初稿所作的评论和伊芙·斯特恩（Eve Stern）的耐心审读，使本文的修订受益匪浅。

2 两种观点： 关于自我、 关系和道德

□ 诺娜·普莱森纳·莱昂斯（Nona Plessner Lyons）

在我们进行的一项访谈中，当问及"你认为道德是什么"时，两位受访者给出了各自不同的定义。[①] 其中一人回答道：

> 从根本上说，道德是关于"何为正确的事，应该如何行事"的理由或者行为方式；当面临需要进行抉择的情境时，能够辨识出什么是"应该"做的，什么是"不应该"做的，然后……能解释自己作出这些选择的原因。

另一人的回答是：

> 我认为，道德是一种意识，一种能够影响他人生活的对于人性的敏

---

① 受访者的回答来自卡罗尔·吉利根和米歇尔·墨菲所主持的权利与责任研究（Gilligan, Murphy，1978）的访谈资料，该研究旨在验证吉利根有关性别与自我概念之间，以及自我概念与道德概念之间关系的假设。

感性。你能影响自己的生活，也有责任不去威胁他人的生活或者伤害他人。所以，道德是复杂的。道德是意识到在自我和他人之间存在着某种博弈，你不得不对自我和他人承担责任。这是一种你能对周围事情产生影响的意识。

在上述关于道德的两种观点中，一种观点认为，道德是进行判断与采取行为的"理由"，是"知道什么是正确的，什么是一个人应该做的事情"，另一种观点认为，道德是意识到不应威胁或伤害他人的"意识"和"敏感性"。在第一种观点中，个体独自决定应该如何行事。道德成为理性选择，个体在不同时刻、不同情境中所作的选择不相同。在第二种观点中，道德是"一种意识"，尽管这种意识也和不同时刻的情境相关联，但它并不是仅仅由情境所决定的。以上揭示了两种明显不同的道德选择方式。

本文关注的中心是，如何用心理学理论解释关于道德的两种不同观点。第一种观点已经逐渐成为现代道德心理学的主流观点——道德是个体在多变的具体情境中所作出的自我选择，与他人无关。第二种观点的特点是，个体的道德选择要关照他人。本研究借助实证性资料，对这两种观点进行了系统分析。英国小说家、哲学家艾里斯·默道奇（Iris Murdoch，1970）在其道德哲学评论中谈到了对这两种观点进行探究的重要性。她认为第二种观点中的"自我"形象会引发两个问题：需要合理界定"自我"的概念，自我不能仅仅被界定为理性选择的个体；需要承认爱是人们生活的中心，也是道德理论的核心。她认为，这两个问题也适用于道德心理学的研究。

默道奇认为，当代道德哲学是"令人困惑的"、"不可信的"和"不必要的"，她重点研究哲学中的"自我"观点和形象。在她看来，当代道德哲学已经"分解了自我的真实形象"，道德沦为了个体"孤立的意志原则或潜意识"。作为道德行为主体的自我，"细如针丝，仅仅作为选择意志一闪而过"（pp. 47，53）。默道奇拒绝这种经典的康德式的自我形象，即将自我作为纯粹的、理性的个体。她认为，道德选择经常是"一件神秘的事情，因为，我们看上去更像一个模糊的能量系统，我们需要不时地作出意志选择或者实施道德行为，这些道德选择和行为常常是模糊的，并且依赖于这个能量系统的状况"（p. 54）。

于是，默道奇拒绝那种把人描绘为在作选择时具有超然客观性的自我形象。但是，这种形象是科尔伯格道德发展模型的核心（Kohlberg，1969，1981）。此模型预设了道德判断的序列阶段，并以皮亚杰的早期研究为基础。皮亚杰的理论在现代道德心理学中占据了主导地位（Piaget，1932/1965）。此外，默道奇对哲学提出的以下挑战也指向了道德心理学："我们需要一种道德哲学，其中现在很少谈论的爱的概念应该再次成为道德哲学的中心……"（Murdoch 1970，p. 46）默道奇认为爱是人们日常生活和道德的中心。但是，基于公正和权利概念的当代道德心理学，完全忽视了"关怀他人、关照他人"这一"爱"的概念。吉利根（Gilligan，1977）最先揭示了道德心理学理论的这种畸变。

在听取了女性对自己现实生活中道德冲突的讨论后，吉利根（Gilligan，1977，1982）认识到，在科尔伯格的研究中有一种道德观念没有得到体现。在她看来，女性的关注集中在关怀和对他人的回应上，女性经常在关怀自己和关怀他人之间感到困惑，认为不会关怀就不能算是"好"女人。她认为自我概念和道德可能有着某种复杂联系。最后，吉利根提出假设：（1）男人和女人的思维中有两种明显不同的道德判断方式——公正和关怀；（2）这两种方式与性别相关；（3）道德判断的方式可能与自我定义的方式有关。

我们的研究就是对这些假设的第一次系统的、实证性的检验。本文呈现了我们通过实证资料辨识、探究和描述的自我的两种概念、道德选择的两种方式。将这些观点转化为方法论，我们就能够检验吉利根的假设。在研究中，我们设计了一些意在了解个体的自我观念和道德倾向的问题，并用这些问题对 36 位受访者进行了开放式访谈，由此得到经验性资料。我们利用这些资料分析了三个方面的内容：首先是个体对自我的描述，其次是个体在真实的道德冲突中如何选择，最后是这两者之间的相关性。

本文第一部分呈现的访谈资料，是关于男女个体——包括儿童、青少年和成年人——描述自己的方式。这些资料揭示了描述自我的两种独特模式：一种自我在与他人的关系中是独立的或者客观的；另一种自我在与他人的关系中是联系的或者相互依赖的。然后，从个体对自己面临的道德冲突的讨论中，可以区别出两种思考道德问题的方式：一种是权利和公正的道德，另一种是回应和关怀的道德。接下来，我们用这些资料建立两套编码系统和研究方法，以系统地、可靠地识别人们的自我定义模式和道德选择的基础。最后，这项研究的结果被用于检验吉利根提出的假设，并讨论这项研究对心理学理论及实践的意义。因此，本文既可以被视为一篇论说文，也可以被视为一个研究报告，它展示了一个基于人们现实生活经验的概念性框架的演化过程，以及如何将此框架转变为系统的方法论以分析数据和检验假设。

本研究以社会维度为中心：关于人的道德选择的两种认识，存在着明显不同的看待他人的方式和与他人发生关联的方式。虽然科尔伯格明确界定了公正道德的发展模式，但是他没有详细描述道德发展的概念化和人们对关系的认识这二者之间的联系。因为本文的研究假定对关系的理解是道德概念的核心，因此本研究不直接与科尔伯格的研究相对应，尽管本研究的确受其影响。① 吉利根和她的同事（Gilligan，1977，1982；Langdale and Gilligan，1980；Lyons，1980，1981）已经概述了关怀倾向的发展模式。余下的任务是在关系的框架内审视公正道德和关怀道德的发展模式。本研究支持、修正并发展了吉利根的观点，而且确证了皮亚杰的核心观点——"一旦脱离了我们与他人的关系，就不存在道德必要性"（Piaget，1932/1965，p. 196）。

资料：访谈

当我们要求受访者谈谈自己时，他们描述自己的差异在于——自我是否是与他人相关联的个体。这些差异对于我们建立编码系统以识别自我定义和道德选择的模式至关重要，因此，我们认真分析了儿童、青少年和成人描述自我的差异。这些访谈资料揭示了关系的两种明显不同的概念，这两种概念各有其独特之处。为便于对比和阐述观点，本文以下面的男性/女性样本为例进行说明。需要强调的是，这些样本并不试图在总体上代表所有男性和

---

① 科尔伯格的编码系统着重于分析道德判断。它并未分析道德选择的建构、解决和评价，以及冲突解决中公正考虑之外的其他考虑因素。此外，它没有直面真实生活，而是关注假设的道德困境。

女性。

在一次开放性访谈中，两名 14 岁儿童面对着同样的问题："你如何描述自己？"杰克首先回答：

> 我是谁？[暂停] 很难说……嗯，我会滑雪——我想我是一名相当优秀的滑雪爱好者。还有篮球，我认为我是一名相当棒的篮球运动员。我还是一名长跑健将……我认为我相当聪明。我的成绩不错……我能与许多人包括老师友好相处。还有……我不太会大惊小怪，我是一个容易满足的人，通常，这要视情况而定。

杰克提出评价自己的方式时，其衡量标准联系着一系列能力：优秀的滑雪爱好者、篮球运动员、长跑健将、相当聪明。在谈及与别人的关系时，杰克继续关注自己的能力："我能与许多人包括老师友好相处"。

贝丝最初的回答和杰克是相似的，他们都以自己从事的活动作为谈话的开始。然而，贝丝还谈到了联系自己和他人的关系网。

> 我喜欢做许多事情。我喜欢活动、滑雪还有逛街。我喜欢跟人打交道。我喜欢小孩和婴儿。我也喜欢老人，喜欢祖父母和其他所有人；他们各有其独特之处。我不知道，我想说我还喜欢自己。我身上有许多好品质。在社区，我有许多朋友。而且，我爱笑。

访谈者问道："你为什么喜欢自己？"贝丝回答：

> 我不知道。我想是周围的环境使我生活得相当好。我的周围有友好的邻居、可爱的朋友和睿智的长者……不管到哪里，我们都拜访新朋友。还有我的祖母，每次我去祖母家，她都让我见见她的朋友什么的。我想这有利于我的发展，"认识他们会使你变得更友好"。

乍看起来，这两种回答之间的反差似乎并不明显，但是这两种有关个人与他人关系的形象和观点之间确实存在差异。杰克以自己的能力将自己和他人联系起来。如他把自己标榜为"一名相当优秀的滑雪爱好者"和一名

"长跑健将"，杰克将自己与他人的关系作为衡量自我能力的另一种方式：
"我能与许多人包括老师友好相处"。杰克从自己的角度出发，通过自我
（self）中的作为主体的"我"（I）看待他人。贝丝与他人的联系是通过构成
"周围环境"的人——朋友、老人、小孩和婴儿——来表现的。反过来，
她通过其他人建立的联系又是朝向他人的："我的祖母……让我见见她的朋
友什么的"。这样，贝丝是从他人的角度出发来看待他人，形成对他人的看
法。例如，在上述情境中贝丝以自己的方式看待她祖母和祖母的朋友，然
而，更进一步的，在这些关系中，贝丝似乎看见了一个相互依赖的循环：
"我想这有利于我的发展，'认识他们会使我变得更友好'"。虽然两个年轻
人讨论的关系主题听起来类似，但却反映出看待他人的不同视角：是从他人
的角度出发，还是从自己的角度出发。

看待他人的不同视角，会影响个体面临道德冲突时的选择。当被问及
"你是否曾碰到这样的情况：必须作出行为抉择，但又不知道怎么抉择才是
正确的"，杰克谈到了自己的一次经历。万圣节前夜，他的一群伙伴恶作剧
地想用蜡封住别人家的窗户。对于先前的一个问题"什么是有关道德的问
题"，杰克回答："道德问题就是，不得不去决定……自己是否应该做一件事
情……做这件事情是对还是错。"在谈到万圣节前夕他所面对的冲突时，他
的回答印证了他的上述观点："我知道这样不对，但是我的同伴，他们会说
'哦，他真没劲儿，他不想做，他害怕惹麻烦'之类的话"。访谈者要求杰
克描述他在作出决定时所考虑到的后果，杰克提到"惹麻烦"，"我的父母
可能会为此伤心，他们不喜欢这样"，"如果我不去，我的一些朋友会想……
'哦，他真没劲儿'"。杰克也描述了他在作决定时的主要想法："嗯，你不
得不考虑什么是对的……以及接下来……你对朋友的对错是否准备支持，你
是否准备听他们的。"最后，他揭示了没有与朋友一起去的原因："我想这是
不对的……如果有人想用蜡来封我家的窗户，我肯定会不高兴，因此我不愿
对别人那样做。"

通过换位思考，杰克解决了这个道德冲突。当被问及他的决定是否正确
时，杰克回答说："嗯……如果我不去，我的父母会很高兴……如果那些孩
子惹了麻烦，我就知道我作出了正确的决定，我不想待在那样的群体中。"
当杰克面对进一步的询问"如果没有任何人会知道，你会怎么做"，他再一

次运用他的"原则"作出选择："如果你用蜡封住别人家的窗户，即使没有人知道，我想你也不会认为那是一个正确的决定。"

对杰克来说，虽然有来自朋友们的压力或嘲笑，但道德问题的关键是知道什么是正确的以及如何行动。这样，解决道德冲突就成了思考什么是正确的，以及如何坚持自己的立场。他以互惠为基础的公正观念源于这样一种对于自我的看法："如果有人想用蜡来封我家的窗户，我肯定会不高兴，因此我不愿对别人那样做。"在杰克的自我描述中，他是从自我的视角来看待他人。与此相同，杰克也是从自我的视角来看待和解决道德冲突。

与杰克不同的是，贝丝面对道德冲突时是从另一个角度考虑问题，也是从另一种视角来看待他人。她描述了她所面临的道德冲突。

> 我决定放弃送报纸这份兼职。我的决定涉及两个人，因为这两个人都想得到它。我不知道正确的决定是什么……我说其中的一个人不太适合这份工作，于是这个人的一些朋友转而针对我，并且说："你干的好事"，"多么愚蠢的事啊，竟然把它交给别人"。没得到这份工作的那个人也有些沮丧，与我反目成仇。

贝丝重新组织了自己对这个问题的想法，并阐明了自己作出选择的思路。

> [首先] 我需要思考谁更胜任这项工作。我不知道怎么选择，我有点沮丧，因为我不想伤害任何人，不想因为告诉某人他不能胜任这项工作而伤害他的感情，同时却和另一个人说你能。我想那就是令我困扰的原因…… 其次，我更困扰的是，我要思考谁是最适合的人选。我得好好想想，他们真的能把这份工作干好吗？…… 我不希望接手这项工作的人令订户不悦。因为订户中有一些上了年纪的老人，他们喜欢和人聊天。我也不希望接手的人中途退出。我希望大家相处融洽…… 我不想任何人陷入争斗之中。

道德问题的关键是如何看待人们之间可能产生的摩擦以及尽量转移这些摩擦。贝丝既希望适合的人选能接手送报工作，又不想伤害被拒绝的那个人，也不想忽视送报过程中老人们的需要。这样，贝丝对关系的考虑与她对他人利益的关注产生了冲突。

当被问道"你如何知道你的决定是正确的"，贝丝告诉了我们事情是怎样解决的："不适合做这项工作的人最后认识到，这个 [被选中的] 人将是做这项工作的最好人选"。她也描述了自己是如何评价这个决定的："我把它告诉了我的朋友及我的父母，他们说'很好'。同时，我告诉我送报的同事要来一个新人，他们说'好啊'，他们喜欢那个人。因此我想：'如果每个人都高兴，我就可以认为自己做得不错。'"贝丝衡量自己的选择是否正确，是依据问题的解决是否对各方都有利。在关系的恢复中，她发现了自己选择的有效性。

虽然杰克和贝丝都致力于解决友谊带来的问题，但他们涉及的是两类不同的道德问题。通过两种不同的视角——自我的视角和他人的视角——产生了不同的问题，也形成了不同的解决方案。这些差异在儿童和成人的资料中也能找到。

有人问两个 8 岁的儿童："你如何描述自己？"（Gilligan，1982）杰弗里以第三者的口吻回答说"他有一头金发"，"他很难入睡"。杰弗里也看重能力："他学着如何做事；当他认为事情很难处理时，他学着如何去做。"在描述他与其他人的关系时，杰弗里说："他惹怒每个人，与每个人打架。"总之，"就是这些了，我很懒"。

8 岁的卡伦以第一人称回答访谈者的问题："我不知道。我做了许多事情。我喜欢许多事情。"另外，"我不大容易激动"，"我交了许多新朋友"，她总结说，"还有，哦，我不知道是否每个人都这样想，但是我想大多数时候我说了真话"。

杰弗里从能力角度描述自我："他学着如何做事；当他认为事情很难处理时，他学着如何去做。"这与少年杰克的主题相呼应。卡伦观察到自己已经"交了许多新朋友"，这与少女贝丝关注自我与他人的联系相呼应，同时与杰弗里的"他惹怒每个人、与每个人打架"形成了对照。

14 岁的青少年杰克和贝丝遇到的现实生活中的冲突，杰弗里和卡伦这两个 8 岁的孩子也同样遇到了。杰弗里向访谈者谈到了一个现实生活中的冲突："比如，当我真的想去看望我的朋友时，我母亲正在打扫地窖，这时，我不知道该怎么做。"访谈者问为什么这是一个冲突，杰弗里解释说：

> 因为很难说清楚，除非我能去找我的朋友并能让他们帮助我和我母亲打扫地窖。
>
> **为什么很难说清楚？**
>
> 因为你还没有想那么多。
>
> **那么，在那样的情形下，你会怎么做？**
>
> 弄清楚，然后做我应该做的事情。
>
> **你怎么知道你应该做什么？**
>
> 因为当你考虑得比较周全时，你就能知道首先要做的正确的事……我考虑我的朋友，然后考虑我的母亲。这之后，我考虑做正确的事。

对于访谈者的问题"可是你如何知道要做的事是正确的"，杰弗里总结说，"因为通常有些特殊的事情要排在其他事情之前。即使母亲可能会要求我先打扫地窖，但我认为这件事情可以之后再处理"。就像杰克使用黄金法则一样，杰弗里也有自己的准则——"有些特殊的事情要排在其他事情之前"——来解决两难困境。杰克和杰弗里都是通过自我的视角、自我的准则或标准，来投射和解决道德冲突。

8岁的卡伦面临着不同的冲突，她描述了和朋友的冲突："我有许多朋友，我并不总是能同所有人一起玩，因此我不得不按顺序来和他们轮流玩。当我不和一些朋友玩时，这些朋友有时会非常生气。而这正是冲突的开始。"当问卡伦在决定和谁一起玩时，一般会考虑什么，她回答说："嗯，有的人总是独自一人，很孤独。嗯，即使他们不是我的朋友，不是我真正的朋友，不管怎样，我也和他们玩，因为没有人和他们玩……很多人总是忽视了这些真正需要朋友的人。"

卡伦将"真正需要朋友的人"描述成"安静的……言语不多的人，没有兄弟姐妹的人"，像贝丝一样，她试图把人们相互联结起来，"使他们更有家的感觉"。当要求描述得详细点时，卡伦说："如果一个人总是独自一人……如果那个人没有和任何人交谈或做其他什么事情……他们不会有任何朋友。当他们变老后，他们不得不与人交谈。如果他们从不说话，就没有人认识他们……如果那人总是独处，她不会有任何乐趣。"

和贝丝一样，对卡伦来说，道德冲突起因于必须保持人们之间的联系，她们不愿看到有人被隔离、孑然而立或者受到伤害。对于她们来说，解决道德冲突的办法就在于考虑与冲突相关人员的需要。像杰克和贝丝一样，杰弗里和卡伦这两个 8 岁小孩也表现出看待他人的不同视角。他们判断问题和处理问题的方式也大相径庭。

面对道德冲突时，这两种不同的看待他人的视角以及由此而导致的行为也体现在成年人身上。约翰是一位 36 岁的教师（本文开头部分曾引用过他对道德意义的认识），他表现出一种与杰克和杰弗里一脉相承的"逻辑"。在一位职员被解雇的时候，他认为自己面对着个人道德冲突。在他看来解雇职员违反了先前签订的工作协议，但是他又"对自己的判断缺乏信心……感觉也许其他人是正确的"。他的同事已经决定解雇这名职员了。约翰谈到他的感受时说："我感到我有义务与人共处……［我们］所有人都有义务尊重他人……但是对我而言，不能解雇这名职员是一个严肃的原则问题。"

后来，约翰在抗议书上签名，反对解雇这名职员。他反思了自己为何进行抗议。

> 嗯，我想我永远不能很明确为什么我会这样做……但是我对此感到心安……我觉得我在作出这个决定时没有滥用我所坚持的任何原则。对我而言，这是一次考验。某种意义上，它是一个标志，因为所有的一切一直给我带来压力。在某种意义上，原则就意味着要坚持原则，我不得不决定我要不要坚持原则，如果我放弃原则，也许我就没有权利去挑战其他任何人。

从杰克、杰弗里和约翰身上可以看出，他们认为道德问题的关键是"作选择的时刻"和"知道如何作出选择"，这让我们想起默道奇所说的"瞬间闪现的选择意愿"中的自我形象。

在回答"你如何描述自己"时，约翰继续细致地讲述自己对他人的看法。当然，他也描述了自己："巧的是，我喜欢探讨观念世界"，能够"从连续数小时的阅读、思考和质疑问难中获得快乐……我不是那种天生要超过别人的人。对我来说，只是有一种努力……一种促使自己去做些事情的努力"。当访谈者问到关系对他的重要性时，他谈到了关系的难处和回报。

> 我在很多方面［对于他人］都比较被动，需要他人主动推进人际关系。我深信我对他人负有责任，所以我也会敦促自己推进人际关系。一旦敦促自己主动去推进与他人的关系，就会发现这样的努力总能带来回报。同时，我心怀感激，因为我的个人成长在很大程度上是通过他者，而非通过对观念世界的思考而达至的。但是，某种程度上，我总是退缩和自我封闭。对我而言这真是矛盾。到现在我也不明白为什么会这么矛盾……我想，善于交际的人们有时不能完全理解，对某些人来说与其他人打交道是多么地艰难，因为那些在善于交际的人看来对个人略有挑战或根本没有挑战的交际行为，加在一起有时就会变成不可克服的障碍，打击着像我这样的人。这就是为什么推进人际关系对我而言非常难的原因之一，我也是刚刚才想到这个原因。思考这个问题挺有意思，因为我从来没有过多地考虑这一问题。

约翰从自我视角出发看待自我与他人的关系，这与前文所提到的杰克和杰弗里的观点相似。而在访谈中，一名成年女性对于自我与他人的关系这一主题，与卡伦和贝丝有着相似的观点。

46岁的律师萨拉在描述自己时认为自己是"洞察他人心绪"和"敏锐感知他人情感"的人，她谈到了自己所面临的一次道德困境。在一个有争议的监护案件中，她发现其当事人的男朋友是非法居留者。依据工作规定，她必须上报这一信息，但是她感到这一信息可能会影响法官的裁决。她思考着：上报信息是否真的会影响法官的裁决，导致判决结果发生变化？思考之后，她认为不会。她总结说："没有人因此而受到特别的伤害。"她结合更大的背景来讨论这次困境，描述了由她的角色所引起的冲突。

> 我在从事家庭关系方面的法律工作时陷入了困境：我觉得自己所面对的这个法律系统正在应对它不知如何才能处理好的事情，我感到非常

> 沮丧，因为我不知道我应该扮演什么角色……你们负责研究人们生活中那些美好的情感瞬间，但我从不知道我是否应该像法律书籍那样能够为人们提供各种咨询和帮助，而不向人们收取任何费用……尽管这不可能实现，但我想人们是有这种需要的。我在处理这个监护案件时结束了这个杂乱的困境。上帝知道，这里没有什么对错可言。问题其实是你如何才能制定出能将所有相关人员的痛苦降至最低的办法。

对于萨拉而言，解决道德冲突的最终原则似乎是制定出"能将所有相关人员的痛苦降至最低的办法"。

从这些例子中我们看到，被访者在作出道德选择时有多种不同的考量，这些考量涉及的根本问题是如何与他人相处以及如何看待他人。在这个问题上，有两种不同的处理方式：其一，你要别人怎样待你，你也要怎样对待别人[①]；其二，制定出一些"能将所有相关人员的痛苦降至最低的办法"。"你要别人怎样待你，你也要怎样对待别人"，要求距离和客观。它要求个体从情境中跳脱出来，以保证每一个人都能得到平等的对待，相比之下，制订出"能将所有相关人员的痛苦降至最低的办法"，意味着结合背景审视情况，在一个真实存在的现实中着手工作，并且保证所有人都能在他们的立场上得到理解。因此，理解他人以及与他人相处方式上的差异，导致了不同的描述自我的方式，也导致了不同的道德选择。

形成编码系统

在从数据转到作为编码系统之基础的概念结构的过程中，出现了一种循环交互：数据解释着结构，反过来，结构被数据所解释。确实，正如洛文杰（Loevinger，1979）所说，这种循环对于验证编码系统并建立相应的理论是必要的，编码系统是所建立的理论的一部分。下面将要描述的交互过程，说明了关于人类关系的观念（首先从个体的陈述中辨识出这些观点）如何转化为编码系统的分类范畴，以及一套分析数据的方法。

---

① 即我们所说的"己所不欲，勿施于人"。——译者注

许多研究者（Freud，1925/1961；Piaget1932/1965；Erikson，1968；Broverman *et al.*，1972）都曾认为，女性偏向于从关系角度界定自我概念和道德概念。但是，吉利根（Gilligan，1977）最早提出女性对关系的偏向可能代表着一种独特的社会现实的建构。下面所讨论的研究是由吉利根设计的，该研究假设男性和女性在考虑自己与他人的关系时有着不同的思考方式。研究资料（如前面引述的多位被访者的言论）已经印证了吉利根的假设。因此，本研究将详细地对这些资料进行概念性整理。在概念性整理的过程中，揭示出了两种不同的体验人类关系的观念和方式，这些观念和方式与看待他人的两种独特方式有关联。然后，通过这些差异概括出两种不同的看待他人的视角。表1概述了两种自我与他人关系的模式——独立/客观的或联系的，以及相应的看待他人的视角——互惠或回应的视角。

表1　互惠关系与回应关系的对比

独立/客观的自我

（自我在与他人的关系中是自主的）

关系：

关系是一种**互惠**	通过**规则**调节	以**角色**为基础
互惠：独立的个体之间；对他人的关怀；认为他人应得到客观、公平的对待	**规则**：在关系中保持公平和互惠	**角色**：源于对义务和承诺的职责

联系的自我

（自我在与他人的关系中是相互依赖的）

关系：

关系是**站在他人角度对他人作出回应**	通过**关怀活动**调节	以**相互依赖**为基础
站在他人角度对他人作出回应：考虑他人的利益，或是减轻他人所承受的负担、损失或痛苦（身体的和心理的）	**关怀活动**：在关系中保持关怀和联系	**相互依赖**：源于对人们之间相互依赖性的认同

这两种看待关系以及看待他人的视角，包含着一系列相关观念。贴着"互惠"标签的独立/客观的自我观念所包含的是：公正、客观以及自我与他人的距离。它认为自我与他人的理想关系是平等关系。但由于人们的强制性角色关系是多种多样的，人与人之间的某些要求也是相互冲突的，所以自我与他人的关系并不可能完全平等。在这种情况下，为解决道德冲突而采取的办法是：接近平等（equality）的公平（fairness）。这要求在自我与他人之间保持距离，从而保证关系的公平性。在互惠中考虑他人，意味着设身处地地考虑他人的情境。因而，"互惠"的视角假定"他人与自我是一样的"。

贴着"回应"标签的联系的自我观念所包含的是：人与人之间相互依赖以及对他人幸福的关怀。它认为自我与他人的理想关系是相互关怀和对他人的关怀作出回应。因此，要最好地保持和维持自我与他人的关系，不能总是严格地依照平等原则，而应该做到在他人的具体情境中考虑他人。①"回应"的视角要求在处理自我与他人的关系时，应站在他人的角度看待他人，进入到他人的情境中，试图理解他们是如何看待自己所处的情境的。因此，"回应"的视角假定"他人与自我是不同的"。

表2概述了在这两种视角中自我概念和道德选择之间的关系。表中资料揭示出如果个体认为自我是独立/客观的，其作出道德选择时会优先考虑"公正"，而如果个体认为自我与他人密切联系，其作出道德选择时则会优先考虑"关怀"。

---

① 一个14岁女孩谈到了从他人出发来考虑他人的过程的微妙之处。访谈者问道："你如何看待他人将要作出的回应？"她说："首先，我看一眼这个人，想一想他会是什么样的人，在相似的情境中他会如何回应，而在一般情况下他又会如何回应；然后，我设身处地……试图从他们的感受中获得我的想法。"她继续解释："我想，我暂时不考虑自己，而是将自己放在他们的情境中——但实际上我和对方根本就没有关系。我不是以我所感觉到的方式与他们相联系，重要的是——我让他们思考，让他们感受到我是怎样想的。"［在纽约州特洛伊市埃玛·威拉德女子学校进行的研究，本研究得到了杰拉尔丁·R. 道奇基金会的支持以及该校校长罗伯特·帕克（Robert Parker）、副校长特鲁迪·汉默（Trudy Hanmer）及师生们的通力合作。］

表2 道德选择中的自我概念和道德概念				
公正的道德				
在与他人的关系中个体被定义为独立/客观的：你要别人怎样待你，你也要怎样待别人，客观的	倾向于运用公正道德，如公平，其基础是把关系理解为独立个体之间的**互惠**，这种互惠基于他们角色的职责和义务	道德问题一般被解释为自我和他人（包括社会）的诉求相冲突时产生的争议，尤其是彼时需要作出的抉择；依靠公正规则、原则或标准来解决问题	考虑因素：（1）与个人角色相关的义务、职责或者承诺（2）关于自我、他人或社会的标准、规则或原则，包括互惠，即公平——你如何对待他人取决于如果处在他人位置上的是你，你希望他人如何待你	评价考虑因素：（1）如何思考和证明决定（2）价值、原则或标准，尤其是公平原则，是否得到维持
回应和关怀的道德				
在与他人的关系中个体被定义为联系的：在他人自己的情境和背景中看待他人	倾向于运用关怀道德，其基础是把关系理解为从自身出发**对他人的回应**	道德问题一般被解释为关系或回应的问题，即如何从他人的特殊情况出发对他人作出回应，通过关怀他人来解决问题	考虑因素：（1）维持关系和对他人作出回应，即相互依赖的个体彼此之间的联系（2）增进他人的幸福或防止他们受到损害；或是减轻他人所承受的负担、伤害与痛苦（身体的和心理的）	评价考虑因素：（1）发生了什么/将发生什么，事情是如何发展的（2）关系是否得到维持或恢复

公正和关怀的概念以及关于他人的看法都代表着某些理想，这些理想既有优点，也存在不足。公正道德的理想及其优点是平等。关怀道德的理想及其优点是从他者的角度充分考虑他者的真正需要。然而，公正地考虑他人的权利，可能会造成对他人不够关心，关怀他人则可能使个体忽视了其自身也有被关怀的需要和被关怀的权利。此外，关怀与回应他人以满足他人需要，可能会造成对他人需要的无限制的、过度的情感关注①；然而，当前研究进一步表明了回应视角的复杂性。对他人的回应是一个交互过程，在这个过程中，处于发展变化中的个体认为他人也处于一个不断变化的生命周期之中。

在大多数心理模型中，理解他人观点的能力被视为一种认知能力，这种能力逐渐向着客观、抽象的方向发展（Mead，1934；Kohlberg，1969，1981；Selman，1980）。相比之下，这里所描述的回应的视角则依赖于特殊和具体的情境。尽管随着个体的成长，对他人的回应也会突破特殊性和具体性而有所变化，但这些变化的性质尚未揭晓。有可能是在"成熟"过程中，个体逐渐学会从特殊中概括出一般，也就是说，个体总是关注特殊，这是一般性原则。这项研究表明，我们当前单一的关于换位思考的模型可能需要修订。"以自我利益为立足点，理解他人的观点"和"以他人利益为立足点，理解他人的观点"是两种不同的换位思考方式。

有一点很重要，在描述主体对他人的回应中，"回应"或者"互惠"等词汇的使用，并非是用来假定某种关于道德或关系的特定观点是自动获得的。例如，坚持公正道德且秉持互惠观点的个体可能会声称（如14岁的杰克）"我不愿意那样做，因为我不希望别人那样对我"。然而，坚持关怀道德且秉持回应观点的个体可能在不同的意义上使用互惠一词："我想和他们互利互惠，因为他们需要那种帮助，而我能为他们做这些。"从回应的视角出发解决道德问题，个体关注的焦点是他人的需要；个体认为，重要的是他

---

① 在思考"对他人情绪方面的关注"时，布卢姆的著作《友谊、利他主义和道德》（Blum. *Friendship*, *Altruism and Morality*. Boston，1980）会对我们有所帮助。布卢姆提出了道德的第二种模式，这种模式关注他人的利益并向占主导地位的康德哲学观点提出挑战，强调利他主义的关注和情感在道德上是善的。本研究以布卢姆的哲学主张为理论基础，通过实证研究揭示了个体确会出于对他人利益的关注而行动的心理现象。

人的福利或幸福，而非他人能回报什么，或者公正原则有什么要求或规定。①

这些差异表明，人们需要仔细地辨析道德词语潜在的差异。例如，"义务"或者"责任"等词不能只理解其表面意义。"义务"和"责任"并不是绝对意义上的概念，一个人会根据他所形成的看待他人的视角，来决定自己"应该"履行什么"义务"、"应该"承担什么"责任"。

我们需要通过研究来详细描述这里提出的概念——两种关于自我、关系和道德的观点，这些观点贯穿了个体的生命周期，尤其关注变化和发展问题。研究也应该讨论潜在的交互，个体的道德倾向经由这些交互而影响他人或受他人影响。② 另外，研究还需要详细描述个体如何理解和认识他们自己对于在与他人联系中的自我的观点。本文所呈现的研究工作，展示了如何从访谈资料中引出每一种道德模式和自我描述的逻辑。下一部分描述了通过一套方法，即两个编码系统获得这种逻辑的过程，以及如何运用这一逻辑检验一系列假设。

检验吉利根假设的实证研究

这项实证研究③通过访谈男性和女性来确认他们的自我定义模式和道德

---

① "回应"（response）是一个古老的英语词汇，意为"回答，应答；对刺激与影响的应答行动或感受"。"责任"（responsibility）通常与道德责任（accountability）和义务（obligation）相关联，更多地与公正道德的合同式契约相关联。"责任"的最早意义是"响应某件事情"。直到19世纪，"责任"的含义开始与道德责任（accountability）和合理行为相连（*Shorter Oxford English Dictionary*, 3rd ed., s. v. "response," "responsibility"）。

对伦理学中作为一个新符号和形象的"责任"的讨论，可参见尼布尔的著作《负责的自我》[Niebuhr, *The Responsible self*, New York (1963)]。尼布尔得出了一个关于"责任"的有趣主张，认为"责任"是人的一种新形象——"人是回答者，人进行着对话……对作用于自己的行为作出回应"，过去"责任"以自我为动因，为行动者，"经常在旧的［人的］形象的影响下被转变，或作为指向目标的含义，或作为由于遵从规则而行动的能力"。尼布尔进而指出："这是一个卓有成效的概念，我们将自我视为回应性的个体，我们会对发生在我们身上的行为作出理解，并作出相应的回应。当完全运用旧形象理解自我时，它会引发我们若干模糊的自我定义观点。"（p. 57）尼布尔的观点与这里的论点有关。在目的论和义务论的道德概念中，"回应"意义上的"责任"或许是模糊的。

② 交互不能与这一事实相混淆，即具有一种主要或主导倾向的个体，在进行道德选择时可能需要任一倾向的考虑。但是，在其自身的发展序列中，一种主要倾向如何被其他的或次要的倾向所影响，对此本文尚未作详细探讨，需要进一步的研究。

③ 参见文章第一个注释（见本书第47页脚注①）。

选择模式，并揭示二者之间的联系。吉利根提出，如果以往研究中女性研究对象的缺失掩盖了对关怀道德的理解，那么，这个包含两性的研究可能揭示关怀道德对于两性的复杂性。研究的第二个目的是探讨科尔伯格和克雷默（Kohlberg and Kramer，1969）提出的一种观点：当妇女从事家庭之外的职业时，当她们和男性一样接受了同等的教育并获得同等的社会地位时，那么，相对于科尔伯格的道德判断六阶段系统中典型的成年妇女的道德发展阶段（阶段3：人际模式），她们将达至道德发展的更高阶段。因此，本研究的样本包括了一些职业女性。

样本。样本由36人组成，在以下每个年龄组中分别包括2位男性和2位女性：8岁、11岁、14—15岁、19岁、22岁、27岁、36岁、45岁、60岁及以上。通过私人联系和他人推荐的方式获取样本，所有被提及的被试，都满足智力水平高、教育程度高和阶层地位高等取样标准。

过程。本研究通过开放式访谈收集资料，访谈内容由五部分组成。访谈采取了临床法，这种方法源于皮亚杰（Piaget，1929/1979）。访谈进程是：首先对被试提出结构性问题，然后针对被试的回答，进一步进行非结构性的访谈，以深入澄清和探究被试的观点。本研究访谈问题的设计旨在说明个体如何建构他或她自己的现实生活和意义，即个体对自我的定义以及如何处理道德问题。

资料分析。本研究首先分析被试的自我定义方式，然后分析被试在真实生活中处理道德冲突的倾向性①，最后分析二者之间的相关性（Lyons，1981）。

◆ 道德冲突中的公正考虑或关怀考虑

在面临真实生活中的道德困境时，个体会形成一定的解决方案，采取相应措施解决道德困境，并对解决方式进行评价。在这一系列的过程中，个体会有多种考虑。本研究通过考察个体在此过程中所体现出来的考虑因素，可以确定在个体的道德中占据相对主导地位的是公正倾向还是关怀倾向。个体

---

① 考虑——编码系统的分析单元——是个体在对选择进行拟订、决定或评价选择时表现出的一种想法。

的考虑因素被分为回应（关怀）或权利（公正）两种类型（见编码系统，附录A），本研究计算出个体表现出的每一类型的考虑因素的次数，并累计评分。这个评分系统内的主导类型取决于公正与关怀考虑何时出现，以及被试哪一种类型的反应出现的频率更高。其结果也是以百分比的形式呈现，它表明了占主导地位的模式与个体表现出的所有考虑因素之间的关系。

　　研究步骤是：识别被试处理真实道德困境时的考虑因素（第1步）；对被试建构、解决和评价其道德冲突时的考虑因素，用回应与权利两类模式进行归类（第2步）。在以上两步中，均使用了两位编码者进行编码以确保编码的信度。在第1步中，两位编码者的一致性是75%和76%；在第2步中，两位编码者的一致性是84%和78%。

　　表3总结了在思考真实生活中的道德困境时，男性和女性的回应考虑与权利考虑何者占主导的情况。表3显示，在真实生活的冲突中，尽管男性和女性都存在两种考虑（权利和回应），通常，女性对回应的考虑多于对权利的考虑，男性对权利的考虑多于对回应的考虑，当然在个别实例中也出现了相反的情况。

表3　女性和男性在真实生活困境中的回应考虑和权利考虑的主导情况

性　别	回应考虑占主导的百分比（人数）	权利考虑占主导的百分比（人数）	回应考虑与权利考虑相等的百分比（人数）
女性（$N = 16$）	75（12）	25（4）	0（0）
男性（$N = 14$）	14（2）	79（11）	7（1）

$\chi^2(2) = 11.63$，$p < 0.001$

　　表4以另一种方式说明了这种情况，表明样本中所有女性都表现出了回应考虑，但是有37%（6人）的人没有提到任何对权利的考虑。同样地，所有男性都表现出了权利考虑，但是有36%（6人）的人没有提到任何对回应的思考。这些研究结果显示，在真实生活的道德冲突中，样本中的个体都需要并且想到了关怀和公正考虑，而且主要表现出其中一种类型，这与性别有关，但并不取决于或局限于性别。

表4 女性和男性在回应考虑或权利考虑上的缺乏		
性　别	未考虑回应的 百分比（人数）	未考虑权利的 百分比（人数）
女性（N = 16）	0（0）	37（6）
男性（N =14）	36（6）	0（0）

　　虽然这项研究没有专门探讨道德思维和自我定义的发展变化，但是关于发展变化的问题在研究结果中也得到了一定呈现。很明显，在个体的生命周期中，我们会发现对回应和权利的双重思考。然而，年龄超过27岁的女性在系统思考道德问题或冲突时，表现出更多对于权利的思考，虽然她们在解决冲突时仍然更经常地表现出回应考虑而不是权利考虑。与此相关有第二个发现：年龄超过27岁的女性，"关怀自我"这一回应考虑消失了。这些研究结果表明，女性在近30岁时，其权利倾向和回应倾向有可能出现交互。另一项研究结果与发展变化有关，样本中男性青少年回应考虑的出现频率要高于大部分成年男性。总的来说，在生命周期中，相比于女性对回应的考虑，男性对权利的考虑保持了更高的一致性。综合看来，这些研究结果表明了男性和女性各自的发展变化，这些变化需要进一步研究。

　　尽管样本很小（N = 36），本文所报告的结果支持了存在两种不同道德倾向的假设——一种是权利和公正的倾向，另一种是从他人出发关怀他人和对他人作出回应的倾向。个体解决道德冲突时不是只有公正和权利倾向，而公正倾向与关怀倾向这两种倾向也并非互相排斥的：在个体建构、解决和评价真实生活中道德冲突的解决方案时，两种思考方式都会用到，但是通常某一种方式会占主导地位。然而，研究中的性别差异不是绝对的，因为无论是男性还是女性都表现出两种思考方式。

◆　自我定义的模式：独立/客观的或联系的

　　本研究也对个体使用两种明显不同的自我定义模式的假设进行了研究。被访者需要回答"你如何描述自己"，研究者通过分析其回答来确定两种自我定义模式（独立/客观的或联系的）中的哪一种居于主导地位。某种程度上，与分析有关道德冲突的资料的方法类似，研究者从以下四个维度对被试的回应进行归类：一般的和事实的；能力和机能；心理的；关系的（见编码系统，附录 B）。通过计算个体表现出独立/客观的关系特征或联系的关系特征的次数，累计评分，然后确定居于主导地位的模式。

本研究对每一个关于自我定义的陈述进行编码。研究步骤是：第 1 步，识别出被试关于自我的概念；第 2 步，从自我定义的具体方面，根据前文所述的四个维度对被试的自我定义进行分类。在以上两步中，均使用了两位编码者进行编码，以确保编码者的信度，这种编码过程比大多数相关信度程序更严格。第 1 步中，编码者信度是 70% 和 71%；第 2 步中，编码者信度是74% 和 82%。

表 5 总结了男性和女性定义自我的模式。表 5 显示，女性更多地使用联系的自我定义模式，男性则更多地使用独立/客观的自我定义模式。虽然这些与性别有关的差异系统地出现于个体的生命周期之中，但它们不是绝对的；有些女性和男性在定义自己时会用到任一模式中的要素。此外，也许更引人注目的是，这项研究发现，结合与他人的关系来定义自己，在这一点上男性和女性表现出同等的频率，虽然他们在这些关系上具有不同的特征。

	表5 女性和男性的自我定义模式			
性 别	联系主导所占的百分比（人数）	独立/客观主导所占的百分比（人数）	联系与独立/客观均等所占的百分比（人数）	未使用任何要素的百分比（人数）
女性（N = 16）	63（10）	12（2）	6（1）	19（3）
男性（N = 14）	0（0）	79（11）	7（1）	14（2）

$\chi^2(3) = 16.3$, $p < 0.001$

◆ 自我定义与真实生活中对道德选择的思考之间的关系

本研究中一些更具争议的结果，涉及对道德选择模式和自我定义模式之间关系假设的验证。表 6 呈现了这些研究发现。在这个抽样中，无论何种性别，那些将自己归为以联系为主的类型的个体，在建构和解决真实生活中的道德冲突时，更经常地表现出回应考虑。那些自认为是独立/客观类型的个体，则更经常地表现出权利考虑。

　　虽然仅靠这些结果我们不能声称，在自我定义模式和道德选择模式之间存在因果联系，但是二者之间似乎确实存在重要关系。显然，还需要进一步研究来探讨，对于更大容量、覆盖更广泛社会经济地位的样本而言，这些结果是否仍能成立。而且，还需要通过研究来检验这样一种可能性，即除了道德选择，人们的决策模式也与自我定义模式有关。

表6　自我定义模式与道德选择模式		
主导的道德选择模式	联系的	自我定义模式　独立/客观的	其他（S/C 或没有）*
回应 N = 13（1 男，12 女）	10（10 女）	0	3（1 男，2 女）
权利 N = 16（12 男，4 女）	0	13（11 男，2 女）	3（1 男，2 女）

$\chi^2(2) = 15.77$, $p < 0.005$

注：为了计算 χ^2，每个单元格加 1，以避免数值为 0 的单元格。

* "S/C" 指个体有同等数量的独立/客观的和联系的特征，"没有" 指个体没有相关特征。

结　论

　　本文所论及的方法论的发展——识别自我定义和道德判断模式的编码系统——使验证一些假设成为可能。这些假设不仅对于自我和道德发展理论很重要，而且对于教育和临床实践也很重要。虽然在此不能充分阐释其全部意义，但是我们可以得出一些最重要的结论，这些结论有待他人作进一步澄清。

　　1. 对道德发展心理理论而言，关怀道德表现为个体的一种系统的、贯穿一生的关注。它不是临时的、发生在某个具体阶段或水平上的关注，也并非如科尔伯格的著作所述隶属于公正道德。

　　2. 对于心理学理论中的自我同一性发展理论而言，自我的相关概念——与他人联系中的自我是自我定义的核心。这种对与他人的联系的关注，不应像现在这样被认为是仅仅在特殊阶段的或与女性有关的问题。虽然男性和女性可能趋于按照不同的方式理解并定义关系，但与他人相联系的自我定义在所有年龄的两性中皆有发现。

3. 对认知和社会发展理论而言，个体按照不同方式建构、解决和评价问题的事实，似乎反映了两种对于他人的不同观点。这意味着，建立在单一社会观点采择模型上的认知和社会发展理论应该得到重新考虑。

4. 对于咨询人员、教师和管理者而言，在关系中处理冲突时有必要考虑到，日常用语中的道德语言对于不同人有不同的意义，因而它们可能含有一定的行为暗示。例如，从公正或关怀的视角出发，对于"义务"和"责任"这两个术语可能有不同的理解。

5. 对心理学研究而言，需要反映依恋在人类发展和人际交互中的中心地位。这意味着研究不应只关注个体，而应关注一个交互单元中的两个成员——丈夫和妻子、朋友和朋友、母亲和孩子、教师和学生、经理和员工，等等，需要从个体心理学转向关系心理学。

6. 性别作为一个研究变量，应该作为一个进程要素被包括在研究设计和方法论中。本研究表明，尽管理解性别差异很困难，但这对于进一步理解理论和实践均非常重要。

为了解决现代道德哲学问题，默道奇（Murdoch，1970）提出心理学和哲学要联合创立一个"新的有效的哲学心理学"（p.46）。本文为心理学家和哲学家等群体提供了一些新的前提和方法论，由此可进一步揭示我们生活中道德的意义。

附录 A **关怀道德和公正道德：回应考虑和权利考虑的编码系统**

Ⅰ. 问题的建构

A. 回应考虑（关怀）

1. 对他人的一般影响（不详细描述）

2. 维护或恢复关系，或者考虑到相互依赖而对他人的回应

3. 他人的利益/幸福或避免冲突，或者减轻他人所承受的负担/伤害/痛

苦（身体的或心理的）

    4. 考虑"情境相对于/胜于原则"

    5. 考虑关怀自我；关怀自我相对于关怀他人

    B. 权利考虑（公正）

    1. 对自我的一般影响（不详细描述，包括"困难"、"如何决定"）

    2. 义务/责任/承诺

    3. 自我或社会的标准/规则/原则，或者考虑公平，即一个人如果处在他人的位置上，会希望自己受到怎样的对待

    4. 考虑"原则相对于/胜于情境"

    5. 认为他人有着自己的情境

Ⅱ. 问题/冲突的解决

[与第 Ⅰ 部分相同]

Ⅲ. 解决方案的评价

A. 回应考虑（关怀）

1. 发生了什么；如何解决

2. 关系是否得到维护/恢复

B. 权利考虑（公正）

1. 如何决定/思考/证实

2. 价值/标准/原则是否得到维护

诺娜·普莱森纳·莱昂斯（Nona Plessner Lyons）版权所有，1981。

附录 B　　**对于"描述自己"问题的回答的编码系统**

Ⅰ. 一般和事实

A. 一般事实

B. 身体特征

C. 识别活动

D. 识别所有物

E. 社会地位

Ⅱ. 能力和机能

A. 一般能力

B. 机能

C. 体力

D. 智力

Ⅲ. 心理

A. 兴趣（喜欢/不喜欢）

B. 特点/倾向

C. 信仰/价值

D. 偏见

Ⅳ. 相关要素

A. 在与他人的关系中是联系的

1. 有关系（关系存在）

2. 关系中的能力（形成，保持；关怀；为他人做事情）

3. 关系中的特点与倾向（帮助他人）

4. 关注点（从他人出发的他人利益）

5. 偏见（为他人做好事，如何做好事）

B. 在与他人的关系中是独立/客观的

1. 有关系（作为义务/承诺组成部分的关系；作为手段的关系）

2. 关系中的能力（与他人互动的技巧）

3. 关系中的特点与倾向（互惠行为；坚守责任/义务；承诺；公平）

4. 关注点（出于社会原则/价值/信念/一般利益对待他人）

5. 偏见（为社会谋利；是否为他人谋利）

Ⅴ. 总结陈述

Ⅵ. 对自我评价的评论

A. 在自我范畴中

B. 对与他人相联系的自我

1. 联系的自我

2. 独立的自我

诺娜·普莱森纳·莱昂斯（Nona Plessner Lyons）版权所有，1981。

致 谢

真诚感谢卡罗尔·吉利根的不断支持和鼓励，感谢简·阿塔纳斯（Jane Attanucci）、米丽娅姆·克拉斯比（Miriam Clasby）、玛克辛·格林（Maxine Greene）、凯·约翰斯顿（Kay Johnston）、劳伦斯·科尔伯格（Lawrence Kohlberg）、沙里·兰代尔（Sharry Langdale）、简·马丁（Jane Martin）、迈克尔·墨菲（Michael Murphy）、埃瑞恩·菲尔普斯（Erin Phelps）、莎伦·瑞奇（Sharon Rich）、琳达·斯图尔特（Linda Stuart）、谢尔登·怀特（Sheldon White）、比·怀丁（Bea Whiting）以及罗伯特·莱昂斯（Robert Lyons）的帮助和对这一研究工作的远见卓识。感谢玛丽莲·霍夫曼（Marilyn Hoffman）的支持和鼓励。本研究得到了美国国家教育研究院（National Institute Education）的资助。杰拉尔丁·洛克菲勒·道奇基金会（The Geraldine Rockefeller Dodge Foundation）正在资助的一项关于青春期女孩的研究，在本文中亦有所报告。

3　青少年对寓言故事中两难困境的解决方法：两种道德倾向，　两种问题解决策略

□ D. 凯·约翰斯顿（D. Kay Johnston）

近期关于道德发展的讨论涉及这样一些论战领域：道德发展中的性别差异（Kolberg，1984；Baumrind，1986；Walker，1986）、文化差异（Snarey，Reimer，& Kolberg，1985；Snarey，1985），以及不同于道德发展理论的道德社会化理论（Gibbs & Schnell，1985）。这些讨论涉及道德的一个定义，这个定义源于追随皮亚杰（Piaget，1932/1965）的科尔伯格；由此，作为公正推理发展的道德理论实际上被视为理所当然。

其他研究工作已经识别出两种道德倾向的存在（Gilligan，1977，1982；Lyons，1982，1983），并探讨了人们在考虑真实生活中的道德冲突及假定的两难困境时，怎样表现出这两种倾向（Langdale，1983）。这项研究提出了"关怀道德"理论。

两种道德倾向——一个是公正和权利，一个是关怀和回应——在人们对

道德冲突的描绘中已显现出来，然而人们倾向于将其注意力或集中于公正考虑，或集中于关怀考虑，以至于一种倾向占据支配地位，另一种却极少被呈现。此外有关真实生活中道德冲突的描绘还表明，"关怀中心"的两难困境更可能由女性呈现出来，"公正中心"的两难困境则更可能由男性呈现出来（Lyons，1982，1983；Gilligan & Attanucci，出版中，参见第 4 章）。从对道德倾向的研究探索与发现中获取资料，主要是通过对被试进行访谈，并要求其讨论自己所面对的一个真实道德冲突。从对这个问题的回答及其详尽解释中提取出的资料，被称作"真实生活中的道德两难困境"。公正和关怀的道德倾向自发地出现在这些讨论中。需要说明的是，本文并无意对这样一个问题进行系统的探索，即人们怎样认识那些未能自发关注或表现出来的道德倾向。

当前研究始于这样一种假设：由于人们自发表现出一种倾向，因此在被问及是否有另一种看待问题的方式时，他或她不会表现出另外的倾向。因此，本研究关注这样的问题：男性和女性都理解上述两种道德倾向吗？通过采用一种标准化方法（Johnston，1983）调查个体使用两种倾向解决道德两难困境的能力，我们试图对该问题展开讨论。这里的两难困境来自寓言故事。

此研究选择不同年龄与性别的研究对象是为了检验这样的假定：11 岁和 15 岁的男女青少年都能运用公正倾向与关怀倾向。每个参与者都被问到同样的问题，从中引出解决当前问题的不同方式，还有参与者对不同问题解决方式的评价。

研究方法

在先前开展的两项研究（见附录中的寓言故事）中，研究者使用了两则伊索寓言（《豪猪与鼹鼠》和《马槽中的狗》）。其中一项研究关注对寓言中提出的道德问题的不同定义①；另一项研究显示了男孩和女孩在问题解决中的表现有所不同。② 这两项研究还发现，在受访者的问题解决方法中出现了

---

① Johnston，D. K. "Adolescents' Responses to Moral Dilemmas in Fable." Unpublished manuscript, Harvard Graduate School of Education（1979）.

② Johnston，D. K. "Responding to Moral Dilemmas in Fable, Ages Six to Eleven: A Brief Study of Gender Differences." Unpublished manuscript, Harvard Graduate School of Education（1982）.

科尔伯格所确定的公正和吉利根所确定的关怀两种道德倾向。在此，这两种倾向被描绘为"权利倾向"和"回应倾向"，反映出其问题解决方法分别聚焦于公正或关怀。受访者以两种方式解决寓言中的两难困境：或者表现出权利倾向，应用一项普遍规则来公平地解决权利或需求的冲突问题，比如"那是鼹鼠的房子；所以，豪猪必须离开"；或者表现出回应倾向，尽力关注并带着关怀去回应寓言中所有动物的需要，例如"鼹鼠和豪猪必须好好谈谈，分享这间房子"。

这样，两则寓言提供了一个标准化方法用于询问受访者对公正倾向与关怀倾向的理解。该方法与用于引出真实生活两难困境的方法相似，两者都能促使个体讨论某个道德问题，然而，它们在三个方面存在不同。第一，寓言为所有受访者提供了一个具体的、一致的、固定不变的情境，因而可以对比人们对同一两难困境的讨论。在这一点上，这种方式与假定两难困境下探讨道德发展的标准化方法相似。第二，寓言不涉及解决受访者自身所面对的一个道德难题。由于这些两难困境并不像真实生活中的两难困境那样与个人息息相关，因此当访谈者在对受访者的问题建构进行质疑并提出相反意见，暗示为什么受访者提供的解决方法可能不起作用时，访谈者感觉受到的约束会少一些。第三，在本方法中（借助寓言中的两难困境），受访者既要建构道德问题，也要建构解决问题的方法。因为他或她需要先确定寓言故事中的问题是什么，然后再解决这一问题。①

◆ 研究对象

本研究的对象是 60 名青少年，他们生活在波士顿北郊的一个中产阶级社区，就读于当地公立学校，年龄分别为 11 岁和 15 岁，男女人数均等。

这些学生是志愿参加的，他们分别来自 2 所小学的 4 个 6 年级班以及中学 2 年级英语混合水平班。研究者通过在几个班级作演讲并寻求学生志愿者而招募到这些学生，并征得了每个参与者家长的同意。

---

① 在兰代尔的研究（Langdale, 1983）中，谈到了封闭式研究或由访谈者提问来引导的研究所带来的问题。在本寓言研究中回避了此问题。

◆ 研究任务和过程

　　访谈在学校进行。在简要介绍了访谈目的之后，访谈者开始朗读寓言《马槽中的狗》或《豪猪与鼹鼠》。在读完第一则寓言并对其进行讨论之后，接着读第二则；这两则寓言朗读的先后顺序不断轮换。

　　读完第一则寓言之后，访谈者开始提问，访谈技巧中结合了标准化问题和皮亚杰所说的"临床检查"（clinical examination，Piaget，1979，p. 10）方法。第一个标准化问题是"问题是什么"，接下来的提问（或调查）是澄清受访者的想法以及如何定义这个问题。然后问受访者："你会怎样解决这个问题？"在这个阶段的访谈中，访谈者会提出相反意见，以检验学生们对其最初解决方案的坚持程度。另外还会问一些问题以澄清受访者头脑中已有的解决方案和相应的解决策略。

　　研究者对每则寓言的两种解决方案进行编码："自发的"解决方案和"最佳的"解决方案。学生的第一个解决方案被认为是自发的，最后选择的方案则被认为是最佳的。"为什么那是一个好的解决方案？"研究者对此问题的答案进行了归类编码。这些编码遵循莱昂斯编码系统的逻辑（Lyons，1983），按照权利倾向或回应倾向对不同回答进行了区分。

　　综览莱昂斯的编码系统，呈现出两种道德倾向：权利和回应。权利道德的逻辑被定义为：把道德问题解释为"当自我和他人（包括社会）的主张相冲突时的问题或选择。这些问题的解决，遵循与个体的义务、职责或承诺相关的公平规则、原则或标准，或是遵循有关自我、他人和社会的标准、规则或原则"。回应道德的逻辑被定义为：把道德问题解释为如何设身处地对他人作出回应。为此，个体考虑如何"维持关系"或者"增进他人利益、防止他人受到伤害或减轻其身心所承受的负担、伤害或痛苦"（Lyons，1983，p. 134）。对两则寓言的编码以上述逻辑为依据。

　　当寓言故事中问题的解决遵循这样一种原则，如"财产权"（right to own property）或"生命权"（right to life）被表述为一种普遍或公正的认知，该解决方案被编码为"权利"模式。以下是一些被编码为权利模式的回答。

> 豪猪肯定得离开。那是鼹鼠的房子。
>
> 鼹鼠拥有房子的所有权，其他任何人都无权享有。
>
> 把豪猪赶出去，他是后来的。

那些在两难困境中对两种动物的需要都作出回应的回答，被编码为"回应"模式。这种解决方案的例子如下。

> 用一条毛毯盖着豪猪。
>
> 如果有充足的干草，那么有个解决办法，就是把草分成两份。像这样，如果他们能够合作的话。比如，拿出一些草，让狗能睡在上面休息；再拿出一些草，让牛可以吃。这是唯一的解决办法。
>
> 有时候鼹鼠会离开一阵儿，有时候豪猪会站着不动，或者他们轮流做事——进食、干活，不用搬走。
>
> 他们应该试着共同生活，并把这个洞挖得更大一些。

那些综合了两种倾向要素的回答被编码为"二者兼备"。典型的二者兼备式回答试图整合或融合两种想法：遵循某种原则；两难困境中双方的需要必须得到一定程度的满足。这种解决方案的例子如下。

> 如果豪猪想用鼹鼠的房子过冬，那就让豪猪回到他原来住的地方。
>
> 他们（鼹鼠）应该帮豪猪找到一个新房子。
>
> 我认为鼹鼠只需要再次要求他离开，如果他拒绝的话，他们可以问他为什么。如果他说，"我找不到另外的地方住"，那么，他们或许应该扩建自己的房子。如果他说，"我就是不喜欢那样"，那么，他们就可以赶走他。

对寓言的编码虽然遵循莱昂斯所揭示的权利倾向与公正倾向的逻辑，但是与莱昂斯所勾勒的实际编码过程存在差异。有别于莱昂斯识别不同想法（"考虑因素"）的方式，寓言编码中的分析单元是受访者所提供的全部解决方案。莱昂斯在编码过程中把不同想法整理分类，将其划归为回应倾向或是权利倾向。换而言之，编码者的任务是标记受访者所表现出的不同想法，并将每个想法编码为公正或者关怀。而在寓言编码中研究者并未这样做，因为其关注点并不是对公正倾向或关怀倾向中的考虑作量化统计，而是确定每一种倾向在每位受访者身上是否都得到了体现。

编码上的最后一个差异在于"二者兼备"这一类别。"二者兼备"表明两种倾向的逻辑在解决方案中都有所呈现，并且/或是得到了融合。一旦解决方案的倾向得以识别，它就被编码为"回应"、"权利"或"二者兼备"。有的解决方案也可以被标记为"不可编码"，意指该回答没有清楚地呈现出上述任何一种逻辑。

以上编码的四类划分方式较为理想，原因有两点：（1）它涵盖了各类不同的答案；（2）它消除了将这些道德倾向降至一种非此即彼的二分法的可能性。

◆ 编码信度

有必要对寓言材料中的两种编码类型确定其编码者信度。这两种类型是：（1）自发表现出的倾向；（2）最佳解决方案所表现出的倾向。

编码一致性的标准是，两位编码者对每一受访者自发的解决方案与最佳的解决方案的编码是一致的。这种编码方式的信度可见表1。值得注意的是，第二位编码者在之前莱昂斯的真实生活编码系统中表现为不可信的。这意味着这种标准化的寓言故事方法可能更容易复制。①

表1　编码者信度

解决方案编码	一致性	Cohen's kappa*
寓言《马槽中的狗》的自发解决方案	100	1.00
寓言《豪猪与鼹鼠》的自发解决方案	90	0.81
寓言《马槽中的狗》的最佳解决方案	100	1.00
寓言《豪猪与鼹鼠》的最佳解决方案	100	1.00

*Cohen's Kappa 是一种测量一致性的方法，此方法将偶然因素纳入考虑（1960）。

---

① 有6人接受了为期6周的寓言编码培训。对于两则寓言的自发解决方案和最佳解决方案都进行了信度检验。平均信度水平是80%。

随着访谈的进行，学生被问道："还有其他解决这个问题的办法吗？"这个标准化问题开启了对受访者转换倾向的能力的探索。当受访者提供了另一种可替代的解决方案时，重复上述提问过程。如果受访者不能自发地转换倾向，访谈者将使用以下步骤。如果受访者所给出的自发解决方案是权利倾向的，访谈者就问：

> 是否有一种让所有动物都满意的解决方法？

如果这一问题无助于受访者采用回应倾向，访谈者就问：

> 有些人会说，你可以用这种方式来解决问题：让这些动物们在一起谈谈，然后以一种令他们彼此都高兴的方式作出决定。对此你怎么看？

这个问题之后是另一个标准化问题：

> 你认为以上述方式解决问题的人会如何看待这个问题？

如果自发解决方案是回应倾向的，访谈者就问：

> 有没有什么规则是你可以用来解决问题的？

如果这一问题没有引出一种权利倾向的解决方案，访谈者就问：

> 有些人会说，你可以通过使用这样一种规则来解决问题：这是鼹鼠的房子（或者牛的厩），因此豪猪（或狗）必须离开。对此你怎么看？

紧随这个问题的是：

> 你认为以上述方式解决问题的人会如何看待这个问题？

访谈者的每个问题都更清晰地确认了受访者对于第二种倾向的内在思考。寻求第二种倾向的假定前提是，访谈者在访谈中识别出了自发倾向。研究者在对真实生活两难困境中的倾向进行编码方面具有丰富的经验，而且在

1983 年的实验性研究访谈中也识别出了权利倾向与回应倾向。如果对哪种倾向是自发运用的存有任何疑问，访谈者就会用两套标准化问题询问受访者，探出受访者对于两种倾向的思考。

最后，访谈者问：

在我们所讨论的所有解决方案中，哪一个是最佳的？

研究结果

本研究的核心问题是：在讨论两则寓言中的问题时，青少年如何运用并解释两种道德倾向？为了揭示这一问题，本文将聚焦于与此相关的结果：（1）自发解决方案中道德倾向的表现；（2）最佳解决方案中道德倾向的表现。

在分析每个问题时，都会讨论年龄和性别差异。每则寓言的相关研究结果都单独呈现，因为它们有时是不同的。这些不同之处很重要，它们有时会带来不同的解释和结论。在前一则寓言中对两种倾向的讨论会对第二则寓言中的道德倾向产生影响，在"寓言的影响"部分将会对此影响进行探讨。简便起见，本文把寓言《豪猪与鼹鼠》简称为"豪猪寓言"，把寓言《马槽中的狗》简称为"狗寓言"。

◆ 自发解决方案中所表现出的道德倾向

表 2 和表 3 显示了在每则寓言上被试表现出的自发倾向的性别差异。调查结果没有依据年龄进行划分，因为 11 岁和 15 岁青少年表现出的自发倾向并无显著差异。

从表 2 可以看到，在"狗寓言"中自发表现出的倾向与性别显著相关。预期模式得到了验证，73.3% 的男性在其最初解决方案中表现出权利倾向。相比之下，50% 的女孩在其最初解决方案中表现出回应倾向，40% 表现出权利倾向，还有 10% 表现出了两种倾向。

从表 3 可以看到，在"豪猪寓言"中，被试表现出的自发倾向与性别没有明显关系。有趣的是，60% 的受访者自发地以权利倾向解决"豪猪寓言"中的问题。这表明两则寓言的自发解决方案是有差异的。

表2 寓言《马槽中的狗》中自发解决方案的道德倾向（性别差异）		
	女性	男性
权利	12	22
回应	15	5
二者兼备	3	1
不可编码	0	2

$\chi^2 = 10.94$， d. f. $= 3$， $p = 0.01$

注：表中呈现的统计值常常低于最低允许值（recommended minimum）5。为检验显著性，删除了二者兼备和不可编码这两个类别，因为它们的出现频率过低。由此得出四格表，并进行统计分析。实际上，从两类表中得出的结论是相同的。这里之所以选择呈现上面的表格，是因为它们比四格表更充分地体现了回答的复杂性。

表3 寓言《豪猪与鼹鼠》中自发解决方案的道德倾向（性别差异）		
	女性	男性
权利	15	21
回应	10	7
两者兼备	5	1
不可编码	0	1

$\chi^2 = 5.20$， d. f. $= 3$， $p = 0.16$

◆ 最佳解决方案中所表现出的道德倾向

下列表格显示了在每则寓言上，最佳解决方案所涉及的道德倾向的性别差异。由于最佳解决方案中的道德倾向与年龄没有明显关系，在此没有呈现与年龄相关的结果。

表4 寓言《马槽中的狗》中最佳解决方案的道德倾向（性别差异）		
	女性	男性
权利	3	13
回应	24	13
二者兼备	3	3
不可编码	0	1

$\chi^2 = 10.52$， d. f. $= 3$， $p = 0.01$

表 4 显示，80% 的女性选择回应倾向作为解决问题的最佳方式，10% 的女性认为兼具两种倾向的解决方案最佳。此发现验证了最初的预期。从表中可知，在男性中，对于最佳解决方案，43.3% 的人表现出权利倾向，43.3% 的人表现出回应倾向。这和预期中绝大多数男性会表现出权利倾向的结果有所不同。

表 5　寓言《豪猪与鼹鼠》中最佳解决方案的道德倾向（性别差异）

	女性	男性
权利	6	17
回应	18	5
两者兼备	5	6
不可编码	1	2

$\chi^2 = 13.03$, d. f. $= 3$, $p = 0.0046$

"豪猪寓言"中最佳解决方案所表现出的道德倾向的统计结果（表 5）显示，倾向与性别之间的相关十分显著。60% 的女性选择回应，56.7% 的男性选择权利作为提供最佳解决方案的倾向。这正是先前研究所预期的模式（Gilligan，Johnston，Langdale，& Lyons）。同样有趣的是，有 5 位女性（16.7%）和 6 位男性（20%）在最佳解决方案中表现出了两种道德倾向，并对两种倾向加以整合。

寓言的影响

第一则寓言中有关两种倾向的讨论是否影响了第二则寓言讨论中所表现出的道德倾向，研究者也对此作了分析。对于每一种讲故事的先后顺序，运用列联表来探查彼此间的联系：第一则寓言中所表现出的自发倾向与第二则寓言中所表现出的自发倾向之间的联系；第一则寓言中所表现出的最佳倾向与第二则寓言中所表现出的最佳倾向之间的联系；第一则寓言中所表现出的最佳倾向与第二则寓言中所表现出的自发倾向之间的联系。无论首先讨论哪则寓言，这些联系都不显著。

讨 论

本研究显示，在有关两则寓言的具体讨论中，不同年龄的青少年运用由吉利根和科尔伯格所描绘的两种道德倾向来解决寓言中的道德问题，而且这两种道德倾向能被准确地识别。接下来的问题是：是什么引发人们表现出这些倾向？访谈资料说明，性别和寓言内容都与此问题相关。这些研究结果：

（1）反映了道德倾向中的性别差异；

（2）展现出了不同情境对受访者道德倾向表现的影响，如受访者在不同寓言上的表现不同；

（3）质疑了道德问题只有一种解决策略的假设；

（4）指出了进一步研究的方向。

◆ 性别差异

年龄与道德倾向的表现无关，性别却与其有关。在上述一种自发解决方案和两种最佳解决方案中，出现了女孩表现出关怀倾向、男孩表现出权利倾向的模式。"豪猪寓言"中的自发解决方案没有复制这种模式，这一点将在"寓言差异"部分来讨论。

在这些研究发现中有两个方面特别有意义。所有的男孩、女孩都在某些方面表现出两种倾向。他们或者在其不同的解决方案中表现出两种倾向，或者在被问到"还有其他解决这个问题的办法吗"时自发地转换倾向。因此，至少在11岁之前，大多数孩子都显示出具备两种道德倾向。这说明性别差异所反映的并不是个体只知道或理解一种倾向，而是说明不同性别的人会选择其中某种倾向，或者更愿意使用某种倾向来解决道德两难困境。因此，性别差异表明性别与道德倾向选择之间存在一种关系。这种关系源于这样的事实：女性群体比男性群体更经常地选择两种倾向，男性群体则更倾向于单独使用权利倾向。换言之，男孩所表现出的关怀道德倾向，大大少于女孩所表现出的公正道德倾向。有趣的是，即使男孩们知道存在着两种道德倾向，他们绝大多数仍然选择并且偏爱权利倾向，而女孩们会选择并钟爱两种倾向。这个发现证实了吉利根原来的假设：如果仅仅研究男性，就会只有一种声音在道德中占据统治地位，而对女性的研究却令道德一元论的观点变得复杂。她还提出，女性可能会习得这种在道德上占据统治地位的声音，也就是公正倾向，而且会表现出这种受文化推崇的优势声音（对于文化优势论，可参见：Kolberg，1976；Miller，1976）。然而，除此之外，女性可能还会以不那么清楚的声音表现出另一种道德倾向，并能以较男性更大的灵活性来转换倾向。这种灵活性可能是一种力量，它在女孩的发展中较男孩更为明显。另外，关于灵活性还引出这样的问题，即这是女孩所独有的特征，还是一般从属团体的特征。

◆ 寓言差异

寓言中的情境通过两种方式影响道德倾向的选择。如前所述，"豪猪寓言"中的自发解决方案并未体现出明显的性别差异。尽管男性主要表现出权利倾向，女性却并非主要表现出关怀倾向，而是同等地表现出关怀倾向和公正倾向。当对这些受访女性按年龄进行分组后发现，15岁女孩们选择的是权利道德倾向，而11岁女孩们则表现出回应道德倾向。研究资料提供了对于此发现的两种解释。在"豪猪寓言"中，15岁女孩们更频繁地自发选择权利倾向的解决方案，可能反映了寓言所表现出的冲突的本质：鼹鼠所要求的财产权以及豪猪所要求的居住权在权利模式中易于建构，特别是在一个像美国这样权利导向的文化中。15岁女孩更年长，因此可能更了解我们的文化标准和价值。对于此发现的另一种解释是，当年长的女孩提出一种像"它们可以建一间更大的房子"这样解决冲突的包容式方案时，她们可能害怕自己被别人视为幼稚的。这或许可以解释为什么她们在两难困境中自发地表现出权利倾向。

不同寓言情境带来的第二个差异是，"狗寓言"中男孩们的最佳解决方案更多地表现出回应倾向。在两则寓言中，当从自发表现出的道德倾向转换到最佳解决方案的道德倾向时，这种转换趋于从权利倾向转为回应倾向，或者转为"二者兼备"的倾向。这表明，一个对两难困境更为全面的评价，将产生一种更具包容性的解决方案。

表6 两则寓言中自发解决方案的道德倾向与最佳解决方案的道德倾向			
	权　利	回　应	二者兼备	不可编码
自发解决方案				
狗	56% （34）	33.3% （20）	6.7% （4）	3.3% （2）
豪猪	60% （36）	28.3% （17）	10.0% （6）	1.7% （1）
最佳解决方案				
狗	26.0% （16）	61.7% （37）	10.0% （6）	1.7% （1）
豪猪	38.3% （23）	38.3% （23）	18.3% （11）	5.0% （3）

从表6可以看到，在最佳解决方案中表现出回应倾向的比例上，两则寓言没有太大差异。两则寓言中，在对两种倾向都加以讨论后，受访者更趋向于表现出回应倾向，不过在"狗寓言"中这一趋向体现得更强烈。

在"豪猪寓言"中，几乎一半的转换（15个中有7个）发生在15岁女孩身上。在"狗寓言"中情况则有所不同，22个转换中有13个发生在男孩身上。在这种情况下请记住：在"狗寓言"的自发和最佳两种解决方案中，性别与倾向表现之间均存在显著相关性，这一点非常重要。因而，女性始于回应倾向也止于回应倾向，而许多男性是从权利倾向转为回应倾向。所以，关于"狗寓言"的问题变成：相比"豪猪寓言"，为什么这则寓言使男孩更愿去尽力满足寓言中动物的需要？

起初研究者相信，尽管寓言中的狗由于占了牛厩而被投射为反面角色，青少年可能仍然对狗怀有善意，因为他们或许认识许多狗，而且可能曾经养过一条宠物狗。然而，当访谈快结束时被问及"如果把这条狗换成一只浣熊答案是否会不同"时，几乎所有的受访者都回答"不"。如一位15岁男孩所说："哦，可能不会，还是会作出同样的选择。"因此，这种过分简单化的观念——寓言差异来自对一种较熟悉动物的了解和好感——被摒弃了。

在简单的引导语之后，一个有关道德倾向转换的问题被加入本研究中。当同一个人在一则寓言中表现出权利倾向，而在另一则寓言中表现出回应倾向时，访谈者询问他或她为什么这样做。超过半数的11岁和15岁男性青少年被问及此问题，因为有59%的男性在两则寓言的问题解决中表现出了不同的倾向。这些转换道德倾向的男孩和"豪猪寓言"中那些转换倾向的15岁女孩一样,也开始在讨论中顾及双方的需要。一个 15 岁男孩的解释可以作为这种模式的例子。

> S:认识到另一方的需要,我猜,尽管对动物来说这很难。
>
> I:如果它们也具有人类的各种力量,它们会如何做?它们会怎样做到这一点?
>
> S:哦,就像牛必须认识到狗想要一个睡觉的地方,它累了;而且,狗必须认识到牛只是想要些吃的东西。因此,如果它们能够相互妥协,那么它们分别可以得到半间牛厩及一些干草。
>
> I:你会怎样妥协?这意味着什么?
>
> S:每一方在认识上都退一步,嗯,不要只想着自己,妥协或诸如此类的,(想来)对双方都会很公平。

这段话很有代表性,反映了所有道德倾向发生转换的男性青少年所表达的核心观念。这种观念是,并非只能以照顾某一方参与者的需要的方式来看待两难困境。男性和女性青少年都认识到,如果一个人能对所有人的需要作出回应,那么,这个人也就走出了两难困境。

研究发现两则寓言的差异似乎源于这样一个问题:在何时或何种情形下,男性放弃权利倾向而选择以回应倾向解决问题。研究资料提供了这个问题的答案。男孩们的回应回答暗示:这两则寓言之间的根本差异在于问题解决之后动物们能否融洽相处。例如,一个 11 岁男孩特别提到鼹鼠和豪猪维系长久关系的能力,就像下列访谈节录所示。

> 它们(鼹鼠)总是被扎伤。
>
> 那些鼹鼠可能还会受到困扰,即使经过了所有的…… [停顿],即使它们试了很多解决办法,不过这些方法大多不起作用。

一个男孩在解释为何他解决两则寓言问题的方式存有差异时说道,豪猪在"打扰鼹鼠",狗"不过是把牛赶走"。二者之间的差异并不直白清晰,但仍可以区别出这暗示着一个不断发展的难题(打扰鼹鼠)和一次冲突(把牛赶走)。其含义是,一旦牛和狗之间的问题得以解决,冲突就将结束。

相反，豪猪由于和鼹鼠的根本差异（即豪猪的刚毛），正如一个男孩所说，"即使它们试了很多解决办法"，豪猪还是会继续困扰它们。一个 15 岁男孩详细阐述了这个问题。

I：为什么你用不同的方式解决那两个问题——第一个问题是用分享作为最好的解决方案，另一个是让豪猪离开？

S：我认为，这主要取决于所涉及的人。你看，狗和牛有可能一起住在那里，但是一只豪猪和一只鼹鼠却不能，豪猪可能是危险的，所以我猜想，这取决于所涉及的当事者。

I：你是怎样对情境作出区分的？想想看人们像是怎样的人，他们在此种情境中会怎样？你是怎样学会这样做的？

S：超越外表看其内在。有些人苛刻，有些人善良。有些人心怀偏见而有些人则没有。比如，你不能将一个想拯救鲸鱼的人和一个想捕杀鲸鱼的人放在一起。你不能把他们放在一起，希望他们总能融洽相处。他们甚至不会待在一起，可能其中一人将不得不离开。没有很好的理由可以解释为何他们首先应该成为室友。

I：将会发生什么？

S：如果他们成为室友？

I：是的。

S：这可能是发生的最坏的事情。他们可能会一直争斗，因为他们的思想相互对立，比如因为捕杀鲸鱼的问题或是其他问题，他们可能会因此而给对方找碴儿。

对那些男孩来说，只有当某种超越了冲突的关系有可能存在时，回应倾向才能提供最佳解决方案。他们共享一个默认的标准，并用此标准来判断关系是否会随着时间的推移而持续。在寓言中，他们所看到的对于长久关系的阻碍是种种差异之一。这是这些男孩和女孩在解决问题时的基本分歧。女孩们假定关系存在并能持续，她们表现出的回应倾向明显多于男孩。如果问题所涉双方的差异很大，男孩就假定关系并不存在。在这里，吉利根对形象/依据（figure/ground）问题的类比有助于引导人们关注如下事实：看待同一事物，个体会聚焦于不同方面。在看待两难困境时，女孩倾向于将关系看成显著的，男孩则倾向于将参与者的个体差异看成显著的，而非其潜在的关系。只有当这些差异消退到背景之外时，这些男孩才聚焦于关系。

因而，对于理解道德判断中的差异，寓言资料中有些令人感兴趣的暗示。如果道德意味着理解与他人的关系，并成为关系中问题解决的向导，那么，这些寓言就提供了一种解决关系冲突的认知训练。认知差异的不同方式引发协调关系冲突的不同策略。有一种理论认为，女性比男性更关注关系的重要性。与这种过分简单化的理论阐述相对照的是另一种观点——男性和女性倾向于以不同的方式协调关系中的冲突。在本研究中，最明显的差异是：70%的男孩最初通过应用规则来协调冲突；当规则不起作用，或者当访谈者提出相反建议暗示规则不会起作用时，他们必须作出选择。问题聚焦于两种选择倾向：是否诉诸权力——"那只豪猪必须离开"或者开始交谈，找出满足双方具体需求的方式。本研究中的资料表明，只有当某种超越了冲突的关系有可能持续存在时，"交谈"这种解决问题的方式才可能对男孩有意义。在这些寓言中，他们倾向于判断参与者之间的差异有多么显著，进而评估这种可能性。与此相反，女孩在协调冲突时对两种策略都加以使用，但常常从尽力照顾双方的具体需要开始。只有当这种方法看起来不起作用时，她们才可能诉诸规则。男孩在"狗寓言"最佳解决方案中较在其他解决方案中更多地表现出回应倾向，对此最有说服力的解释就是受访者对寓言所涉双方的关系有不同的假设。然而，进一步研究应尝试验证有关这些资料的其他可能解释，并考察当讨论其他两难困境时，这些有关关系的假设对男性和女性是否有所不同。

研究推论

◆ 解决道德问题的策略

过去有关道德发展的研究都以科尔伯格的道德理论为前提。这个理论默认在解决道德问题时仅仅会用到一种问题解决策略，那就是"公正推理"。这个体系就像皮亚杰的认知发展理论那样，是一种分等级的体系。在道德问题中它赋予公平和客观的目的以优先地位。正如皮亚杰排除变量问题一样

（Inhelder & Piaget， 1958/1983， p. 302）， 这种问题解决策略也通过对变量的排除而最终保留下最重要的变量。换言之，科尔伯格论证了思维的形式体系，这种体系即通过离析出 "最道德的主张" （Colby *et al.* ， 1986）， 自动地选择最佳的问题解决方案。

寓言资料显示了解决道德问题的第二种策略。该体系将两难困境中参与者的变数或需要都考虑进来，直至找到整合这些需要的解决方案。波兰尼列出了形式化智能 （formalized intelligence） 的两个相互冲突的方面：（1） 获得形式工具；（2） 认识主体通过一种基本上不可言说的艺术，普遍深入地参与到认识行动之中 （Polanyi， 1958， p. 70）。

本研究清晰地呈现出了波兰尼所说的第二个方面。一个女孩说，为了理解一个人需要去 "关怀"， "关怀" 意味着 "理解"。当本研究中的男孩女孩们开始去理解两难困境中所有参与者的需要时，他们就开始使用这样一种逻辑，该逻辑将两难困境中所有人的道德主张都考虑在内。本研究中的受访者将这种逻辑描述为 "看到问题中每一个人的立场"。他们这么做并非出于直觉，而是关注一个特定情境中的所有变量。这种逻辑没有自动地排除变量，而是将尽可能多的变量加以整合。本研究的资料显示，男性和女性青少年在上述寓言情境中都作出了此类推理，但是女孩更可能依赖这种逻辑为寓言问题提供解决方案。

因此，性别可能通过下列方式与问题解决策略的使用相关联。维果斯基提出了一种思维理论，认为学习者与其置身于其中的社会相互作用，并且强调社会对个体的影响。他相信，孩子们最初在与成人的互动中学习，随着这种学习的逐步内化， "人际交往过程转换为个体内心的活动。所有高级思维功能（有意注意、逻辑记忆、概念形成）产生于人类个体间的真实关系之中" （Vygotsky， 1978， p. 57）。这种理论允许有个人和团体的差异。

不同的人际交往可能导致个体内部心理的不同，这种想法引出了乔多罗的工作。她提出，男人和女人在学习建立联系的方式上存在差异。 "我认为，大多数情况下，相对于男性生活，女性生活的特征可以概括为深植于社会交往和私人关系中。" （Chodorow， 1974， p. 66） 她指出，男性为了发展，必须独立或拒绝对母亲的依恋；女性在其发展中却无须这样做。

乔多罗的这种以疏离的或联系的方式获得发展的思想，明显地暗示了两种不同的人际互动经验。那么，根据维果斯基的观点"思维从人际交往转换为个体内心的活动"，可以得出这样一个结论：那些通过与他人相联系而确立自我的人和那些通过与他人相疏离而确立自我的人，其内在思维将是不同的。

不同的人际交往导致不同的认知策略，这种观点使人想起认知功能中的性别差异模式。但是不同于乔多罗的观点，本研究不认为这些不同的认知策略与性别有绝对的联系，而是认为男性和女性对这两种策略都加以使用。吉利根提出，无论男女都具有联系和疏离的体验，因此，这两种男女共享的人际交往类型使得两性都能运用两种人际交往功能。继而，这个有趣的问题不是女性怎样思考、男性怎样思考，而是男性和女性什么时候使用这些策略。本研究认为，这些策略的使用可能有赖于问题解决者对问题中的关系所持的观点。

◆ 进一步研究的问题

本研究中有两个饶有趣味的意外发现：年长的女孩在"豪猪寓言"中表现出权利道德倾向；在"狗寓言"的最佳解决方案中，男孩所表现出的回应倾向和权利倾向一样频繁。进一步的研究将会调查 11 岁和 15 岁之间女孩权利道德倾向的发展状况。是这种权利声音的发展压制了关怀这种自发的声音吗？对这些女孩来说，这样的发展是财富还是损失？同样值得关注的是男孩女孩对于关系的不同假定。男孩作出的假定真的与女孩不同吗？有趣的是，在这些资料中，男孩在描述关系时谈到了所涉及个体之间的相似点，而女孩却没有。

最后，需要谨慎地描述资料中所提及的问题解决策略。这是一种更多地与女孩相关的策略吗？这是一种存在于道德问题解决领域之外的可行策略吗？坎宁（Cunnion，1984）在抽象推理领域开始了这项调查，但在心理学文献中对于这个问题的描述还很不够。

总的来说，本研究：

1. 支持了吉利根的最初假设，即在道德问题解决上存在性别差异；因此，对于最近有关道德推理中是否存在性别差异问题（Walker，1984，1986；Pratt *et al.*，1984）的回答是肯定的。

2. 证明了两性都会使用这两种推理体系，尽管他们在使用上有所不同。这种使用上的不同似乎与寓言的情境以及问题解决者所持的关系观点相关。

3. 开始清楚地呈现出一种与回应倾向的道德逻辑相关的问题解决体系。

当前的研究结果显示，任何关于道德发展的描述，如果遗漏了两种道德倾向中的任意一种，都将是一种不完全的道德推理描述。而且，任何关于道德发展的描述如果对本研究所发现的性别差异加以忽略或过分简单化，都将难以提供一种有关两性道德发展的精确描述。本研究通过使用一个标准化的研究设计发现了性别差异的存在——这个事实非常重要。同样重要的是，这些差异有着复杂的表现形式。最具概括性的结论是，个体理解并表现出两种道德倾向；然而，这些倾向的表现受到性别及问题情境的影响。

如果访谈没有探求受访者对两种道德倾向的理解，就不能提供充足的资料来研究两种道德倾向是怎样影响个体解决某个特定道德问题的办法的。此外，认为受访者解决道德两难困境的最初方式是解决这一问题的唯一方式或最佳方式，这一假定是不成立的。

附　录　　**两则寓言**
....

豪猪与鼹鼠

天气越来越冷，一只豪猪在寻找住的地方。他发现了一个非常理想的洞穴，但是却被鼹鼠一家占着。

"你们是否介意我今年冬天和你们住在一起？"豪猪问鼹鼠。

慷慨的鼹鼠同意了，于是豪猪搬了进来。但是这个洞穴很小，每次鼹鼠走动时，他们都会被豪猪尖利的刚毛擦伤。鼹鼠尽力地忍受这种不适。最后，他们鼓足勇气走近他们的客人。"请您离开吧，"他们说，"让我们再次单独拥有自己的洞穴吧。"

"哦，不！"豪猪说，"这个地方非常适合我。"

马槽中的狗

有一条狗，在寻找一个舒适的地方打盹，他来到一个空空的牛厩。那里安静又凉爽，干草也很松软。狗非常疲倦，蜷缩在干草上，很快睡着了。

几个小时以后，牛拖着笨重的步子从地里回来了。他劳动得很辛苦，现在正期待着他的晚餐——干草。他沉重的步子吵醒了狗，狗暴跳起来。当牛走近厩时，狗气愤得乱咬乱叫，似乎要吃了他。牛一次又一次地试图靠近他的食物，但是狗阻止了他的每一次尝试。

两则寓言都改编自《伊索寓言》，［麦戈文（A. McGovern）重述版本，由学术图书公司（Scholastic Book Company，1963）出版］。

致　谢

我要感谢那些允许我与学生们交谈的学校教师和管理人员。感谢简·阿塔纳斯在信度编码和数据分析方面提供的帮助。许多朋友和我的家人对我的工作给予了鼓励，感激之情难以言表。最后，也是最重要的，我要感谢那些与我交谈的青少年们。

4 　两种道德倾向

□ 卡罗尔·吉利根　简·阿塔纳斯（Carol Gilligan and Jane Attanucci）

　　最近有关道德发展中性别差异的讨论，混淆了道德倾向与科尔伯格公正理论构架中的道德阶段，道德倾向学说的主要内容是区分了公正视角与关怀视角。科尔伯格（Kohlberg，1984）、沃克（Walker，1984）、鲍姆林德（Baumrind，1986）及哈恩（Haan，1985）等人的研究提出这样一个问题，即女性与男性在科尔伯格的公正推理量表中的得分是否是不同的。这些研究报告了一些相互矛盾的发现。我们现在来探讨道德倾向的问题，并考察人们在对实际道德冲突的讨论中所持的两种视角的根据。此外，我们还将探询道德倾向是否与性别相关。

　　此处对公正倾向与关怀倾向所作的区分与思考道德问题的方式有关，它反映出那些引发道德关切的人类关系的不同维度。公正视角关注不平等及压迫问题，持有一种互惠及平等尊重的理想。关怀视角关注疏离或遗弃的问题，提出一种关怀并对需求作出回应的理想。两种道德命令——不要不公平地对待他人，不要抛弃处于危难中的人——捕捉到了这些不同的关切。从发展的观点来看，不平等和依恋是普遍的人类体验；所有孩子都出生在一个不平等的环境中，没有哪个孩子能在缺乏某种成人依恋的环境中生活。平等和依恋两个维度表现出各种人类联系形式的特征，所有的关系都能以这两组词语来描述——不平等的或平等的，依恋的或疏离的。由于每个人都可能遭受压迫和遗弃，因而两种道德图景——公正与关怀——在人类经验中反复重现。

本文报告了三项研究的结果，它们对两种道德倾向进行了考察，旨在确定在讨论生活中的道德冲突时，男性与女性在对公正和关怀的关切上差别有多大。莱昂斯（Lyons，1983）依据男女表现出的对于他人的视角来对公正与关怀加以区分，并且将互惠的视角与反应的视角进行对照。这些视角的证据，来自人们对真实生活中的道德两难困境进行讨论时所提出的种种考虑。莱昂斯设计了一个可靠的程序来识别不同的道德考虑并对其进行分类。她将公正的道德（morality of justice）定义为：一种平等，它"有赖于将关系理解为独立个体之间的，基于其各自的职责和义务的互惠性"。互惠则被界定为维持公正和平等的标准，个体在不同发展水平上对其有不同的理解（Kohlberg，1981，1984）。关怀的道德（morality of care）基于"将关系理解为从他人出发对他人作出回应"（Lyons，1983，p. 136）。关怀视角包括如何在特殊情境中作出反应并保护弱者。

表1所呈现的例子是从有关真实生活两难困境的讨论中提取的，它阐明了道德倾向这个概念。每对两难困境都揭示出公正视角和关怀视角分别如何来看待同一个问题。在每对例子中，公正的建构都是较常见的，说明从道德观点出发通常是如何界定这些问题的。其中，1J是一个有关同伴压力的两难困境，展现了如何坚持某人自己的道德标准，抵挡来自朋友的使其偏离道德信念的压力。在如何既回应朋友又不委屈自己的问题上，1C呈现了一个类似的决定（不嗑药）：决定不嗑药的正确性建立在这样一个事实之上，即它不会导致关系的破裂——"我真正的朋友接受我的决定"。关注一个人的朋友，关注他们说什么以及这些将如何影响友谊，在这里体现为一种道德关切。

第二个例子分别从公正视角和关怀视角表现了一个两难困境——某人违

反了医学院的饮酒管理规定，对此是否需要上报。决定不上报的理由多种多样。2J 呈现了一个明显调和了仁慈的公正视角的例子。这位受访学生确信违规者应该被告发［"按说我应该告发她"］，同时又论证了不告发是正当的，理由是她应该得到宽恕，因为就她的情况而言"她已经表现出了足够的懊悔"。在 2C 中，受访学生决定不将此事上报给学校训导长，因为那将"破坏任何现有的关系"，进而将失去"为那个人做点事情的任何机会"。在这种思维下，告发违规者被认为是会阻碍对其的帮助。注重维持关系以便能够提供帮助的问题在 2J 中没有被提及，同样地，对维护"荣誉/处分公告栏制度"的关注也未在 2C 中被提及。2J 中的那位学生因为质疑饮酒管理规定本身的公正性与正当性，而证明其不告发违规者的行为是正当的；而 2C 中的那位学生考虑的则是被认为是问题的问题对他人而言是否的确是一个问题。这就为有关公正视角与关怀视角如何重建道德理解提供了进一步的例证。2C 的例子阐明了努力以他人的立场来看待他人意味着什么，它还展现了这种努力与另一种努力——为现有规则与标准树立合法性的努力（这种合法性独立于个体之外）——的对比。重要的是强调指出，选取这些例子是为了突出公正视角与关怀视角的区别，而本研究的大多数参与者在讨论他们所面对的道德冲突时，其实兼有对公正和关怀的两种考虑。

表 1 真实生活道德两难困境中公正视角和关怀视角的例证

公正	关怀
1J［如果大家都在嗑药，只有我没有，我会觉得这样很傻。我知道对我来说，对的就是对的，错的就是错的……它就像是我已经拥有的一套标准。］（高中生）	1C［如果只是一个人，说"不"会容易些。我可以说服她，因为这里没有其他人需要顾虑。你知道，我肯定会想到他们，并且想知道他们说我些什么，那意味着什么……我作了不嗑药的正确决定，因为我真正的朋友会接受我的决定。］（高中生）

续表

公正	关怀
2J［冲突在于，由于她违反了饮酒管理规定，将其列入公告栏怎么看都是对的。］［我很喜欢她。］［她非常困窘不安。她觉得懊悔。她希望自己没有做过这件事。她已经表现出了足够的懊悔与内疚……］［按说我应该告发她，实际却没有。］（医学院学生）	2C［如果他愿意每星期都喝醉，那是他的事情，这可能确实是一个问题，需要借助专业人士或技能来处理；去关怀某些人，但不要和他们对着干或给他们的生活增添不必要的麻烦。也许根本就没有什么问题。］［我猜想，在诸如和训导长的私人关系之类的事情中，你并不愿径直站出来并且与别人对立，因为这样做会迫使那个人离开；如果你破坏了已有的关系，我想你就失去了为那个人做点事情的任何机会。］（医学院学生）

兰代尔（Langdale，1983）验证了莱昂斯对公正考虑和关怀考虑所作的区分，她对莱昂斯的程序进行了调整，用于对假设的两难困境进行编码。兰代尔发现，相比于一个以关怀为导向的假设的流产两难困境，或者受访者真实生活中的道德两难困境，科尔伯格以公正为导向的海因兹两难困境能引发更多的公正考虑。兰代尔进一步论证道，在分析那些假定的海因兹困境和流产困境以及真实生活中反复出现的道德困境时，一些人主要从公正出发，另一些人主要从关怀出发。这就否定了关注公正还是关注关怀取决于不同的道德问题这样一种假定。相反，兰代尔对道德倾向的分析，表明了如何能以不同的方式来看待同样的问题。同时，她的研究还揭示出，假定的道德两难困境可以"引导"人们从公正倾向或者从关怀倾向出发作出道德考虑。

在本研究中，我们提出以下三个问题：（1）在人们讨论真实生活中的道德冲突时，有同时关注公正和关怀的迹象吗？（2）人们是否表现出对两种倾向的同等关注？或者他们倾向于关注某一方面，而极少关注另一方面？（3）道德倾向和性别有关吗？

方 法

◆ 受访者

我们从过去六年所做的三项研究课题中抽取了受访者。在每项研究中，受访者都被要求描绘一个真实生活中的道德两难困境。三个研究中的样本均由不同教育程度的男女组成，并根据所从事的职业对成人进行分组。因为成人道德推理的性别差异被归因于女性相对较低的职位和教育程度，所以我们决定从优势群体中选取样本（Kohlberg，Kramer，1969）。

【研究 1】根据研究设计，此项研究的受访者是教育程度高者和专业人员，研究旨在考察年龄、性别以及两难困境的类型等变量的影响。研究对象包括 11 名女性和 10 名男性，其中既有青少年又有成人。由于种族不是此项研究考察的主要变量，因此，受访者的种族构成（19 名白人和 2 名少数族裔）并不具有统计意义上的随机性。

【研究 2】此项研究的受访者是从美国东北部两所享有盛誉的医学院的一年级学生中随机挑选出的，对他们所进行的访谈是一项有关医生的压力与适应性的纵向研究的一部分。[①] 受访者中有 26 名男生和 13 名女生，这与班级中男女性别的比例是一致的。为了平衡样本中人员的种族构成（3 项研究中只有此项研究在样本选择上有此设计），挑选了 19 名白人学生和 20 名少数族裔学生（非裔、拉美裔以及亚裔美国人）。这些学生的年龄从 21 岁至 27 岁不等。

【研究 3】此项研究从美国某个中西部城市的一所男女合校私立学校中随机挑选男性和女性受访者各 10 名。其中有 19 名白人学生和 1 名少数族裔学生，受访者年龄从 14 岁到 18 岁不等。

表 2 展示了样本中受访者的年龄分布和性别分布。

[①] 19 名医学院学生不能（2 人不愿）描绘道德冲突情境，因此，他们没有被包括在当前研究中。这个出乎意料的高数字，可能反映了医学院一年级学生所面临的压力，他们所处的环境不鼓励关于是非对错的不确定感。然而，由这项特定研究而给医生们下普遍性结论是有问题的，因为几位参与研究 1 的医生在讲述其自身有关冲突和选择的经历时既表现出公正视角，也表现出关怀视角（也可参阅第 12 章）。

表2 参与研究者的年龄和性别（道德倾向研究）			
	15—22 岁	23—34 岁	35—77 岁
研究1			
女性（N = 11）	4	2	5
男性（N = 10）	4	1	5
研究2			
女性（N = 13）	9	4	0
男性（N = 26）	12	14	0
研究3			
女性（N = 10）	10	0	0
男性（N = 10）	10	0	0

◆ 研究访谈

所有受访者均被问及下列问题，这些问题涉及个体有关道德冲突与选择的个人经历。

1. 你是否曾处于这样一种道德冲突情境，即你不得不作出决定但又不能确定到底怎么做才是正确的？
2. 你能描述这个情境吗？
3. 对你来说，这种情境中的冲突是什么？
4. 你是怎么做的？
5. 你认为你做得对吗？
6. 你怎么知道你的行为是对的？

访谈者提出问题，以鼓励受访者澄清并详细阐明他们的回答。例如，受访者被问及他们所说的诸如责任、义务、道德、公平、自私和关怀等词意味着什么。访谈者会把握受访者描述有关道德问题时所使用的逻辑，大多数时候会追问："还有别的什么吗？"

访谈是个别进行的，先对访谈录音，之后整理出访谈记录。道德冲突问题是一项关于道德及认同问题（Gilligan *et al.*，1982）的访谈的一部分。该项访谈大约持续两个小时。

◆ 数据分析

本研究采用了莱昂斯的编码程序来对真实生活中的道德两难困境进行分析。[①] 由莱昂斯所训练的 3 名编码者不知晓受访者的性别、年龄和种族，编码者信度达到了较高水平（在随机挑选的样本中，编码者信度为 67%—95%，均值为 80%）。

莱昂斯的编码程序是一种旨在识别道德考虑的内容分析。其分析单元是道德考虑，即受访者在讨论道德问题时所采用的各种视角观念。这些分析单元在表 1 中用方括号标示出来。为了使对道德因素的识别达到可接受的信度水平，需要进行广泛的培训；这些研究中的编码者都接受了莱昂斯的培训，并达到了可接受的信度水平（Lyons，1983）。在一个典型案例中，一个真实生活中的道德两难困境由 4—17 个考虑因素中的 7 个构成。[②] 编码者将这些考虑或归类为公正，或归类为关怀。莱昂斯程序中的得分显示了主导的、最常用的道德推理模式（公正或关怀）。在该分析中，"主导地位"被重新定义，仅由关怀或者公正考虑构成的真实生活中的道德两难困境，被标示为仅有关怀或者仅有公正（表 3）。由 75% 及以上的关怀或公正考虑构成的两难困境，分别被标示为关怀中心或者公正中心。两种倾向都出现但没有一个倾向在所有考虑因素中的占比达到 75% 的两难困境，被归为关怀—公正类别。因此，只有当 75% 以上的考虑因素属于同一倾向时，这个两难困境才能归入有中心的类别（Focus category）。

---

① 莱昂斯的编码单列出了五个类别（Lyon，1983），用于确定某种考虑是对应于公正还是关怀。在本研究中，多数的考虑因素被编码为公正类和关怀类之下的类别 2 和类别 3。当我们仅仅使用这些类别进行分析时，尽管有些受访者因为考虑因素数量不足而被排除在外，结论部分所报告的研究发现不变。这是非常有意义的。因为在公正类和关怀类之下的类别 2 和类别 3，很好地体现了公正和关怀之间的差别：对履行义务、职责或承诺的关切，维护公平的标准或原则（公正）；对维护或恢复关系的关切，或者对他人的祸福作出回应的关切（关怀）。莱昂斯在公正和关怀之下所划分的类别 1、类别 4 和类别 5，与其所关注的对他人的视角是一致的。此外，它们也暗示着像科尔伯格（Kohlberg，1984）和吉利根（Gilligan，1977，1982）所界定的那种公正与关怀推理的不同发展阶段或水平。然而，类别 1、类别 4 和类别 5 很容易同公正与关怀的"双中心"概念相混淆，从而与单一的道德推理维度（在此，公正是自我本位的、不关怀的，关怀是利他的、不公正的）构成两个极端。由于在现有数据中这些类别不大明显，因此尽管对其他研究者来说具有重要性，但它们与当前的研究相关性不大。

② 当前分析至少需要四个考虑因素。当仅呈现四个考虑因素时，除一个样本外，其余所有样本中这四个考虑因素都属一种倾向。这为将公正和关怀阐释为两种明显不同的道德倾向提供了进一步支持。

结　果

　　本文总结了三项研究中关于真实生活中道德两难困境的材料，这三项研究的设计具有可比性——也就是说研究所选取的男性和女性受访者样本都具有较高的社会经济地位，并对样本进行了频率分析和统计检验。[①]

　　从表 3 可观察到两种结果。第一，大部分人都表现出了两种道德倾向：69% 的人（80 人中有 55 人）表现出两种倾向，相比之下，31% 的人（80 人中有 25 人）仅表现出关怀或公正倾向。第二，2/3 的两难困境属于有中心的类别（具体包括四个类别：仅有关怀，关怀中心，仅有公正，公正中心），只有 1/3 属于关怀—公正类别。表 3 所反映的问题是，人们是否倾向于将对道德问题的讨论集中于这个或那个倾向？运用二项式模型，如果我们假定，在说明真实生活中的道德两难困境时，关怀倾向和公正倾向具有同等可能性（$p = 0.5$），那么，在 80 次（80 位受访者面对同一个两难困境）试验中，道德考虑（通常 $N = 7$）的随机抽样将会产生一个预期的二项式分布结果。为了检测这些得分分布是否符合预期分布，运用 χ^2 拟合优度检验（goodness-of-fit test）。我们所观察到的分布与期望值有显著不同，$\chi^2(4, N = 80) = 133.8$，$p < 0.001$[②]，它为我们的下述论点提供了支持，即个体的道德考虑不是随机的，而是或者专注于关怀或者专注于公正。

表 3　参与者的道德倾向分类					
	仅有关怀	关怀中心	关怀—公正	仅有公正	公正中心
观察值	5	8	27	20	20
期望值*	0.64	4	70	4	0.64

注：在这个典型例子中，关怀考虑与公正考虑的比率如下。仅仅关怀：7∶0；关怀中心：6∶1；关怀—公正：5∶2，4∶3，3∶4，2∶5；公正中心：0∶7；仅仅公正：0∶7。因为考虑因素的范围是 4—17，所以运用百分数来定义案例中的可比类别。

* 期望值以 $N = 7$，$p = 0.5$ 的二项式分布为基础。

---

　　① 有关样本道德倾向的统计对比不显著 $[\chi^2(4, N = 80) = 9.21,$ n. s.$]$。医学院学生样本较另两类样本确实显示出较少的关怀中心和更多的公正中心。我们对每个样本都进行了平行试验（parallel test），并对那些与总体模型不一致的方面进行了讨论。

　　② 以 $N = 4$ 和 $N = 10$ 对比该分布与理论分布，$p = 0.5$，差异仍然高度显著。

表 4 考察了道德倾向和性别的关系。统计显著性检验，$\chi^2(2, N = 80) = 18.33$，$p < 0.001$，显示出道德倾向和性别有关，即关怀—公正倾向出现在男性和女性的道德两难困境中，但是关怀中心更可能出现在女性的道德两难困境中，公正中心则更可能出现在男性的道德两难困境中。事实上，如果有人想将女性排除在道德推理研究之外，关怀中心会很容易被忽略。[①]

表 4	按参与者性别分类的道德倾向		
	关怀中心	关怀—公正	公正
女性	12	12	10
男性	1	15	30

我们没有检验道德倾向和年龄之间的关系，因为大部分受访者是青少年和年轻人，年龄差异很小。此外，在本研究中，年龄因素与取样因素混在一起（这些年轻人是医学院学生），这增加了解释的难度。[②]

以医学院学生为被试的数据（研究 2）提出了需要进一步解释的问题，这些问题正是本研究的内容。首先，单独检验医学院学生的两难困境时，未显示出性别与道德倾向之间的同样的关系，$\chi^2(2, N = 39) = 4.36$，结果不显著。不过，其中的女性学生提出了两个关怀中心的两难困境，这与总体发现相符。

考察这两个关怀中心的两难困境的差异，发现它们分别出自一位白人女性和一位少数族裔女性。就道德倾向与种族之间的关系而言，出自白人学生的两难困境更可能归入关怀—公正类别，而出自少数族裔学生的两难困境更可能归入公正中心类别，且对两性都是这样。［Fisher 确切概率（Fisher's Exact）女性 $p = 0.045$，男性 $p = 0.0082$］。

---

① 尽管关怀中心两难困境由女性提出，需要强调的是，两种道德倾向的中心聚集（focus）现象，在对一所私立女子高中进行的样本全为女性的研究中得到了重视。这 48 名青春期女孩的道德困境呈以下分布：关怀中心，22；关怀—公正，17；公正中心，9。这种分布与预期的二项式分布有显著差异 $[\chi^2(4, N = 48) = 154.4, p < 0.001]$。

② 道德倾向与年龄之间关系的检验结果（将 15—22 岁归为青少年组，将 23—77 岁归为成人组）为不显著，$\chi^2(2, N = 78) = 1.93$，结果不显著。

讨　论

以上有关道德倾向的研究已经表明：（1）对公正的关注与对关怀的关注都出现在人们对于真实生活里道德两难困境的思考之中，但人们倾向于专注于其中一种而很少体现出另一种；（2）在道德倾向和性别之间存在着这样一种联系，即无论男女都存在两种倾向，但关怀中心的两难困境更可能出自女性，公正中心的困境更可能出自男性。

我们的研究结果显示，在道德判断的研究中如果选择的样本全部为男性并以此来设计实验和建构理论是有问题的。假如将女性从本研究中排除，关怀中心实际上就不会出现了。此外，大多数女性所描述的两难困境能够仅以公正考虑来衡量和分析，而无须涉及关怀因素。因此，解释性问题的关键在于对关怀视角的理解。

通过分析，我们认为关怀和公正是两种着眼于不同道德关切的、明显不同的道德倾向，这使我们将两种视角都视为成熟道德思想的构成要素。两种视角之间的张力体现在，一方面，作为公正视角中成熟道德判断之标志的不偏不倚（detachment），在关怀视角中恰恰成为道德问题，即不能注意到他人的需要。相反，作为关怀视角中成熟道德判断之标志的、对于个体特定需要及所处环境的关注，在公正视角中也恰恰成为道德问题——不能将他人作为平等主体来公平对待。因此，关怀中心和公正中心的道德推理意味着，主体在作出道德决定时忽视了其中一种视角。我们的研究发现，无论是男性还是女性，都有 2/3 的研究对象表现出"中心"类道德倾向，说明这种倾向在两性中都存在。在研究选取的这些北美优势群体的样本中，男性几乎无一产生关怀中心的两难困境，是本研究的一个惊人发现。

在仅以男性作为研究样本而建构的道德发展理论中，道德等同于公正，本研究的发现为此种认识提供了一种经验解释（Piaget，1932/1965；Kohlberg，1969，1984）。另外，本研究中来自女性的关怀中心的两难困境，为这样一种事实提供了解释，即在基于公正观念的道德中，女性的道德判断看起来很反常且难以解释；皮亚杰将此作为以男孩为研究对象的理由。此外，有关关怀中心道德倾向主要存在于女性身上的发现，表明了对女性道德思考的分析为何将关怀视角阐述为一种独特的道德倾向（Gilligan，1977），以及为何来自男性的两难困境中的关怀考虑似乎并未得到充分阐述（Gilligan & Murphy，1979）。我们能观察到"中心"类倾向的确存在的证据，但这并不能证明"中心"类倾向是道德判断的理想属性。然而，仔细观察女性对其道德考虑中关怀因素的表述，将启发我们思考一种关于道德的图景的不同观念，以及分析两性道德判断的不同方式。

我们研究发现的关怀—公正类道德倾向，提出了一些值得进一步探究的重要问题。在我们的研究中，这些"双中心"类别的两难困境出自男性和女性的可能性相当。不过如果访谈谈及了更多的两难困境并进行了更多的追问，将会发现更多"中心"类的道德倾向，从而消解"双中心"类的道德倾向。然而更深入的访谈也可能发现并说明一种同时持有两种道德视角的能力——从现有数据看，似乎两性的这种能力相当。

如果人们对这两种道德视角都有所认知，正如我们的理论和数据所揭示的那样，那么研究者就可能通过他们所呈现的两难困境、他们所提出和没有提出的问题，从其中一个或另一个方向进行暗示。因此就必须考虑研究的背景和访谈本身的情境可能影响有关关怀推理或公正推理之可能性的结论。在医学院学生的数据中（研究2），研究结果就显示了这样的情境性问题。在该项目下，进行了大规模的压力和适应性研究，涉及广泛的标准、评估项目以及临床访谈，在此，这些一年级医学院学生有没有可能会不愿承认其感到了不确定？许多人不会或不愿描述这样一种情境，在这种情境中，他们不确定怎么做才是正确的。而且，公正中心的倾向是否可能反映了学生们在努力与他们即将进入的机构的价值观保持一致？尤为有趣的是，少数族群学生表现出公正倾向，这与通常的看法相反，通常看法认为居下位者或社会地位较低者具有关怀倾向。

有关道德判断为道德倾向所整合的证据以及对"中心"类道德倾向的发现，促使我们对研究程序作出以下修正，可供其他研究者参考。

1. 访谈者先假设人们既能采纳公正视角，又能采纳关怀视角，接着鼓励受访者从不同视角思考同一个道德问题（"能用其他方式考虑这个问题吗？"），然后研究它们之间的关系。

2. 在讨论一个具体的两难困境时,访谈者应努力明确在该困境中用于整合道德思考的公正概念和关怀概念。科尔伯格的阶段理论阐述了公正推理的发展。我们已经描绘了女性考虑关怀因素的不同方式,并回溯了关怀推理随时间发生的变化。本研究为思考这两种视角的发展变化以及视角之间转换的性质提供了指导。

本研究发现的两种道德视角的证据表明,无论道德立场的选择是隐含的还是明确的,它们都表明了个人看待问题的偏好方式。果真如此,就有必要探寻这种偏好的含义。倾向选择可能是自我认同或自我定义的一个维度,特别是当道德决定变得更加具有反思性或者说达到"后习俗"水平,而道德原则的选择相应地也变得更加自觉时就更是如此。访谈者应注意,就两种道德倾向而言受访者的自我处于什么位置。在本研究中,我们就向受访者提出了这样一个问题,"对你而言,这一困境中关键的东西是什么",以此鼓励受访者说出在他们所描述的两难困境中自己处于怎样的位置,以及他们怎样采纳不同的视角。

我们从道德倾向的角度看待道德发展,其前景在于,道德倾向有潜力给道德推理中有关文化与性别差异的讨论带来改变,将道德推理研究转向严肃的、实证的道德观研究。传统道德发展观点认为:判断个体道德成熟的标准是个体能同时考虑公正与关怀,个体偏重于其中一种道德倾向则意味着个体忽视了另一种道德倾向。然而,本研究对道德倾向差异的揭示或许能够弥补道德认识中的错误。

5 　如此美好的人性：青春期的道德敏感性处于风险中

□ 贝蒂·巴蒂奇（Betty Bardige）

亲爱的老师：

　　我是集中营的一位幸存者。我亲眼看见人类本不应看见的现象：博学的工程师建造毒气房，训练有素的护士杀死新生儿，高中和大学毕业生射杀并焚烧妇女与婴儿。

　　因此，我怀疑教育。我的请求是：帮助你的学生变得有人情味。你的努力绝不应该制造出博学的怪物、熟练的道德变态者或有文化的希特勒们。阅读、写作以及算术只有在使我们的孩子更有人情味时才是重要的。

　　　　　　　　　　　　　　——佚名，见哈伊姆·金诺特（Haim Ginnot），

　　　　　　　　　　　　　　　　　　　《教师和儿童》（*Teacher and Child*）

"正视历史和我们自己：大屠杀与人类行为"（*Facing History and Our-selves: Holocaust and Human Behavior*，以下简称"正视历史"）是为了回应这位幸存者的呼声而设置的一门课程。学生对这一课程的反应揭示了深层道德敏感性的存在及其显现，然而，这些反应也揭示了道德敏感性处于怎样的风险之中。伴随着青少年推理能力的发展，他们既获得了理解和帮助的能力，同时也具有了伤害、贬低以及漠然处之的能力。

本文将阐明在从具体思维到形式思维的过渡期，一定的认知发展如何危害某些道德敏感性，并在不知不觉中波及他人。在青少年研究大屠杀的日记中，可以发现这一过程。在之前关于这些日记的研究（Bardige，1983）中，可以发现思维发展的三个阶段。当前研究表明，对于暴力的一种独特回应几乎只能在女生日记中找到，而她们的日记曾被编码为：展示了此发展水平上某种最低级的思维。当前研究将这种回应与相似的、发展得更复杂的回应相对比，从而揭示了这种回应所具有的道德力量，并考察了在一个学生的日记中以及全班学生的讨论中这种回应是如何发展变化的。本文阐释了在个体发展的过渡期，在教育者的频繁促进下，教育能以怎样的方式维持或削弱道德敏感性。

在指出道德敏感性可能有如语言趋向抽象般变得日趋衰微时，我并不否认抽象思维对于扩展道德认知、形成道德判断的作用。同样地，对认知发展理论若干范畴的运用，不应被简单地视为对学生的回应的道德充分性进行等级划分的尝试。本文指出了被称为简单、幼稚或"低级"的道德语言的道德力量（及其局限性）。

本文反对两种不同的道德发展观，它们都是心理学和大众文学中流行的观点：一种观点是聪明的孩子能够看到真相并讲真话，但教化与教育却使他们堕落了；另一种观点是个体道德发展是阶梯式的，它由一系列道德发展阶段构成并最终导向普遍适用的道德准则。两种观点都揭示了当邪恶（evil）破坏从前的忠诚和信念时，这些以对立方式描绘的发展过程在青春期交叉。

本文是以一项更为详尽的研究（Bardige，1983）为基础。该研究通过分析遭遇邪恶的青少年所撰写的作品来探索发展历程在青春期的交叉点。该研究揭示了旨在引发青少年头脑中的道德问题并加以严肃对待的大屠杀课程，是如何提高青少年的道德强度的。这种把情绪/移情反应和反思性思维放在一起的教育方式，无论是在发展形式推理还是在扩展道德认知时，都能维持"处于风险中的"道德敏感性。

"正视历史"中所提及的道德敏感性处于风险之中的现象早已被人们看到。在此，我们无意评价这一课程。我们的目标是提供一种理解：青少年早期的认知和道德发现，如何导致他们忽略或怀疑重要的孩提时代的情感。这种理解可以为教育的种种努力带来启示。

研究设计

本研究始于尝试观察这门课程在促进青少年道德思考和道德发展方面的效果。"正视历史"（Strom & Parsons，1982），是一门8—10周的单元课程，要求青少年探索他们自己的道德选择和道德责任。它提供了有关大屠杀和亚美尼亚种族灭绝的材料。材料突出了人们的选择并鼓励学生"直面历史和他们自己"。该课程由马萨诸塞州布鲁克林镇的两位教师——玛格丽特·斯特恩·斯特姆与威廉·帕森斯（Margot Stern Strom and William Parsons）——设计。他们认为，对于8年级学生而言，了解大屠杀是重要的。他们也相信，对这些历史时期的思考能引领学生对自我有新的认知，并增进其道德承诺。

"正视历史"作为一个重要的、有效的课程（Far West Laboratory for Educational Research and Development，1981，1986），被美国教育部两次引用。该课程以里伯曼（Liberman，1978，1986）[1] 所探究的"促进人际发展中的角色"为研究基础。

该项目（Strom，1977[2]；Strom & Parson 1983；Johnson & Strom，1985）所广泛收集的描述、轶事和数据显示，师生均认同课程提出了至关重要的道德问题并拓展了他们的道德思维。许多来自不同背景的学生证实，这门课程

---

[1] Lieberman，M. "Final Evaluation Report of the First Year（1977 – 1978），Facing History and Ourselves：Holocaust and Human Behavior." In "Annual Project Report to the Massachusetts Department of Education," submitted by M. S. Strom（1978）；also in M. Lieberman，"Evaluation Report # 78680D to the Joint Dissemination Review Panel"（1986）. These documents are available at Facing History and Ourselves Resource Center，Brookline，Mass.

[2] Strom，M. S. "Excerpts from the End of the Year Student Evaluations for 8th Grade Social Studies," Brookline Public Schools（1977）. Available at Facing History Resource Center.

在他们所受教育中是一个亮点（Whittier, 1981[1]; Intersection Associates, 1986[2]）。

对于课程的基本原理，斯特姆和帕森斯（Strom & Parson, 1982, p.13）引用汉娜·阿伦特（Hannah Arendt, 1972）的话说："这样的思维活动是否能够促使人们戒绝恶劣行为，甚至真正制约人们的作恶行为？"斯特姆和帕森斯随后说道："如果我们按照人性的、创造性的方式解决现有问题，那么直面历史和我们自己就是最迫切的要务。"

讲授"正视历史"的教师在多种场合反映他们的学生"迫切需要"资料，以使他们能按照阿伦特提出的方式进行思考。尽管一些持保留态度的人认为，为了"保护"青少年，不应让他们接触许多关于大屠杀的可怕事实，8年级学生们说他们已经准备好去面对这些事实，他们的教师也表示赞同（Colt, Paine & Connelly, 1981）。

"正视历史"要求每个学生都坚持写日记。要求学生把对每节课的种种反应都写下来，并在其中展现他们个人的情感、观察及意见，与此同时，质询他们所见或所论的事物及其重要性。这样，日记就为"面对历史"和"面对自己"提供了一个空间和一种结构。

日记也是师生之间的私人交流渠道。学生们分享着对那个群体的反应，记录着面对悲惨史实资料的内心挣扎。学生们提出那些难以在课堂上表达的问题，寻求感性或理性的支持。教师的回应能刺激学生的思维并促使其更深入地思考，教师支持他们的争论，尊重他们的人道的、发展中的理想。

本研究所分析的日记主要来源于郊区公立中学的两个8年级班。第一个班包括8个男孩和8个女孩，他们就学于1978年。第二个班就学于1979年，包括16个女孩和9个男孩；然而，由于其中3个男孩不能写作而未能保留他们的日记。其他5本男孩的日记来自另外一所7年级和8年级混合的郊区学校。

研究的最初目的是详细阐述皮亚杰发展阶段理论并追踪学生从一个发展

---

[1] Whittier, D. *Kennard House Seniors* (1981). Videotape available at Facing History Resource Center.

[2] Intersection Associates. *A Visit with Facing History* (1986). Videotape available at Facing History Resource Center.

阶段到下一发展阶段的转变——心理学、认识论、历史学以及道德论（mo-rality）都阐释了学生发展阶段的转变。对研究进行这样的聚焦源自这样的假设："正视历史"作为一门发展性课程将会促进发展。描述学生的思考旨在更好地理解他们如何解释课程资料，如何认识他们的问题，如何评价他们的道德反应并证实那些扩展中的认识。这些描述性范畴被称作"发展性的"，因为它们试图把皮亚杰的解释框架带到日记资料中。在整个过程中没有采用任何独立的发展评估。

笔者（Bardige，1981）所作的一个先导研究，为分析学生日记中的认知发展奠定了基础。作者以皮亚杰（Piaget，1958）、科尔伯格（Kohlberg，1981）、塞尔曼（Selman，1980）和卡根（Kagan，1982）的著作为基础，而课程的核心是从换位思考的复杂性方面来分析有关对三部电影反应的日记。这种分析为建构综合的发展性描述奠定了基础。这些描述阐释了对认识论、心理学及历史学的认识，阐释了个体的道德感，还阐释了出现在学生日记中的一些问题。在构造这些理想类型时，各种领域被假定为"集合结构"，即历史观和道德观植根于对认识论和心理学的理解之中。

对日记内容的发展性分析

学生们的反应表现出其阅读资料的三种方式，类似于皮亚杰的具体运算思维、初始形式运算思维和完全形式运算思维。一些日记存在的问题是：只呈现一些表面价值；只描述某些突出的细节却没有深入分析；直接从行为推断动机、情感和性格特点而没有考虑其他可能性；仅从字面意义上进行解释说明。这些特征是一维的且常常是可评价的，变化被描述为有一些特定原因。这种思维方式在皮亚杰的术语中被称为具体思维，也被称为表面价值思维。在学生的其他复合思维中，他们把零散的细节整合为一个完整的故事，这个故事涉及事情的正反"两面"，他们透过表象，挖掘人们深层次的思维和动机。这种思维方式被称为复合图像思维，它具有皮亚杰所指的形式思维初始阶段的许多特征。其他反应则揭示，学生使用多种方式，从不同角度考虑现状并认识到人们所看见的不仅受其所处位置的影响，而且被其理解的语言和价值所影响。这种思维方式所展现出来的能力被称为多棱镜思维，皮亚杰将其与完全形式思维相联系。两种思维模式（表面价值思维和复合图像思维或复合图像思维和多棱镜思维）总是在单个学生的日记中呈现，有时是在同一主题里出现。

随着对日记所作发展性分析的深入，明显可以看出：大部分学生的思维在该课程中发生着变化。其中有些变化看起来似乎是发展性变化：具有某个水平写作特征的学生开始通过陈述揭示下一水平的特征；以一种方式思维的学生似乎已滞后于其他那些以"更先进"思维方式洞察问题的人。然而，我们观察到的学生的最显著变化，与学生自我评估他们所获得的收获这二者通常具有不同的特点。它们不是显示个体的认知发展或认知重构，而是反映了一种被学生称为"在道德中"的类型，即反映了个体道德意识的发展以及对道德行为的新承诺。

> 现在，只要我听到……有偏见的论断，我就会发抖，这就是这门课程对我的影响。
> 我更认真地思考我所作的一切决定。我希望每一个决定都是最道德的。
> 以前我总会为了别人的麻烦而郁闷，现在我不会了。
> 我已经意识到，这个世界上存在着邪恶，但更多的是善良。

学生们报告说他们自己的判断变得更加敏感、更审慎。他们发现自己更多地注意到他人的问题，更多地注意到自身作为或不作为的后果。许多人已经适应了世上的邪恶——偏见、欺骗、缺乏关心、暴力。当然，也有许多人看到了人世的美好，他们对被给予的一切表示感激并力图有所回报。他们有关"正视历史"的日记，凸显出了德斯普雷斯（Terrence Des Pres，1976）①所观察到的其自身对年轻人进行关于"大屠杀"教诲时的那种反应。

> 当面对震撼、沮丧以至眼泪时，他们最后显现出的总是那么富有人性的一面。他们总是那么友善，给人一种生活的勇气，以致当我们面对有关大屠杀的危险和打击时，似乎并不需要太高的代价。

---

① Des Pres, T. "Lessons of the Holocaust." *New York Times* (April 27, 1976).

当学生们在日记中展示同情、道德义愤，或者他们对于历史和人性本质的挑战、对自身的道德认识时，当学生们看见回避辩论或保持沉默的代价时，当他们看见试图改变的可能性时，他们思维中有关"美好人性"的方面被显示出来并被加以强化。为了涵盖这些美好人性方面的内容，我们需要对道德思维进行新的描述。

研究者通过打破理论上关于认知和道德恰当性联结的假定，使这些描述从建构主义学者（Piaget，1932/1965；Kohlberg，1976；Loevinger，1976；Damon，1977；Eisenberg-Berg，1979；Selman，1980；Kegan，1982）的研究中分离出来。道德的力量在那些面对历史和面对自己的年轻人的日记中表现明显，但是这些表现却没有在与之对应的道德认知阶段的理论描述中得到反映，这种不和谐导致研究焦点的转变。

◆ 表面价值道德

现有体系的局限性在具体运算阶段表现得最明显。深刻的公平道德感以及在日记中所表达的关注他人的内容，虽然被界定为表面价值反应，可事实上它们并未反映出此阶段的结构性发展特征。科尔伯格的"'工具主义'目的与交换阶段"（Kohlberg，1981），卡根的"自我至上"（Kegan，1982），以及洛文杰的"自我保护阶段"或"机会主义阶段"（Loevinger，1976）都揭示了以自我为中心的个体形象，但学生的日记中却没有如此明显的反应。学生在对那些自己看来明显错误的事件作出回应时，表现出了一种深切的道德感，而当他们被要求解决假设的困境或完成任务时，这种道德感却并未得到完全展现。

安吉拉的日记凸显了表面价值思维的道德力量和利他潜能。她的第一篇日记就是对《哈里森·博杰龙》（"Harrison Bergeron"）的回应，这个故事是库尔特·冯内古特（Kurt Vonnegut）对社会所作的讽刺性描写。在他所描写的社会中，天资聪颖的人会受到各种阻碍以抑制他们的思考，从而使天资聪颖者和智障者达至平等。教师通过这个故事提出了个人和社会的关系问题，但安吉拉只是望文生义。

在读那个故事时我总有种愤怒。我想报复戴安娜［智力管制官］，因为她对天资聪颖的人设置障碍，使智障的人能和他们平等。我脑海中有幅图像，人们都带着无线装置［抑制思考］，戴着带有电池的耳塞（每个人佩有一根天线）走在路上。在我脑海中还闪现出一群步履沉重的女芭蕾舞演员，她们像旧时监狱里的犯人那样，脚上缚有带铁球的重链。

安吉拉的评论彰显了受害人的身体痛苦和切实损失。人们被毫无理由地伤害并受到妨碍，安吉拉为此感到愤怒，她想报复那个造成这种结果的人。

就像其他表面价值思维者所表达的那样，安吉拉的道德需要某种公正。你不能"不给机会"或"毫无理由"就伤害他们。尽管如此，伤害那些已经或将要伤害别人的人却是公平的。生活应该是公平的，应该扬善惩恶。

这种阐述体现了作为科尔伯格第二阶段特征的"具体互惠性"。尽管如此，科尔伯格有关此阶段的描述却强调了自身利益：正确的行为"总是满足自己的要求，捎带些别人的需求"（Kohlberg，1969，p. 379）。但是，在日记中，人们经常可以看见具体互惠性的利他潜能和道德力量。

今天的电影确实触动了我。它真的令人悲伤和失望。想到那些人以那种方式对待别人，真让人感到失望。无论如何，你甚至可以认为那时的德国人是畜生。这些人从来不让那些孩子暂住并提供食物，他们也是卑劣的。为了食物和住宿，孩子们居然要为他们工作一天。

安吉拉提议一种公平交换——为了食宿而工作。由于她未看到那些拒绝提供帮助者的恐惧或信念，她认为他们卑劣，因为他们甚至都不愿意进行公平交易。因此，尽管安吉拉认为不能要求人们免费帮助他人，私利是合理的，但她还是期望人们能够善待他人，能够帮助那些需要帮助的人。

以表面价值方式思维的学生对肆意超出自我利益的边界的人们感到愤慨、愤怒甚至仇恨。学生将他们视为"疯狂的"、"贪婪的"和"有权力欲的"。同样，那些始终以表面价值思维看待电影《约瑟夫·舒尔茨》（*Joseph Schultz*）的人们，为那个因拒绝向手无寸铁的平民射击而被军队处死的德国军人鼓掌。他们认为他的行为是"勇敢的"、"伟大的"，"是做善事"。

这些以表面价值思维作出反应的学生的"人性"潜能，在他们的日记中表现明显。他们容易同情那些被伤害的人，并对他人受到的伤害表示痛心。"我被这些景象深深地震撼了。当听到他们是如何从那些遭遇中活下来时，你会很痛心。"这些学生对大部分课程内容表现出愤怒和困惑。"为什么这世上其余的人会让这种行为继续？真是令人作呕啊！"

对他人的关怀有时会导致学生形成关于侵害者的刻板印象，但他们倾向于将对个体的偏见视为不公正。当学生看到那些或小或大的不公正时，他们就很愤怒，恨不能立即上去制止（甚至运用暴力）或采取报复措施。当他们看见别人遭受不公时，他们就想施以帮助，"因为我们应该帮助那些人"。有时他们的直接感知，他们带有激情的清晰判断，他们参与的强度，他们试图做"一些事"的企望，都给人以深刻印象。

◆ 复合图像道德

复合图像思维将叙述看作整体中的一部分。学生读出文字中的弦外音，寻找深层次的动机和解释，试图"看清事物的两面"，把不同的，有时甚至冲突的部分连接起来以了解"整个事实真相"。人们总是被视为好坏两方面相结合的、具有不同能力的复合体。他们"真正的性格"可以从其种种行动模式中推断出来，然而，各种各样"对抗真实自我的压力"至少会在短期内占据主导地位。因此，只有当考虑个体如何理解情境，考虑个体所面对的压力，考虑个体的身心需要时，其行动才能被理解。

学生们不再假定他们可以很容易地将自己与他人进行换位思考，但是，他们可以凭自己的经验移情于他人。"去年我为乐施会［一家饥荒救援国际机构］进行绝食，一天之后，我快死了。由此可以设想，几周不进食是什么滋味。"他们可能既不满，又要坚持。"我也会固守己见，但我会试图保持一种开放的［无偏见的］心态。"

他们对真相的探寻总是伴随着一种来自人类本性的信念，这种本性将促使他们得出更全面的判断。他们想听取多方面的意见，了解所有参与者的想法，寻求并诉诸那些无论对个人还是对社会都有益的行为。"我高兴地认识到，并非所有土耳其人都是坏人。"

具有复合图像思维的学生表现出的道德是：需要人们认可并考虑自己的

观点。人们被期待着能进行换位思考，能认识到"人不是神"，并能看到事物的两面。"我所能想到的就是，这些重要的人物……之所以被杀害，只是因为他们所坚持的信仰。"这些学生也认识到，在许多现实情境中，做自己认为应该做的事有多么困难。生活给我们展现出一系列的道德测试；"坚守信念"并不总是那么容易，当你做不到时，你会感到自己的"渺小"。

◆ 多棱镜道德

多棱镜思维者构建了一个体系，在这个体系里，整体大于部分之和。他们区分了表面性认知与感觉、理解和接受可能具有广泛含义的事实。他们清楚地认识到，人们通过语言、先入之见、情感及价值的透镜来过滤他们的见解。对个体而言，在一种情形下看来消极的在另外的情形下则可能是积极的。他们认识到个体是社会的一分子，既具个性，又具共性。"在其尚未真正进入我的头脑之前，这些纳粹还是人。"

具有这种理解方式的学生，能够创立一种注重"个性"和"理性"决策的个体统合的道德。群众活动和社会实践对独立思维的限制使他们感到沮丧。由于他们认识到回避责任是多么容易的事，他们力图诚实地面对自己。"我认为我理解自己的偏见并且不怕承认这点。这不是辩护而只是开始。""这着实让我害怕自己，我试图将它与学校相联系，以发现某些特例，在特例中我拒绝为自己的行动负责。"对这些学生而言，道德就是一种需要持续反思和负责的生活方式。"我们身陷于自己的生活中，即便我有空闲，我也很少坐下来思考……我们必须改变行进道路。"

处于风险中的道德敏感性

每种道德维度或观念都有其优势与局限。一个人可以欣赏表面价值判断的强烈明晰性，可以欣赏期待善端的复合图像判断的兼容性，也可以欣赏多棱镜判断的完整性，即认识到那些满足个人良心的行动可能并非真正有用。一个人可以明白保护无辜受害者的重要性，可以认定坚守自己良心的重要性、在压力下坚持自己价值观的重要性，也可以坚持持续认识、反思和负责的重要性。

◆ 回应性表面价值语言

识别每个道德观中的显著优势，使我们得以重新审视一些学生的强烈道德反应，这些学生的想法与他们同学的相比似乎发展得不够成熟。安吉拉是4个女孩中的一位，她们日记中所呈现的不一致的资料，引发了关于认知发展的潜在代价问题。这些学生以言语对暴力作出回应，她们的愤慨、悲痛或厌恶的言语中伴有对暴力的不可谅解的震惊（或者是一种陈述，认为作恶者必定是疯狂的或没有人性的人，这意味着他或她是如此反常，以致要被排除在人类之外），她们还呼吁要采取行动制止暴力。特别是在课程开始时，她们倾向于强调自己愿意采取"正确的"行动来制止、转移暴力或者不参加暴力。

> 今天，我们看了电影《服从》（*Obedience*）[一部关于斯坦利·米尔格里姆经典实验①的纪录片]。在我意识到这个实验是假的之前，我觉得很可怕。我认为那个做实验的人太不道德了，因为人们会在这个过程中受到伤害。因此你不该做，或者如果你知道人们在做那种实验，你应该制止，因为这种做法是不道德的。如果是我，无论如何，我也不会那样做，因为我知道那是不对的。

另一个学生写道：

> 人们是如此卑劣……让人难以相信或理解……如果事后我仍活着，我绝对不会成为其中［反犹太主义］的一员……我会劝阻他们，要是他们不听，我就离开。

这些话引起我们对该情境中核心道德真相的关注——事实是伤害仍在继续，迫切需要采取某种措施加以制止。它强调情感和行动的双重反应。它不允许

---

① 该实验旨在研究电击惩罚对学生学习的影响。作为"学生"的被试是事先安排好的，作为"教师"的被试是招募而来的，电击是假的，但"教师"不知情。"学生"答错问题，主试便要求"教师"对"学生"施以电击，由此研究"教师"对主试的命令服从情况。——译者注

为折磨和谋杀寻找任何借口。

兰姆（Lamb）对暴力的分析①可以很好地解释这些要素的重要性。兰姆指出：

> 当我们问及，为什么个体使他人遭受这样的痛苦……当我们关注侵害者时……有关痛苦的想象，有关切实伤害的想象，有关擦伤、流血、骨折的想象变得模糊起来……邪恶会很容易地和我们熟知的善混合在一起……同情也能迅速地变为对责任的豁免……在要求解释社会背景和人际关系的原因时，[行为主义理论家]描述行动而不追究动机，描写伤害但不揭示罪行。

那些不从社会背景进行思考的学生的回应，会使我们的注意力聚焦到真正的伤害、罪行以及责任方面。在其中一位女孩的日记中，目击暴力的痛心和期望人们制止暴力是中心主题——她们多次表达了这样的意愿。在此主题上，其他人表达的震惊感并不明显；然而，她们把希特勒称为"疯子"，并认为纵容种族灭绝发生的行为是"病态的"。

> 我认为，任凭种族灭绝的发生是残忍的也是病态的。我为那些孩子感到伤心，也为这种事情被允许而难过。同时我也为这种事情可能发生而感到恐惧。我认为如果再发生种族灭绝，我们应当迅速制止它；如果伊朗正在发生这样的事情的话，我们应该立即制止。

"'我所做的并未超出你的允许'意思是希特勒所做的没有超过一个限度。他们可能在任一时间停止杀戮，但是许多人并不知道，其他人可能就这样被洗脑了……"然而，她停止了这一思路，拒绝认为无动于衷是有理由的。"……没人让希特勒必须那么做。许多人鼓励他并给他出主意。我认为可能一些人试图劝阻希特勒……为什么没有成功阻止？"

另一篇日记表明了女孩对自己和别人的期望有多大。"在曾经施予过帮

---

① Lamb, S. "Harm Without Guilt: A Critique of the General Systems Theory Analysis of Violence in the Family." Unpublished paper, Harvard Graduate School of Education (1984).

助的人们身上发生的事使我感到悲哀和无助，我因为当时不在场而不能给予帮助，当时只有很少的一些人有足够的勇气施予帮助，而不是止于空谈。"

再次审视所有日记可以发现：其他那些关注表面价值或兼能描绘复合图像的女孩也曾使用过这种语言。

> 今天，我们看了电影《华沙集中营》（*Warsaw Ghetto*）。有些片段真让人恶心。我无法理解纳粹分子控制了所有的犹太人，而犹太人却没有任何反抗。我想知道人们是如何容忍的。他们怎么就不明白他们所做的是不对的（日记中的强调）。这些人在集中营所经历的一切很恐怖。想到这些，就使我毛骨悚然。

> 今天我们看了电影《服从》（*Obedience*）。令人难以置信的是，遭受痛苦的人要求停止伤害，但施加伤害者却无动于衷。有个人让我感到震怒——这个人容忍折磨的继续。我不知道我会怎么做，因为我没有处于那样的情境中，但是我要说我会抨击那个人的行径。

一个兼用表面价值思维和复合图像思维的男孩，在言语中表达了同情和震惊，并宣称他会采取行动。

> 我想我要是那个人，我就会有所行动，为什么你会杀掉那个未对自己做任何坏事的人？杀掉他们是因为他们不是德国人或不是和你一个种族，你怎么能有杀害别人的想法呢？我肯定也会无所畏惧，如果那些人必须要挨子弹的话；不得不等待的感觉是可怕的，因为那些人必定会想到，自己被击中头部或腹部而死，会是什么感觉。

在未使用表面价值思维的学生中，只有一位使用了表现情绪、震惊和行动的语言。那个能描绘复合图像并用多棱镜思维方式看问题的女孩，在两种情况中使用了这种语言。"多恐怖啊！那就是人们对他们所做的。怎么会呢？无论他们受过什么教育，接受过什么培训或其他任何教育。难道他们就不曾停下来想想，那些在华沙集中营中的是人。而且，怎么就没有人做点什么呢？"

除了一个特例之外，研究者仅在女孩的日记中发现了表达情感或道德愤慨和震惊的反应，以及对采取行动制止暴力的需求。他们还发现写这些日记的学生中，除了一位之外，均以表面价值思维方式或者复合图像思维方式进行描述。除了一人之外，所有女生的日记中至少都体现出一些使用这种语言的表面价值思维。由于这种语言中包含有对暴力迹象的直接回应，采用表面价值思维方式，伴有移情、震惊的情感，并呼吁个体采取行动制止暴力，因此，这样的语言被称作回应性表面价值语言。

为了评估表面价值思维的出现是否会影响判断的主观性，研究者随机抽取了 10 本日记，并将首先抽取出的一些日记提供给第二位阅读者。无论有没有出现表面价值思维，交互编码的一致率都是 90%。（Cohen's Kappa = 0.78）

表1　回应性表面价值语言的使用与性别的联系

	出现回应性表面价值语言	未出现回应性表面价值语言
女孩	8	16
男孩	1	18

$\chi^2 = 5.03$，$p < 0.025$

表2　使用回应性表面价值语言与使用表面价值思维的联系

	出现回应性表面价值语言	未出现回应性表面价值语言
表面价值思维	8	6
非表面价值思维	1	28

注：虽然本表显示语言的使用与表面价值思维的使用之间有很强的关联，但是，仅仅进行统计方面的比较是不适当的。有关这两种写作方式的识别和评估并非完全独立的。这样的语言在日记中得以体现，而该语言逻辑有助于表面价值思维的明晰。

接下来，同样的 10 本日记被用来评估确认回应性表面价值语言时的信度。在确认有没有出现回应性表面价值语言方面，研究者和不熟悉发展性分析的第三位编码者之间的编码一致性达至完美（100%）（Cohen's Kappa = 1.00）。

尽管性别差异结果显著，但并不令人吃惊。吉利根的著作（Gilligan，1982）使我们怀有一种期待，即女孩更频繁地使用的语言的特征在于：强调伤害，表达回应或干涉的需要。吉利根将主导女性道德思维形式的特征概括为"回应"（或关怀）倾向。当关系受到威胁，或者当某人被伤害或被排除时，道德问题就出现了：她们通过寻找一种既能保护每个人的利益，又能维持相互关系的综合方式来解决问题，这种解决方式可以根据其实际后果来评价。道德困境的焦点并非表现为是否行动，而是集中表现为如何以一种有益的或降低伤害的方式行动。

当人们"毫无正当理由"地故意伤害他人时，当他们没有回应或干涉时，那些以表面价值思维思考的女孩表达了自己的震惊。这种震惊看起来似乎代表一种道德集合，这种道德集合期望关心、回应，以及将动机和行动直接联系起来。只有那些"卑鄙的人"，或者那些"只关心自己的事的人"才不会对帮助的恳求作出回应。

应该指出的是，本文所引用的大部分例子中，那些关注伤害并且对伤害有所回应的关怀话语，是与诸如"公平"、"不公正"、"报复"这样的公正话语相结合的。这种综合性概念曾在1986年贾妮·沃德（Janie Ward）主持的一项名为"市中心旧城区高中生对真实生活中的暴力讨论"的研究中得到体现（见第9章）。该项研究中，女孩们的表面价值回应不是仅仅通过关怀理念的有无或仅仅通过正义理念的缺失来加以鉴定，而是通过这些主题的组织方式来加以确定。当她们以公正话语表达道德愤慨时，她们关注的焦点仍旧是一种可察觉的关怀的匮乏。

直接回应性语言的使用或"缺失"，是主要存在于女孩发展中的现象吗？或者以表面价值思维的男孩是否也具有类似的道德力量，只不过抽象思维的发展损害了他们的这种道德力量？日记并非回答此问题的有效参照，因为作表面价值思考的男孩们不能很好地利用日记。以表面价值思维对待课程的女孩们，比显示类似思维的男孩们写得更多，也思考得更多。女孩从年幼时起，就在其想象性游戏中表现出融入游戏并能与他人分享自身感受。男孩们更愿意关注行动和计划（Wolf，Rygh，& Altshuler，1984）。很可能的是，在以表面价值思维的学生中，通过日记来记录个人思想和情感的课外作业对女生来说更有意义。

但是，那些像女孩一样以表面价值思维的男孩倾向于记录生动的细节。他们将道德愤慨转变成个人愤怒，并强烈要求冒犯者必须立即停止。他们也表达悲伤。然而，将伤害作为道德问题重心的关怀话语在这些男孩的回应中缺失了。

> 今天在课堂上，我们观看了一部名为《服从》的电影……如果我控制着开关，如果我听到尖叫声，无论如何，我都会关掉开关，停止电击……要是他不断催我，我会扇他一耳光，因为那是一个人的躯体。我难以想象[理解]那些人的反应。我思考着教师在课堂上假设的情境：当某个你讨厌的人在场、我是犹太人、坐在椅子上的那个男人是德国人、人们鼓励我对他施加更高伏特的电击。我想，我会那么做，因为德国人对犹太人就是那样做的。我想报复。

◆ 回应性表面价值语言的发展性转变：交叉部分的数据

当学生们发展复合图像思维能力，进而以多棱镜思维观察问题时，直接的回应性语言会发生什么变化？学生的回应仍然会情绪化吗？学生会被这蓄意，看起来无意义的伤害、折磨以及种族灭绝所震惊吗？学生会采取行动阻止他们认为具有伤害性或错误的行动吗？

会。大多数以复合图像思维或运用多棱镜透视思维所写的男女生日记，都表达了个人苦恼、深切关心和怀疑，也表达了"做一些事"[的欲望]或成为那种能避免并阻止邪恶行为的人，抑或成为能切实帮助受害者的人。但是，这样的语言和这样的耦合是有差异的。通过对比学生对课程资料的两种回应方式——非表面价值思维与表面价值思维，可以凸显其各自的得失、延续性及对思维方式的重新发现。

当表面价值思维者将电影及故事描绘成"悲伤的"和"可怕的"时，使用复合图像思维或者多棱镜透视思维的学生则更愿将感情深藏内心。很多人发现当他们思考自己过去所见时，是他们最烦躁的时候。"当想到人们竟然充满怨恨和自私地……去屠杀整个种族时……我感到痛心。"对各种想法进行思考的学生被各种观念和行为纠缠着。"看到这些，我就会很烦躁，要是回忆起来那就更心烦了。"

学生们也能聚焦于他们自己的情感，并且为他们的情感回应能力感到欣慰。但是，这种内心变化有时被多棱镜思维的使用者所批判。"因为怜悯而流出眼泪，或者干脆不看电影，这些改变不了任何事情。""我们所做的一切［通过讨论诸如'他们还有希望吗？'这样的问题］，只能是一次相当狭隘的心理旅行。"这些青少年评论家敏锐地意识到其情感被操纵的方式。这使得他们怀疑某项陈述或回应的真实性，并使他们产生疏离现实的想法，因为一想到难以改变现实，他们就痛心。同时，这也导致他们去寻找一种适当的回应。

科尔伯格（Kohlberg, 1981）观察到了这种对现实的疏离，并将其看作发展中的进步，因为它允许人们平等对待无论是陌生人还是他们所关心的人的要求。与此相反的观点，在多棱镜思维使用者的"正视历史"的日记中体现得很明显。这些学生认识到，情感回应可能是行动的先决条件。"有些事会使我感到内心挣扎，有些则不会。"

一个使用多棱镜思维方式的女孩描写了她是如何使自己克服惯常倾向，以疏离自我的方式看电影。就像安吉拉，这个女孩将呈现在眼前的形象加以具体化和放大，使危害清晰化。她指出，她的一些朋友认为她所给予的关怀比他们少，她正在对这些朋友作出回应。虽然她所呈现的回应是新的，但是，她可能是在利用其早期发展中更易动用的能力。

> 一位朋友告诉我，因为我没向任何人表示我是怎么想的，因此，我与班里其他同学之间没有回应，也没有分享……我曾思考过关于暴行的问题……思想上受到冲击。我看过许多书，也看了《大屠杀》这部著作。我还看见真实的活生生的人们……他们也曾关心发生在他们身上的事。但人们从未真正理解关于暴行的问题。当我看《华沙集中营》时，我想象着所有这些有家庭、生活中几乎没有任何困难的人，他们就这样被屠杀了。我想象着原本无辜、平和的生活就这样被打破了。意识到这些后……我不能再像平常那样无所谓（或者装作无所谓）了。

人们学习"大屠杀"课程之后的一种普遍反应是，无法理解神志清醒的人怎样和为什么会加入大屠杀中。但是，那些不以表面价值思维看问题的学生却认为，"人们怎么做"和"为什么没有一个人出来阻止"才是真正的问题。当他们开启一种更复杂的、承认普通人也可能非常残忍的人类本性的观点时，这些问题就失却了一定的震撼力。"正常人怎么就和纳粹一起展开屠杀呢？看起来似乎非常简单的是——他们受到了指令。"

无论是观察到的人们会受强迫或"被洗脑"，抑或在同伴压力下去"反抗真实自我"，还是认知到事件的"两方面"都必须加以考虑，都有助于复合图像思维者解释其所见的恐怖事件。多棱镜思维的使用者更能看到人们是如何自欺欺人的。"最后那幅真实图景的确干扰了我。那些画面太残酷了，导致我不得不转移视线。我猜想，事情就是如此，人们只是转移视线不去面对罢了。"

然而，学生们所见到的恐怖事实有时候缺乏充分的解释理由。他们所表现出的义愤和震惊，听起来似乎是表面价值回应，但是他们并没有呼吁采取行动。相反，人们认识到，在不愿同谋共犯的时候，相对于抵制而言，有策略地接受是一种更为恰当的回应方式。"那些人没有人性。他们就不该存在。他们所做的事是最低级、最残忍的动物才会做出来的。""就像是眼睁睁看着大屠杀的发生。令人难以置信的是，他们仅仅是按照命令行事。那些人早该死了！……目睹大屠杀绝对是件恐怖的事情，因为这意味着没有什么比这更糟糕的了。如果现在希特勒掌权的话，人们还会照着希特勒的吩咐做事。"

另一项对比就是表面价值的思考者倾向于以个人行动阻止暴力，而复合图像思维和多棱镜思维的使用者更愿意以政府或集体行动来阻止暴力，尽管他们都认为个体（无论是受害者还是沉默的旁观者）负有责任。

> 我感到悲痛……因为我的国家对此没有任何作为。这使我对文明产生怀疑。你不要告诉我，人们对其所做的事一无所知。
>
> 我认为做这些事的人都是没人性的。他们怎么可以这样对待一个种族呢？为什么在此之前没有将其定性为国际性犯罪呢？如果有的话，那就能够挽救许多人的性命了。

"我该做些什么"的确定性受到认知发展和"正视历史"课程的侵蚀。许多学生通过诸如《服从》这样的资料进行学习，通过讨论历史和人类行为进行学习，因为他们"未处于那种情境而不知自己可能会做出什么行为"。

当他们认识到自己也会和其他人一样匆忙下结论，或者和他人一样盲目服从命令、被"洗脑"、惧怕质疑与行动时，他们往往学会了面对自己的不足。不管怎样，有些人指出，由于他们已能面对历史和自身，他们和他们的同学不大可能成为旁观者。"从前我是一位'看客'，现在我是一位'行动者'"。

◆ 回应性表面价值语言的发展性转变

我们通过连续多次探寻一位学生日记的变化，可以看到，当她从表面价值思维方式转向复合图像思维时，她的行动参与和对行动的需求发生了变化。在早期日记中，苏珊对那些被描绘为屠杀者的人表达了谴责。举例来说，她描写了《热衷杀戮》（*Love to Kill*）中那些屠杀者的狂热："那些人一定都疯了！"

苏珊阅读到这样一则材料：教师设置了一项活动，试图以此挑起班级学生的极权主义情绪。苏珊对此材料的回应明显是出于回应性表面价值视角，而且其中包含了取消这项活动的思想萌芽。

> 我们在做钳制思想的事。我认为那是令人厌恶的。我永远不会那么做。我会提醒教师注意。我难以相信大部分成人都那样做了。这些人可以熟视无睹地看着那些发生在他们身上的事。如果那个人是因为邪恶才这样做，如果你开始想到几乎所有的人都会这样做，那么，他们就会掌控整个世界。一想到如此重大的事，我就觉得很害怕。

苏珊日记中的另一些描写，表明了道德愤慨和道德行动的紧密联系。"将一些14岁的男孩派到前线的人应该被杀掉。想到同样的事正发生在柬埔寨，你能给我肯尼迪议员的地址，以便我写信告诉他这一切吗？"

苏珊非常关注进行本单元的学习，因为她不"喜欢粗俗的或血腥的事"。但她想弄明白"为什么希特勒会展开大屠杀，因为我希望这样的了解可以使我更容易去理解这件事"。她对自己的答案感到欣慰，那就是"希特勒是疯子"。大屠杀的偶然发生不是因为人们所做的和必须面对的一些事，而是由于这个没有人性的怪物。当她收集到新的资料时，她重申了自己的观点。然而，随着她开始看到事物的深层原因，了解到即便不是邪恶或疯狂的人，也会做那些邪恶的事，她最终"改变了对希特勒的看法"。"现在我有点想对他说抱歉，他是这样一个病态的人。"这样，希特勒成为一个尽管病态但是仍旧有人性的人。苏珊在日记中表现出对其同学的新关注，表现出从多种观点看事情的新意愿和能力，由此，苏珊的思想发生了转变。与此同时，当她观看《华沙集中营》时，她变得"极其病态"，这回应了早期表面价值的描述。"所有的一切在头脑中已经逝去，那些激情澎湃的想法也中止了——它只是让我想起来就头痛。"

看完电影，苏珊很心烦，以致在离开房间时失声痛哭。当她在后来的班级讨论及日记中反省这段经历时，她强调自己很讨厌而且很少在公众场合哭。那部电影及其讲述的真实故事迫使她作出回应。她一度假设，班里那些没有感情的同学不会有那样的回应，现在她为那些"假定不会哭"的男生感到担忧：他们会怎样对待自己的创伤？

苏珊日记中最后部分的描述表明了其道德敏感性的得失和持续性。"［约瑟夫·舒尔茨］认为杀人就是错误的，不论你之后做了什么。我不知道我是怎么想的或者我将做什么，但是我认为，如果我被洗脑，我会杀掉他们。但是就我现在的想法而言，我想我可能会失声痛哭——但是谁又会知道呢？他作出了一生中最艰难的抉择，我认为他做对了。"

她产生了更复杂的想法，这使她看到道德选择的真实困难，看到一种面对自身局限的新意愿。当她痛苦地作出一项困难的决定时，对杀戮的抗议已转变成哭泣。她对被压制者表现出同情，她理解决策者，她有自己的道德立场。

◆ 回应性表面价值语言的发展性转变：一场班级讨论会

一次偶然的机会，作者观摩了一场有关《约瑟夫·舒尔茨》的班级讨论会。表面价值的视角在讨论中首先被提出，但是随着情境的日趋复杂，这种思维特性明显消逝。这场讨论会发生在一所公立学校的7、8年级混合班中。一位擅长鼓励学生批判性思维的教师主持了这场讨论会。她提出一个问题，然后要求一个学生或者一组学生回答。她会和所有回答者进行简短探讨，对学生的陈述进行总结和回应，以更加概括的语言复述，将发言与其他同学的阐述联系起来。她也会加入她自己或她在其他班所听到的不同观点。这就形成了以教师为中心的讨论。而这样的讨论又是建基在学生的观念之上，沿着学生的问题思路，不断激励他们思考。例如，一个（以表面价值思维的）学生说，如果所有士兵都拒绝射击，那么，"统帅也不会有足够的子弹射死所有士兵"。这一观点被她的教师解释为增强了"群体行动"的可能性，并在课堂上进行了讨论。

所有女孩和部分男孩踊跃加入讨论中。他们乐于谈论，有时一些人甚至表现得急不可待。他们阐述自己的观点，展现新的可能性，尝试各种可能的解释，并提出一些问题。

在这次大范围讨论即将结束时，一位没怎么说话的男孩说：他认为约瑟夫抛弃了生命，因为他的死亡并未拯救任何人。班级又讨论了约瑟夫的行动对其下属（他们被命令向约瑟夫射击，他们照做了）的影响。他们的讨论集中于：当士兵杀死一个朋友后可能会发现，杀戮变得更简单而不是更困难。约瑟夫所处困境的难处被这些学生充分加以阐述。约瑟夫，作为一个受良心驱使的个体，对这个社会进行着反击，并坚持做他所认为正确的事。与此同时，他的行为被当作一种愚蠢的抵抗形式，无论是从当前还是从长远来看，都不可能拯救生命。早些时候，学生曾建议约瑟夫采取其他一些本可以更有效的抵抗方式。其中一些方式已被其他学生批判为是不现实的。

在以表面价值思维记录的对《约瑟夫·舒尔茨》的回应的日记中通常表现出的三种观点，在本讨论中未被论及，分别是：（a）约瑟夫的英勇形象。即使要拯救自己的生命，他也不会滥杀无辜；（b）事实上约瑟夫是个受害者，他的战友杀了他；（c）事实上其他人也有可能作出相同的抉择。这些观点可见于以下的学生日记中。

> 我认为他无比勇敢。这样说，我有点不好意思，但我认为我不会像他那样放弃自己的生命。当他准备走向那些盲目的人时，他甚至一点都不害怕，在他脸上只有骄傲的表情。当士兵杀死约瑟夫时我很愤慨。我认为他们都应该扔掉自己的枪。那些人都是无辜的，他们手无寸铁，没有理由杀死他们。

讨论的重点集中于"较高阶段"思维的承诺和风险。当我们从两方面

（复合图像思维）看待一个情境时，我们能意识到那些不情愿的或"被洗脑"的受害者的困境，我们也能免除他的责任。当我们用多棱镜观察时，我们可以将下列解决途径进行区分：一方面是切实有益的途径，一方面是尽管"高贵"但是或过于烦琐，或最终会导致毁灭性打击的途径。尽管如此，我们也可以通过说服自己"没有什么能起作用"而理性地不参与讨论。

一位8年级女生就有这样的压力，她的日记反映了其在多棱镜思维方面的发展。一位来自乐施会的访问者曾经来到她所在的班级，告诉他们柬埔寨正在发生种族屠杀。这位学生在日记中写道："这个评论……很有道理：'发生在德国和柬埔寨的种族大屠杀的显著区别是，我们现在可以为柬埔寨做些事。'当然我们应该为此做些事。我们可以寄钱给乐施会，但是23美元在挽救人的生命方面不会有多大作用。也许，我下意识地尽量不'卷入'。但是，我确实认为23美元不值得寄。"

她会坚持需要回应的事实，同时，她认识到作出适当回应的困难。她能面对自己，能看到"不被卷入"是如此简单，而"做些事"又是如此重要。

教育意义

在皮亚杰看来，一个"更有力的"框架也将更有危险。能够洞察事物两面性的能力可以带来对他人的新认识，由此增强考虑他人需求的能力。然而，它也会引发对侵害者的权利或福利的关注，导致遮盖了受害者的体验，遮蔽两方面并不平等的事实。多棱镜思维的使用可以形成对责任的新假定。但从另一方面看，正如几位多棱镜思维使用者在其日记中所指出的，这种思维能力会使不作为具有了合理的借口，使人逃避决策，或者能巧妙地使他人在面对邪恶时无动于衷。

本文开篇那位发表言论的幸存者提醒我们，关于"纳粹大屠杀"，正规教育是一个必要但非充分条件。那些很可能已能使用多棱镜思维的医生，毒害了那些健康的孩子：这被看作一个"医疗事件"。阿伦特（Arendt，1963）告诉我们：首先，实施大屠杀的大部分作恶者并非出于惧怕或者出于狂热，甚至不是出于自身利益，他们只是出于对其组织的忠诚，遵从流行的标准，或者作为一个政府的创建者，而这个政府的意识形态迫切需要集权控制、

"语言规则"，甚至最终的种族大屠杀。她论证了教育是怎样使人们克服道德冲动的。

> 就像文明国家的法则所假定的，良知告诉每个人"你不应该杀戮"，即便人的本能欲望和倾向有时可能是残忍的。所以希特勒地盘上的法则要求良知忠告每个人"你应该杀戮"，尽管大屠杀的组织者完全知道谋杀是违背大部分人的正常欲望和倾向的。邪恶在希特勒统治下的德国已失去了其被多数人所认知的特性——诱惑性。许多德国人和纳粹主义者，也许他们中的绝大部分试图不去谋杀、不去抢劫、不让他们的邻居死去（犹太人被流放到他们所知道的死亡之地，当然，尽管他们中的许多人可能并不知道其中的恐怖细节），不从罪行中受益，否则会成为帮凶。但是，他们的确已经学会了怎样拒绝诱惑。（Arendt，1963，p. 150）

如果我们试图迎接教育的挑战，以使我们的孩子和青少年变得更仁慈善良，那么我们必须致力于发展他们思维的美好人性方面，并且将教育建基于此。当我们帮助他们去观察和了解世界的现实、复杂性以及法则时，我们必须也帮助他们紧紧把握自己的道德敏感性及道德冲动。

在哈珀·李（Harper Lee）的小说《杀死一只知更鸟》（*To Kill a Mockingbird*，1960）中，作者描写了一个白人孩子的道德"直觉"怎样使其难以面对对无罪黑人的残忍的审讯。当这个孩子从法院跑出来时，他觉得痛心，并泪流满面，一个对社会有偏见的男子劝慰他，继而，他的生活发生了分裂，他在生活中不断酗酒。在这个男子眼中，我们可以看到孩子的成长和教育是怎样使其道德敏感性变弱的。"事情还未和个体的天性相一致。随着他逐渐年长，他就不会变得病态和哭泣。也许有些事情将会像现在这样触动他——不是十分正确，但是，等过些年后，他不会再哭泣。"

"正视历史"这个项目会继续开发教育资料和教育方式，以维持孩子的观念及感受，因为它帮助孩子们去思考他们所处的世界并"不是十分正确"。也许以这种方式受到教育的学生们，在长大后，在看见痛苦或不公平时就会振臂高呼，并且积极寻求途径去帮助这些受害者。

致 谢

　　我要诚挚感谢玛戈·斯特恩·斯特姆（Margot Stern Strom）和威廉·S.帕森斯（William S. Parsons），他们是"正视历史和我们自己：大屠杀与人类行为"课程的开发者，他们帮我看到青少年的潜能及课程的潜在价值。我要特别感谢芭芭拉·佩里（Barbara Perry）和乔伊斯·拉克斯奇（Joyce Rakowski）所进行的微妙的课堂教学，还要特别感谢他们的学生与我们慷慨分享了其卓越非凡的日记。

6 童年早期关系中的道德起源

□ 卡罗尔·吉利根　格兰特·威金斯（Carol Gilligan and Grant Wiggins）

本文的写作源于对"童年早期的道德起源"会议（哈佛大学，1984）中一个讨论的观察。当心理学家们将道德溯源至儿童对公正思想的发现时，他们看到女性的公正感少于男性。道德推理中的这一欠缺，被部分归因于女性对关系与情感的过分关注（Freud，1925/1961；Piaget，1932/1965；Kohlberg & Kramer，1969）。现在，由于心理学家的关注焦点转向道德情绪或情感（Kagan，1984），性别差异似乎已经消失。曾经被视为限制了女性道德推理发展的移情和情感关注，现在被看作道德的本质，但不再被视为女性所特有的。问题是：什么已经发生了变化？

最近的研究报告发现，没有证据表明在移情或道德推理中存在性别差异（Eisenberg & Lennon，1983；Kohlberg，1984；Walker，1984），这在研究方法和社会公正方面都被当作一个进步的标志。无性别差异这样的研究结果，似乎消解了因证明性别差异确实存在而带来的观念性难题。但是，关于道德发展中无性别差异的推理，无论是在实践层面还是在理论层面都有问题。在实际生活中，社会学家指出在各种事故和反社会行为中存在惊人的性别差异，这在暴力罪行的统计数据（Wolfgang, 1966; Iskrant & Joliet, 1968; Kutash *et al.* , 1978）中体现得最为明显。此外，心理学研究者以及诸如父母和教师这样的自然观察者发现，儿童在攻击行为、社会交往方式及游戏方式方面（Maccoby & Jacklin, 1974; lever, 1976, 1978; Maccoby, 1985）也表现出性别差异。理论上，尽管皮亚杰和科尔伯格这样的认知发展心理学家，主要用同龄群体相互作用的功能来解释童年时代的道德发展，然而，那些与皮亚杰所描绘的相类似的差异，继续成为区分男孩和女孩所玩游戏与冲突解决方式的依据（这种解决冲突的方式在童年中期同一性别群体中占主导地位）。传统精神分析理论家根据家庭依恋和认同来解释道德发展；然而弗洛伊德（Freud, 1914, 1931）发现，性别不对称是男性和女性发展达到同一的障碍，这种不对称现在仍然是家庭关系的特征。由于大多数妇女继续承担关怀和培养儿童的主要责任，因而，男性和女性在其童年时代的依恋模式、认同模式，以及成年期的道德模式或"亲社会"行为模式上具有显著差异。

由于种种原因，心理学家回避了这类观察结果，这类原因包括担心陷入模式化的危险、生物决定论的影响，以及在现实的性别差异讨论中没有完全公正的立场。此外，有关道德发展中不具性别差异这一最新断言，可能反映了心理学家研究道德方式的一种变化。心理学家关注的问题有转向的趋势，以前是占据弗洛伊德家庭冲突分析的关系问题，或者皮亚杰在研究儿童游戏时所关注的关系问题，而现在关注点转向道德逻辑或道德情感中的问题。由于男性和女性都能表现出理性思考及富有同情心的人类能力，所以据此衡量道德状况的研究者在数据分析中未发现性别差异也就不足为奇了。然而，尽管认为男性好斗进取、女性顾家体贴的刻板印象有些扭曲或局限，它们却仍具有某种经验性基础。无论是监狱中人数占绝对优势的男性，还是女性关怀孩子的程度，都不能被看作与道德理论无关而被轻易放弃，也不能被排除在道德发展之外。倘若移情或道德推理中无性别差异，为何在道德和不道德行为中却有性别差异呢？要么是衡量移情和道德推理的方法有问题，要么是道德发展中移情及认知的作用被夸大了。问题是，怎样结合道德中有关性别差异的社会学事实及一般观察，形成一种一致的道德观念及可能的道德发展原因。对此，我们认为修订理论框架是必要的。

我们从视角问题着手研究，因为它影响着道德研究中的观察内容及对观察的评价方式。先前有关道德中性别差异讨论的主要局限是单一道德立场的假设，即道德视角，它排除了讨论性别差异的可能性，除非是在不公正的对比之中。从这个角度出发，关于性别差异的讨论带有一种令人不安的标志，意味着言语中含有某种不便，即便如此，我们仍有必要将所看见的加以讨论。弗洛伊德在介绍其妇女的正义感少于男性这一论断时，以一种措辞讲究的语气开篇（"尽管我犹豫着是否把它表达出来，但我不能回避这种观念"），然后将他自己与"所有时代的批评家"（Freud，1925/1961，p. 257）相提并论，似乎想以此防备他人的攻击。皮亚杰在描述女性的道德缺陷时，否认任何权威论断，声称"最表面的观察也足以表明，总体上，小女孩在法律意识方面的发展远不及男孩"（Piaget，1932/1965，p. 77）。在科尔伯格与克莱默（Kohlberg & Kramer，1969）合著的著作中，他们将科尔伯格道德发展六阶段中的第三阶段描述为服务于家庭主妇和母亲的"功能性"阶段，但是他们紧接着又解释，如果妇女能够像男性一样获得较高地位的工作，接受更多教育，她们也能达至道德发展的较高阶段。

在此，人们直接感受到研究者的困境：由于研究者没有中立的立场据以评论性别差异，因此，他们不可避免地会采用那种被尼采描述为男性和女性典型立场的道德傲慢和道德自制。在有关道德发展问题的讨论中，性别差异问题的优点在于其不可避免地引发了人们对视角问题的关注。试问，我们是从哪个视角出发去关注性别差异的？这就很容易引发下述问题：我们是从哪种视角出发对道德进行界定的？这正是我们在童年早期关系中追踪道德起源问题时所希望考虑的问题。

两种道德视角/两个关系维度

倘若抛开我们与他人的关系，那么正如皮亚杰（Piaget，1932/1965）所观察的那样，道德没有存在的必要性。该观察是我们以下观点的核心，即对于关系的看法为任何道德观念的建构奠定了基础。针对婴儿的最新研究提供了显著例证——在儿童发展的早期个体已开始建立道德基础，表现在婴儿对他人情感的回应以及幼儿对标准的理解认同上（Kagan，1984；Stern，1985）。但是，为了阐释道德情感和道德标准的本质，我们有必要考虑这些能力是如何被组织起来的，因此有必要关注婴儿对与他人关系的体验。我们将道德起源追溯至孩童在与他人联系中的自我意识，而且我们识别出童年早期关系中的两种维度，这两种维度通过不同的方式塑造自我意识。一种是不平等维度，这在儿童意识中的反映是：比起成人和比自己大的儿童，自己不仅年幼，而且能力也欠缺一些，以人类的标准看，自己就是婴儿。在认知传统及精神分析传统中，道德发展理论家都曾强调过这种关系维度。此外，在强调儿童与他人相处时的无助感和无力感时，在描述儿童对于依赖更强大他者的束缚感时，该关系维度也得到了反映。由于关注幼儿处境的局限，心理学家将道德定义为公正，并且将儿童的道德发展与其朝向平等、独立的发展相联系。

但是，幼儿同样体验着依恋，而依恋关系的力量创建了一种完全不同的自我意识——例如能够影响他人、感化他人并被他人感动。一般来说，幼儿会喜爱那些关怀他们、愿意接近他们、想要了解他们、能够理解他们，并且会因其离开而伤心的人。在依恋情景中，儿童发现了人类相互作用的模式，并且观察到人们相互关心及相互伤害的种种方式。如同体验不平等一样，虽然方式不同，但依恋体验同样深刻地影响着孩子对人类情感的理解，以及对人们应该如何相互对待的理解。在道德发展理论中，依恋关系的道德意义普遍被忽略。一部分原因是童年早期爱的被动性受到强调，而孩子建立和维护与他人联系的能动性被人们忽略；另一部分原因是这段时期内自我意识的出现和独立及疏离紧密相连。然而，依恋体验促使这样一种有关关系的视角产生，那就是将爱作为构成道德观的基础。

这样，童年早期的两种不同动力——不平等和依恋，奠定了两种道德观的基础：一种是公正，另一种是关怀。成长中的孩子都要经历不平等和依恋，这两种体验有时并不趋同，它们决定着不平等与平等、依恋与疏离之间的差异，这种差异表征着人类所有关系的特征。虽然孩子和父母之间依恋的本质因个体和文化的不同而不同，虽然不平等的程度可能因家庭和社会的原因而有所加剧或减弱，但所有人生来都处于不平等的情境中，没有哪个孩子能够脱离与成人的关系而生存。因为每个人都易遭受压迫和遗弃，两则道德故事在人类历史中再次上演。

孩子知道这两个故事并以多种方式对其加以审度。面对不平等力量，美国孩子通过声明"这是不公平的"或"你没有权力"来呼吁公正。他们用"你不关心"或"我不再爱你"这样的言辞评估关怀的力量。面对压迫时，公正能为不平等提供某种保护；面对遗弃或疏离的威胁时，关怀能为依恋提供某种保护。在此，孩子发现了道德标准的功效。孩子在童年早期关系中学会的有关公正和关怀的经验使其形成对未来的期望，这些期望在童年晚期及青春期得到增强或修正。不要不公平地对待他人，也不要远离那些需要帮助的人——这两条准则奠定了个体道德发展的两条路线，为道德判断和评估道德行为提供了不同标准，并且指出了对公正和关怀两者含义理解上的变化。通过两种交错的关系维度追踪道德发展，人们才可能将从属于平等的转换和从属于依恋的转换加以区分，并考虑不平等问题和疏离问题两者之间的相互影响。在道德理解和道德行为方面对性别差异的观察反映了这样一种倾向，那就是无论是在男性还是女性的发展中，这些问题或者有显著的区分，或者以一种有差异的方式加以组织。

当人们以这样一种方式理解性别差异问题时，并不意味着某一性别在道德上优于另一性别，也不意味着道德行为是由生物原因决定的。相反，它引起了人们对两种道德视角的关注。从一定范围来讲，生理性别、心理性别以及那些界定男性与女性行为的文化标准和价值，影响着对平等和依恋的体验，因此可以推测这些因素会影响道德发展。

例如，童年早期的依恋经历可以减少不平等体验——通过在亲子关系中授予孩子权力的方式，否则，父母权力似乎是不可动摇的和万能的。如果女孩认同她们的母亲，依恋母亲，与母亲保持亲密的身体亲近，其不平等体验可能会没那么强烈。与此同时，她们通过建立与他人的联结而赢得的自我效能感，可能对其自我观念和自尊的形成更为关键。到了青春期，女孩可能对不平等关系的后果不太关注，而更倾向于把注意力集中于联系的性质或强度，尤其当女性的行为标准阻碍了朝向平等的努力时。如果男孩对母亲有更强烈的依恋，但他们认同父亲，受限于父亲的权威和力量，那么，他们的不平等体验及希望克服不平等状态的愿望可能在自我观念的组织中变得更突出，与此同时，疏离或独立对于建立自尊也更为重要。在男孩的成长中，如果其童年反复的不平等体验并没有因为依恋体验而减少，再加上青春期的社会不平等及对男性主导的较高的文化评价（cultural valuation），那么，个体的无助感会增加，与此同时，其暴力倾向会相应增强。

这些概要的观察旨在找出不平等经历和依恋经历产生相互作用的方式，从而使得一种关系维度遮蔽或改变另一种维度。我们已经指出，女孩如何可能趋于忽视由不平等所引发的问题，男孩如何可能趋于忽视由疏离而引发的问题。然而，通过关注那些能引发真实道德困境的关系中的各种冲突，这两种道德观之间的张力能对道德发展心理学进行最佳的阐释。

无论是从公正还是从关怀的视角来看，即便存在困难，下列问题似乎都有正确答案。如果同时从这两种观点去看，就不难看出其伦理模糊性。这种视角的变换带来了对下述人群的不同理解：在考试中不确定应该恪守公正还是帮助别人的孩子，在忠诚于私人关系还是秉持平等和自由理想的矛盾中饱受煎熬的青少年，当分配资源时不知是遵从需要还是公正原则的成年人。就像萨特（Sartre，1948）所提出的以下困境：一个年轻人应该和母亲待在一起还是应该选择叛逆，或者是母亲疑惑于她自己应该留在家庭抚育孩子还是应该外出工作。这些冲突可以被看作人类普遍的道德问题——当平等要求和依恋要求产生冲突时出现的问题。

因此，这个阐明我们有关道德发展讨论的隐喻是一个模糊性修辞，它说明同一种场景能够怎样用至少两种不同的方法呈现，一种看问题的方式怎样能够导致另一种方式的消失。我们将从一项有关道德倾向性的研究总结开始，提供证据证明，在人们界定及解决道德问题的方式中明显存在我们所描述的两种视角。继而，我们将转向道德感问题，说明两种不同的关系视角如何使同情的意义有所不同，如何将羞耻与内疚、爱与悲伤这样一些道德情感组织起来。最后，我们将提供有关儿童道德发展及相关生活的一项综述。通过重读皮亚杰与鲍尔比（Bowlby）有关失败和疏离的作品，我们达至以下理解，那就是道德情感就像道德判断一样，不是某种原始数据，而是各种关系作用的结果。自我中心的谬误假定，强烈的情感和清晰的原则或是自发产生或是其固有属性。我们的观点是，强烈的情感与清晰的原则有赖于"可靠的"关系。因为各种关系本质上有差异，所以影响各种关系的情形及由不同关系形式所产生的道德心理成为经验和理论两个层面的中心问题。本文中，我们将集中关注关系的两种维度，并说明其对道德推理和道德情感的发展所具有的含义。

两种道德推理视角的根据

在研究人们对其所面对的道德冲突的描述方式中，有证据表明，上述两种道德倾向使人们结构化地思考道德冲突的本质和解决方法。对这些描述的分析表明，人们在陈述道德冲突和道德选择经历时趋向于增加对公正和关怀的考虑。在一项对 80 名受过良好教育的青少年和成人的抽样调查中，55 人（占 69%）提及对公正和关怀的关注（见第 4 章）。然而，调查中 2/3 的人（80 人中有 57 人，或 67% 的人）或者关注公正，或者关注关怀，因此，在他们提出的各种考虑中，75% 或更多的人被限定在一种道德倾向中。在被调查的高中生、大学生、医科学生和专业技术人员中，这种"焦点现象"在男性和女性身上同等明显。但是，在关注的方向上显示出性别差异。例如，在道德推理中聚焦于关怀，这种现象虽然不是所有女性的共同特征，但在这次对北美受过良好教育的人士进行的抽样调查中，该现象几乎是女性特有的。在 31 位表明关注焦点的男性中，有 30 位聚焦公正；在 22 位女性中，有 10 位聚焦公正，12 位聚焦关怀。

对道德倾向最清晰的阐释出现于约翰斯顿（见第 3 章）所设计和实施的研究中，他改编伊索寓言，设计了一种评估自发道德倾向和最佳倾向的标准方法。从本质上看，这项研究表明，人们明白在解决道德问题中存在两种逻辑，并且，对公正与关怀倾向的分析和识别促使人们在认知、解决冲突时采用不同方法。该研究成果与我们对人类关系及道德发展的分析相一致，表明 11 岁的孩子和青少年、成人一样注重公正和关怀两个方面的道德价值，并且在考虑关系中的冲突时能够改变倾向。

兰代尔（Langdale, 1983）对假设的两难判断中的道德抉择进行了研究，她发现，在自发的道德倾向（反映在自发的"真实生活"中的道德冲突）和假设的道德问题的倾向特征之间有一种相互影响。在一项由莱昂斯设计的编码程序（Coding Manual, 1982）中，区分公正与关怀的有效性被兰代尔的研究结论所证实。兰代尔发现，在一项对 144 人进行的生命周期样本研究中，科尔伯格的公正推理两难问题引发了男性和女性对公正思考的最高频率。通过研究四个两难判断问题，兰代尔发现了道德倾向中的性别差异：女性一直比男性更多地以关怀思维考虑问题，即使是在解决以公正为中心的海因兹问题时。

但需要强调的是，此刻我们暂缓将这些研究成果普遍化。显然，在不同社会经济、教育和文化背景中以及大量道德问题的解决中，检视男女两性有关两种道德倾向的发展变化是必要的。

道德情感研究中道德倾向的含义

我们命名为"公正倾向"与"关怀倾向"的两种观点，意味着道德领域的相关概念发生了转换。两种道德倾向不仅包括明显存在于不同道德推理形式中的不同"道德"观念，也包括有关道德情感及其关系的不同概念。从某种观点看不值一提的某些活动，从另一观点看却可能具有重要意义。例如，有关人类关系的各种形式，若以公正倾向的观点考虑，可能被人不屑一顾，但从关怀倾向考虑，则可能被看作有意义的甚至非常重要的。世界观的改变对我们表述依恋关系的道德意义至关重要，依恋关系未被看作童年早期多余的需要，而是被看作"道德敏感性"发展的核心。在公正视野中被高度评价为成熟道德判断标志的疏离行为，在关怀视野中成为一种道德威胁的征兆，一种与他人联结的缺失。明显的主客区分，在大部分心理学理论中，被视为发展的核心，从而遭到质疑。一个与他人相关的更加灵活的"自我"概念，与情感想象力的发展息息相关。所谓情感想象力，也就是一种通过接受并体验他人情感来体谅理解他人的能力。

在以公正倾向为主导的传统文献中，羞耻和内疚曾被看作道德情感的例证。霍夫曼（Hoffman, 1976）最先对此观点进行了批判，他强调不仅需要在形成"道德"概念及道德发展阶段中考虑移情、同情及利他动机，还应关注童年早期有关移情、同情及利他的迹象。布卢姆（Blum, 1980）在其哲学论著《友谊、利他主义和道德》（*Friendship, Altruism and Morality*）中论证了人类联系与个人关怀的道德意义，并且比较了回应他人的两种方式，类似于我们在公正与关怀之间进行的对比。

我们提出的关怀倾向的概念基于依恋，这个概念引导我们将爱、伤心和一些其他的感情视为道德情感，这类情感包括既与依恋紧密相关的，也与对疏远及隔离的恐惧紧密相连的情感。道德愤慨不仅能由压迫和不公正所激起，而且能由疏离或依恋的缺失或他人回应的失败所引发。在一项对高中女生的研究中，女生们描述在某些人未倾听其说话时，自己表现出道德激情，这使人想起西蒙娜·薇依（Simone Weil）和艾里斯·默多克（Iris Murdoch）将关注定义为一种道德行为。值得强调的是，在我们的观念中，爱并非意味着融合或超越。相反，爱受制于关系活动，并且像依恋一样，以人们联结中的反应为前提，它是以一种能够体验他人需要和情感、能"感同身受"地和他人相处的能力。不平等和依恋的经历将道德推理组织起来，这使得公正和关怀的产生成为当务之急，而同时，这些经历也构成了羞耻、内疚、爱和悲伤这样一些情感。

羞耻和内疚、爱和悲伤的产生源自不平等经历及依恋经历，在这样的经历中，羞耻与内疚意味着没有达到某一标准，而爱和悲痛则意味着联结。然而，就个人而言，这些感觉就像经历本身一样混合在一起。内疚可能由于无力对爱作出回应而引发，悲伤和羞耻可能因联结的缺失或疏忽而被激发；同时，悲伤、羞耻和内疚可能伴随着压制或不公正的体验。这些情感定义了道德体验、澄清了道德侵害，然而，道德情感的力量与这样一种认同共存，那就是，这样的情感能在不同情境中予以不同的理解。

这些理解上的问题，在米兰·昆德拉（Kundera）的小说《生命难以承受之轻》（*The Unbearable Lightness of Being*，1984）里对"同情"一词的讨论中得到清楚的展示。关于同情的讨论始于以下观察：拉丁语系语言中"同情"（compassion）一词，都由前缀"与"（com）和后缀"痛苦"（晚期拉丁语，*passio*）组成。在其他语言诸如捷克语、瑞典语和德语中，该词是通过将一个相似的前缀和一个含义为"感觉"的后缀相结合来加以解释的。这种词源学差异的重要性在于，当关系意味着从不公平向依恋变化时，同情的意义从同情心变为了爱。下文所述的这种意义转换，对我们思考道德情感的本质、道德发展中情绪或情感的作用是非常关键的。

在拉丁系语言中，"同情"意指：当他人蒙受苦难时，我们不能袖手旁观，或者是我们同情那些遭遇苦难的人们。另一个意义大致相同的词"遗憾"（法语 pitie；意大利语 pieta），意味着向不幸者表示某种傲慢。"对某个妇女表示怜悯"意味着我们比她生活得好些，我们屈尊到她的水平，而贬低我们自己。

这就是为什么"同情"一词通常总是招来怀疑，它指示了一种被认为劣等、二流的情感，与爱几乎无关。出于同情的爱不是真爱。

在其他语言中，单词"同情"以"感觉"而非"痛苦"为词根，该词的用法和上面大体相同，但是……词源学方面某种神秘的力量使得该词充满着另一种光芒，给予其更广泛的含义：具有同情心（同感）不仅意味着能够体会他人的不幸，而且意味着能够体会他人的任何情感——快乐、忧虑、幸福、痛苦。因此，这种同情意味着情感想象能力方面的最大限度，意味着心灵感应方面的最高技巧。这样，在情感层次上，它是最高的（Kundera，1984，p. 20）。

按照英语用法，同情就是怜悯。昆德拉在书里有关利他主义及亲社会意识的讨论中贯穿着怀疑色彩，并对利他情感的真实目的是否以自我利益为诉求、利他行为是否受到接受者的欢迎表示出一种不确定。只有当同情意味着共情（co-feeling）时，其道德品性才是显见的。此时，一个人不再在他人的情感面前保持距离，而且利己主义和利他主义之间的对立也消失了。然而，由于共情既不意味着自我和他人之间的清晰界限，也不意味着自我和他人之间的合并或融合，所以，共情思想违背了有关自我的本质以及自我与他人关系的主导性假定。从理论视角考虑，共情虽然从道德方面来说是理想的，但从心理学上看却似乎是不可能的。然而，同情和共情之间的对比有时出现于实验研究中，常常和对移情或亲社会意识方面性别差异的观察相联系。为了考虑共情的意义及其在道德发展中的可能意义，有必要先进一步区分形式各异的道德情感及理解他人的不同方式。

霍夫曼（Hoffman，1976）提出只有当别人的情感与自己的情感相似时，一个人才能体会他人的情感。卡根（Kagan）基于情感的道德观假设"一系列情感中的每一种都有其典型核心"（1984，p. 169）。虽然情感是由个人体会的，但是卡根假设系列情感是以标准化情感为中心的，并且每个人都被假定能够获得情感标准，这个假定引发出一个问题：人们是怎样获取情感标准的。我们关于共情的兴趣乃是基于以下意涵——在体验那些使他人的感情易于接近的关系中，共情这样的情感得以发展。共情与移情之间的区别就是，移情意味着一种情感的同一——自己和他人感觉相同，而共情则意味着一个人能够体会到不同于自己感觉的情感。这样，共情有赖于介入他人（从他们的立场考虑）情感的能力，意味着一种参与态度而非一种判断或观察的态度。体会他人的任何情感意味着在本质上与他人在一起，而非远观他人，对他或她表示怜悯。例如，当一个孩子遭受痛苦时，人们可能会将孩子的痛苦视为己有，或者人们会注意到这个孩子正在受罪并为孩子感到担忧。

羞耻和内疚这样的道德情感表现出自身与他人之间的一段距离。在他人看来是羞耻的，或者为朝向他人的个人愿望或行动感到内疚，就是指感到低于他人，或者强烈感到自己可能对他人带来伤害。当某人自己觉得羞耻或内疚时，不平等的含义仍然存在，但是不平等是从自我方面建构起来的。正如超我和理想自我所意指的那样，是指一个人未能达到自己的标准或没能实现自己的期望。

将爱和悲哀视为道德情感——视为种种影响关心自己和他人的能力的情感，视为获悉某人应当如何行动，或者什么样的行动构成关怀的情感——就是把依恋和疏离的经历看作与道德发展相关。伴随这种视角转换，道德讨论中通常与关系有关的各种假设也发生了变化。例如，爱并非意味着屈尊的原因，不是因为它暗含平等，而是因为它表示联结。自己和他人无论是否平等，通过共情，变得相互联结或相互依赖。这种背景之下的差异，可以激发对经验扩展的兴趣，或者预示疏离和误解的潜在重要性，但它并不意味着一人高于或低于他人一等。相反，共情并非意味着无差异或诸类情感的同一，又或者不能区分自我和他人。它意味着这样一种自我意识，即自我能够理解他人的情感并与他人共在，能够影响他人和被他人影响。随着这种与他人关系中的自我观念的转变，道德问题也发生了变化。

道德质疑不再转向如何处理生活中的不平等这样的问题——也就是说，如果自己与他人事实上都是平等的，应该怎样行动，或者在同等尊重原则基础之上应该怎样施用平等规则。相反，道德质疑转而解决有关包容与排斥的关系问题——怎样在与自己和他人的联结中生活，怎样避免疏离或怎样克制需求抵制诱惑。孩子们玩的游戏和他们的友谊模式，展现出他们对这些问题的认识。孩子们有关包容与排斥的实践，其最隐秘的表现是形成派系和驱逐、孤立等行为。包容和排斥的问题导致童年和成人生活中某些痛苦的经历增加了。但是，这些经历也为人们（处于人际关系背景中的人们）克服整个生命中都会出现包容和排斥这样的难题作好了准备。因此，疏离的代价以及依恋或联结的条件，是可以通过体验获得的经验教训。

在关于依恋和疏离的知识中，情感所扮演的角色产生了如何获取并扩充情感知识的问题。婴儿通过移情的方式回应他人的情感，以其最原始的形式表现共情。随着孩子的成长，个体和父母、兄弟姐妹、朋友、教师等之间的不同联系经历可能扩展并加深其情感体验，从而扩充孩子的情感内容，增进他或她了解人们感觉的兴趣。孩子们在绘画和故事中所凸显的美学敏感性，表达了他们分享他人情感并带有感情地想象他人如何感受的能力。

例如，正是孩子和父母之间的相互回应为他们的关系注入了活力，使其充溢着来自回应的快乐，并建立一种引导孩子对成人好奇、成人喜欢孩子的情感互动。通过在他们之间创建的依恋或联结，孩子和父母得以了解彼此的感受，也明白了如何让对方舒适，以及怎样避免造成伤害。当孩子和父母间的回应减少，双方之间出现不平等时，在父母看来孩子可能会感到羞耻或内疚，而父母充其量不过是以同情心注视着孩子，对他或她的不幸感到怜悯。

自我和他人之间的距离成为主客区分的标志，意味着主客关系的诞生。但它同时也带来了客体化的隐患，即视他人为客体且感到与其没有联系的能力。能够通过疏离获得安全和洞察力，这一观点遭到挑战。人们认识到，由于缺少共情，一个人不能理解他人的感受，因此，一个人可能生存在自我中心的无知中，陷入过分理性化的危险。

因此，对知识的两种描述构成了两种思考道德方式的基础。一种观点认为，知识是在心智与纯粹形式相一致的过程中产生的，由此道德知识成为调节自我和道德原则之间的反思的平衡。由此，一个人能够取代他人的角色，或者呈现罗尔斯（Rawls）所说的"原初状态"，或者表演科尔伯格所称的道德音乐剧——所有这些情形都不用刻意去了解他人的全部，只需简单遵循透视规则并将自己置身于他人的位置（Kohlberg, 1982）。另一种观点认为，知识来源于人类的联结，这种观点正如圣经中所阐述的"亚当了解夏娃"。幼儿有关羞耻和内疚、爱和悲伤的情感，表明了两种知识形式的存在，并表明了其起源于童年早期关系。

在有关移情、同情以及诸如帮助、分享和关怀的亲社会行为的研究中，通常不再区分因怜悯而产生的同情与因共情而产生的同情；如果研究中有对二者的区分，那么它是与"自我与他人"界限的存在或缺失联系在一起的。这些研究常常聚焦于孩子们对痛苦的回应，同时，将发展等同于孩子们将痛苦看作属于他人或自己感情的能力。这样，霍夫曼区分了婴儿的移情回应和孩子因同情而产生的痛苦，在这一对比中，我们也看到了一种反映自我意识出现及认知能力增长的进步。

然而，霍夫曼（Hoffman，1977）在一篇有关移情性别差异的文献综述中指出，在那些显示出清晰的性别差异的少量实例中，有一项实例表明女孩和男孩能同等识别并理解他人的感受，但女孩更易体验他人的感受。在分析孩子们的叙述时，沃尔夫、吕格和阿特舒勒（Wolf，Rygh and Altshule，1984）都注意到同龄男孩和女孩有着同样的情感系统，但趋向于用不同的叙述顺序将各种情感加以"串联"。在对青少年早期内省式思考及亲社会意识的研究中，研究者意外发现一个最有说服力的例子，表明在共情和移情间存在性别差异。这项由巴蒂奇（Bardige，参见第5章）实施的研究结果表明，共情与形式运算思维之间存在着一种张力，这一张力引发了有关道德发展本质的问题。

巴蒂奇（Bardige，1983）分析了学习"正视历史和我们自己：大屠杀与人类行为"（*Facing History and Ourselves：Holocaust and Human Behavior*）这门课程的43个郊区中学8年级学生的日记。巴蒂奇通过分析学生理解复杂历史事件的能力，着手探寻青春初期逻辑思维的发展。然而，在分析时，她注意到有4个女孩在日记中屡次显示出具体运算思维的迹象，以回应描写暴力的电影和故事，她们反复使用悲惨、恐怖或令人震惊的悲痛这样的语言，并呼吁用行动制止暴力。通过重新审视这些日记，巴蒂奇发现，在所调查的24个女孩中有8人、19个男孩中有1人的日记中出现了这种模式。她称这种模式为"回应性表面价值语言"，以表明这些学生以表面价值思考暴力迹象并直接作出回应的趋向。

"表面价值思维"的局限及其良好意图的天真都很明显。然而，直接的感知、热烈清晰的判断、参与的强烈意愿和"做些事"的渴望是显著的——

特别是根据观察，那些推理较为复杂的学生（他们力求看到故事的另一面，或者他们有以多棱镜视角看问题的能力），并没有以同样的道德强度回应对暴力的感知。从某种意义上说，"表面价值回应"引起人们关注"情境中的核心道德真相——事实是伤害仍在继续，迫切需要采取某种措施加以制止"。因此，回应性表面价值语言的力量在于，"它强调情感和行动的双重反应。它不允许为折磨和谋杀寻找任何借口"。（Bardige，参见第 5 章）

这一回应与通常被视为较低的认知、道德及自我发展水平相联系——这一事实导致巴蒂奇重新审视她对这些日记的分析，并质疑道德敏感性在青春期是否处于风险之中。所有学生对其目睹的暴力都表现出个人悲痛、深切关注、怀疑以及"做些事"的愿望，但是，他们所使用的语言和所形成的联结是不同的。在以下三种模式——"'表面价值判断'的强烈明晰性，期待善端的'复合图像判断'的兼容性，'多棱镜判断'的完整性（此判断认识到满足良心的行动可能并没有真正的帮助作用）"——的对比中，巴蒂奇看到了一种得失模式。

康德也曾有过类似的论断。他强调，道德哲学家有能力"被大量异于常人的考虑混淆判断，并偏离正确路径"（Kant，1785/1948，pp. 22 – 23），此时蕴涵于普通人思想和行为中的道德洞察力可能彻底归于沉寂或丧失。皮亚杰认为青春期形式运算思维的开端伴有最普遍的自我中心主义的危险，他将青春期的特征概括为"普遍具有形而上思维的年龄"（Piaget，1940/1967，p. 64）。巴蒂奇也认识到一个更有力的认识框架可能是更危险的方式。

因此，能够洞察事物两面性的能力可以带来对他人的新认识，由此增强考虑他人需求的能力。它也会引发对侵害者的权利或福利的关注，导致遮盖了受害者的体验，遮蔽两个方面并不平等的事实。多棱镜思维的使用可以形成对责任的新假定。正如几位多棱镜思维使用者在其日记中所指出的，这种思维能力会使不作为合理化，使人逃避决策，或者能巧妙地使他人在面对邪恶时无动于衷（Bardige，见第 5 章）。

在以表面价值思维思考暴力现象的学生的种种回应中，最惊人的反应是他们在对伤痛感作出回应时直接的情感表达。与难以理解的震惊表现相关的悲伤情感或厌恶情感的表达，成为这些学生感到需要采取行动的基础。由于表面价值思维的缺乏，共情的证据从日记中消失了。越复杂的思考者，就越有可能发现、定位自己的情感，并向受害者表达同情。有些人对情感反应表示怀疑，意识到情感如何被操纵；其他人则谈及了他们试图克服远离其自身倾向的努力。

卡根推测："也许通过两个不同且不相称的过程，我们每个人都能被某个想法中的道德公正所说服。一个过程是以情感为基础，另一个过程是以伴随着一定深层前提条件的逻辑一致性为基础。"他继而观察到，"当一项标准从任一基础获取力量时，我们发现背叛指示是困难的。当它得到两方面的支持时，正如其在折磨及无来由的谋杀时的所为，其聚合力达到最大值"（Kagan，1984，p. 124）。我们对于将公正和关怀作为两种道德逻辑的分析，以及将同情心和爱作为同情的两种含义的分析证实了卡根的区分，但也进一步指出情感和前提条件均为道德语言和道德倾向的特征。在我们的研究中，主体倾向于在很大程度上以公正或关怀话语来看待道德问题，这种焦点现象表明两种观点之间有一种动态张力，在这种张力中，对某方面的采纳则可能遮盖另一方面。因而，当由单个观点评价道德发展时所产生的问题，可能看起来是难以捉摸的。

在我们的调查数据中，关怀焦点主要出现于女性道德判断中的事实，以及巴蒂奇所发现的对暴力的表面价值回应主要存在于女性道德思考中的事实，澄清了道德推理中性别差异的本质。这样，那些在公正视野中看来公平的内容，从关怀观看，却表现为疏离：这是一种站在一旁袖手旁观的能力，似乎一个人的情感与他人的情感是没有联系的，一个人并未受到发生在他人身上事件的影响。这种以两种方式看待关系的能力，或者从两个不同角度讲述某个故事的能力，构成了那些恰好处于道德两难困境中的最焦灼体验的基础，创造了一种不可分解的伦理模糊感，或许也创造了一种消除某方观点的诱惑，从而使得不协调因素消失。

道德发展理论的意义

本文最后部分，我们将考虑那些用于描述孩子道德发展的资料的含义。

我们对模糊数据的隐喻引起人们关注基于观点缺失的持续危险。它来源于我们的如下分析：将公正和关怀作为两种道德视角，其中任何一种视角可从其角度出发表现出对另一种视角的关注。在公正视野内，关怀成为某种特殊义务或额外职责。在关怀视野内，公正成为关怀范畴内某种囊括自我和他人的行为。然而，就像试图将两种倾向看作对立的，即关怀是不公平的，而公平又是非关怀的，这种以另一视点建构某种倾向的努力，错过了由观点转变所带来的关系重组。争论道德是否确实就是某种公正或关怀，就像争论一个模糊的兔鸭形象是否确实是一只野兔或是一只鸭子。

正如科尔伯格与其他研究者所论证的那样，关怀伦理不能被降低为一种公正视野下"个人的"道德①。这种做法不仅未看到关怀能够被"原则化"——由真实的关系标准规定，而且忽略了那些来自观点间冲突或由某种观点盲区造成的两难困境。例如，道德心理学从思考或感受自身的角度看待发展，将发展解释为获得自由的疏离的自我，这未能揭示道德盲目性或道德理性化的典型错误的原因。同样地，一种将道德发展仅仅看作朝向平等和相互尊重方向进步的道德心理学，冒着一种将疏离和客观现实相混淆的风险，因此关系最终为那些受外界所支配的、具体化的道德标准服务。

我们在道德方面聚焦关系的视角，引导我们将平等和依恋的经历看作道德认知发展的关键。在发展动力方面，我们特别关注这样两种关系维度的交织，以及由此而导致的公正和关怀考虑之间的冲突。当孩子寻求平等的努力（一种变得更强大、更有竞争力的努力，像大人一样）与寻求依恋的努力（一种创建并维持真实关系的努力）形成一种张力时，他们道德两难的体验可能最为强烈，最终其道德发展的潜力可能会得以提升。童年早期和青春期早期看来似乎就是这样的时期，这是因为生理发育、新的心理能力以及新的社会经历的合力，使得平等和联结的内涵都发生了改变。这样，必须在两种维度中将关系加以重新考虑。当关系经历迅速转换时，将童年早期和青春期

---

① 科尔伯格（Kohlberg，1984）对吉利根有关元伦理学的阐述进行了批评，他认为关怀伦理"不适宜解决公正问题，这些公正问题需要用原则来解决那些所有应该被关心的人们之间的冲突"。因此，他认为没有解决关怀问题的"道德观"，而职责是由"公正"问题及"公正"标准分离出来的（pp. 231－232）。但是，"关怀的道德"不仅仅代表他们所提出的"个人决策"内容，而且代表一种观点的转换，由此出发描绘道德图景并揭示描述道德合理化基本观点的"法则"。

早期视为脆弱度提高的时期，就是看到了孩子和青少年有可能遇到的道德问题。疏离成为在任一时期解决这类问题的方法，在我们看来，这一观点是当前自我和道德发展理论的主要盲点。

受此启发，我们反观了皮亚杰对 11 岁孩子的道德智慧和道德慷慨的认识。此外，我们还反观了鲍尔比所进行的有关孩子们使无序联结合理化的方式的研究。皮亚杰提出了一个问题——"为何民主实践在 11 岁与 13 岁男孩所玩的弹珠游戏中发展得如此完善，而对生活经验丰富的成年人来说却如此陌生"，迄今尚未有过对此问题的答案，除了皮亚杰所提出的 11 岁是孩提时代的"制高点"（Piaget，1932/1965，p. 76）这一论点。该问题持续挑战着道德发展阶段理论中的逐步发展的假设①。皮亚杰观察到 11 岁男孩"在游戏理想或游戏精神方面的洞察力不能在规则方面加以诠释"（Piaget，1932/1965，p. 386），而我们观察到 11 岁女孩对于"关系精神"的相似洞察也不能在此阶段得以充分表达，这两个观察结论是一致的。根据我们在道德推理和道德情感中所提及的性别差异，诸如男孩和女孩对游戏和关系、平等和联结是否拥有共同洞察力这样的问题，或许能通过这样一个问题得以更好表达，即男孩和女孩是否趋向于用不同的方式组织这些与他人有联系的洞察力问题。青春期成为道德发展中的一个关键期，因为童年期对平等和依恋的组织方式不再适合于青少年。因此，11 岁时关于游戏规则及关系本质的智慧，在青春期不再是稳步地扩充着，而是处于危险之中。

青春期使至高无上的 11 岁进入一个处于童年和成年联结中的不安全期。此时，孩子们对关怀和公正的早期设想时常被推翻。形式思维打开了一个充满强有力的道德理想和假想争论的世界，但青春期还打开了一个属于生殖与性以及神秘联结的世界。因此，在青少年困难重重的社会生活里，尤其是在面对成人生活中所表现出的大量不公平或合理化的冷漠时，青少年往往表现

---

① 事实上，我们应该记得，皮亚杰曾经论及道德发展不能从阶段理论中得以准确推断，因为在每一种新的约束性关系中，自主总是处于风险之中（Piaget，1932/1965，p. 86）——因此，无论是成长中的孩子，还是青少年和成年人，其道德发展都依赖于社会环境。此外，皮亚杰也特别提到道德发展和智力发展相混淆时所出现的问题，同时观察到"一个聪明的坏蛋可能会比一个反应迟缓却很善良的小男孩给出［有关道德行为问题的］更好答案"（p. 116）。也可参见卡根的著作（Kagen，1984，第 4 章）。

出格格不入的理性化和超然物外的情感。皮亚杰及其他未持该观点的人提供了大量有关青春期形而上诱惑的生动描述，他们将青春期的自我中心视为"以救世主自居的"，青少年可能产生私密的幻想，即使他们稍后自己也会觉得是"病态的妄自尊大"（Piaget，1958，p.344）。青春期道德发展的关键因素，可能是真实智力和情感依恋的发展，它和此类自我中心的潜能是相反的。但问题出现了：皮亚杰描述的景象是不可避免的吗？或者说疏远和理性化是对不充分的联结形式或想法所作出的一个回应吗？由此，我们可以来看看被皮亚杰称为坎普的一个11岁孩子的例子。

与皮亚杰的用意相反，坎普一例阐明了关怀如何无视公正，但这个例子没有得到充分阐述——部分地证实了皮亚杰所谓的"平等与团结相联合"的论点。

[采访者]：你是如何看待欺骗的？

对那些学不会的人来说，应该允许他们偷看一下，但这样做对那些能够学会的人来说，却是不公平的。

一个孩子抄袭他朋友的算术作业，这公平吗？

他不该抄。但如果他不够聪明，那么他这样做或多或少情有可原（Piaget，1932/1965，p.289）。

令人惊讶的是，皮亚杰注意到："后一种态度似乎在我们所调查的孩子中只是一种例外。但毋庸置疑，其他许多人也都这样想，只是没有勇气说出来。"皮亚杰对此例中所涉及的问题进行了解答，他声称该问题表明了存在于孩子团结一致与成人权威之间的冲突。随后，皮亚杰对康德式的问题进行了论述，即个体能否利用撒谎以避免背叛。但是，那种与团结一致思想相关的、被皮亚杰视作随孩子年龄增长而发展的平均主义的公平思想，并未论及例子中所包含的依恋与分离问题。这些问题在坎普一例中也未得到阐明。

坎普一例以怜悯而非共情例证了何谓同情，在例子中，他与那些他认为应该帮助的不大聪明的孩子是有间隔的。在此，他暗示个体只对那些地位卑微的人降低公正要求。但这种两难困境中的联结问题时常在一些这样年龄的女孩身上得到清楚地表现，她们谈及自己感知到他人的需要但却没有提供帮助所付出的代价——对被忽视的求救哭喊声的记忆和"失去所有朋友"的危险。

青春期女孩对疏离的抗拒通常被解释为一种分离的失败，而分离的失败是以她们的智力和道德成长为代价的。如果不从疏离代价这个立场来看，它似乎包含了一种不同的道德观，其应用并非限于私人领域。一个学哲学的高中生，当论及萨特所提出的困境——年轻人应该叛逆还是老实地和母亲相处时，既阐明了一种以依恋为基础的关怀逻辑的一致性，又阐明了这种逻辑与公正推理的对照。

> 如果我是那个男孩，我想我会选择和母亲在一起。我不知道那样做是不是最好的，但它却是一个好的且更直接的解决方案。当他是母亲的唯一指望时，难道没有其他人去对国家效忠吗？我对导向个人利益的那些行为有强烈感触。如果每个人都这么做，按照逻辑，那么这些行为将会对大家都有好处。

对母亲的回应不仅基于母亲的需求的直接性和现实性，而且基于这样的逻辑——如果那些在特定关系中导向关怀的标准以一种普遍的方式（即将关怀标准普及至每一种特定关系）实现，这样的冲突可能是多余的。这位青少年把人与人之间的差别视为形成回应每个人需求的创造性解决方案的好机会，并阐明了怎样设计关怀伦理的逻辑和优先的包容性解决方案，以避免使道德困境成为得失权衡的两难选择。然而，从公正角度来看，这种包容性或创造性的解决方式并不符合平等的标准。如果母亲采取角色互换的方式（从公正角度看），将自己置于他人处境，她就会设想，儿子也会有相似的需要或职责，而事实可能不是这样。因此，疏离、公正和"理想角色互换"可能掩盖她所想象的双赢解决方案的可能性。

还有一点需要指出的是，共情是母亲解决困境所采用方式的特征，原因在于母亲是与自我需求"共处"的，而非从自我出发重构自我需要。在此意义上，共情奠定了尊重他人感受的基础，并摒弃了决定他人需要是否"真实"的假设。正是以这种方法，那种由不平等到联结的转换改变了思考自己和他人关系的方式，并从爱的角度产生了同情的可能性。

　　另一位高中生在论及科尔伯格的海因兹困境时，看待疏离问题不仅从困境本身——药商对海因兹及其妻子的不回应——加以考虑，而且在通常被视为理所当然的正确答案中，或是生命优先于法律和财产的声明中进行思考。在此基础上，虽然她能从逻辑上为海因兹偷窃的公正性提供正当理由，但当她谈及以下情形——知道在自己所生活的城市中，有些人因买不起药而死去，那么某人应该偷药以挽救这个陌生人——她发现这种说法有问题。她看到了"正确答案"为何是正当的，但她也将此看作道德上有问题的，并将导致道德行为与道德判断的分离矛盾。此外，她还质疑偷窃是否是解决分配不均问题的一种好办法。

　　当前有关儿童利他主义情感和动机能力的争论还未触及关键点：如果童年早期这样的情感是自然的、当下的，那么，其丧失或不良转换一定是某些经历的结果。因此，我们质疑：怎样的经历可能存于那些失去此类敏感性的人的生命中？有些孩子从未有这样的缺失，果真如此，他们又有怎样的经历呢？

　　皮亚杰提出，善的知识的获取在纯粹义务知识之后，但他从未表明怎样获得善的知识（Piaget, 1932/1965, pp. 73，106，350）。科尔伯格声称，其第六阶段的研究整合了关怀和公正，但他从未描述过关怀是怎样发展的，以及个体如何知晓构成关怀的要素（Piaget, 1984, pp. 349 - 358）。如果善的知识的获取不是在纯粹义务知识之后，而是在更早的发展阶段中以一种萌芽形态被人所持有，就像在那个皮亚杰所难以理解的女孩（她们未将还击认可为一种对所受攻击的适当反应，并且她们在合作中更快地摆脱了自我中心主义）案例中所表现的，情况会怎样呢？如果11岁的弹玻璃球的孩子或参加考试的人也拥有这样的知识，情况会怎样呢？如果像皮亚杰本人提供的资料中所反映的，女孩的教养及道德经历和11岁男孩的洞察力指向不同的、复杂的、特殊的道德发展，而且这种发展方式由依恋的命运所决定，情况又会怎样？

　　或许，女孩的相关经历（包括她们整个童年期与母亲的关系及与他人的友谊，它们都减轻了分离及与之相伴随的自我中心主义）即便不系统的话，也使其既保持了关系的本质，又保持了道德知识的完整。学龄女孩获得的有关人类情感的实际知识的程度，以及解释和预知家庭或教室里复杂的互动方式的程度，从未在道德理解的意义方面被提及。也许，如此多青春期女孩不起眼的疑问反映了她们的冲突性情感和多样性观点，也反映了她们基于一种考虑他人如何感知的、非自我中心主义知识的可能判断。

皮亚杰的论述暗含这种论断的萌芽，但它们在话语表达中隐匿了，而仅仅表现为聚焦于公正考虑。此外，皮亚杰有关思维发展理论的论述过度侧重认知阅读内容，也使得这种论断无从显现。皮亚杰认为，自主在同辈人的互动中发展，这一观点时常忽略父母的亲子作用，而仅仅突出了关系在道德发展中的重要性（Piaget，1932/1965，pp. 190 - 193，319）。那种基于显在利益的道德，带有某种意向或共情的道德，不仅依赖于真实的合作经历，而且有赖于真实的依恋经历。因此，自然道德情感的丧失似乎弱于压制性转变；在压制性转变中，自我的发展性需要在使道德情感适应个人目标的分离中形成。这样，标准和规则开始具体化为"自我选择的原则"，它们与赋予个体生命和意义的相关情境无关。

如果说关怀推理中的持续错误是游移不定的，并由于趋向包含所有可能看到的方式而导致缺乏清晰判断的话，那么，公正推理中的持续危险则是道德自大，一种严格遵照原则、对判断的绝对可靠性所表现出的失去理性的信任。接下来是，发展不见得必须是道德"进步"。如果联结是主要内容，那么，道德智慧可能早就存在于孩子的生活中，却在后期关系的发展中消失。道德不成熟可能不在于一般道德知识的缺乏，而在于缺乏使道德观念成为道德洞察力的必要联结。儿童富有经验的协商性关系，尤其在童年早期和青春期，可能为道德智慧的前景和失却道德洞察力的危险方面提供重要资料。这样，问题就不再是道德"自身"如何发展，而是在促进或威胁道德进程的各种关系中什么可能是关键所在。

我们认为，道德发展在依恋转换的进程中发生，并贯穿于孩子朝向平等发展的进程之中，这一观点突出了鲍尔比有关缺失与疏离研究的价值，并指出了深入研究的途径。脆弱的孩子由于在身体或心理上与父母的亲密行为的缺失，而经历一种"混乱的哀痛"，这是由"强迫性给予关怀"或"情感纽带独立"所造成的结果。由于双亲的慈爱时断时续，父母对孩子的爱传递出来的信息非常混杂，许多缺失亲密的受害者受其支配。孩子将对这样的混杂信息作出怎样的反应呢？为此，鲍尔比提出了若干可能。

一种结果是孩子甚至冒着与父母决裂的风险也要恪守自己的观点。
这很不容易……第二种也是相反的结果，就是牺牲自己的观点而完全依
从父母。第三种可能也是比较普通的结果，就是一种不稳固的妥协状
态，孩子在自己和父母之间不断地摇摆。（Bowlby，1973，vol. II，
p. 318）

在这种最普遍的结果中，孩子游移于"两对不相容的模式，每一对模式
都由一个父母模式和一个作为补充的个体自我模式组成"。鲍尔比观察到，
当孩子对焦虑来源的错误认识被多次合理化，那些作为佐证的理论并不能证
明事实上孩子的恐惧是正当的。鲍尔比提出，对缺失联结的恐惧构成了许多
孩子合理化的基础，这是可以理解的，并且是非常实际的选择。他们或是惧
怕爱的缺失，或是不能理解为何他们那些"慈爱的父母"在现实中却是那么
地没有爱心。

那些发展不成功的成年人可能很聪明，但却是孤芳自赏且以自我为中心
的人，他们容易倾向于在不知不觉中为自己进行辩解。这些找借口的人召唤
一个解决不合理问题的"合理的"方案，这样，由不真实关系而产生的情感
及形象混乱通过分离得到解决，它时常被错误地看作健康自主的必然缘由。
因此，以自我为中心的分离是一种可避免的、由某种精神疏远经历所致的结
果，而非一个发展范例。这样，我们推翻了那种被大多数皮亚杰儿童思维发
展理论所采用，并且与大多数有关儿童发展的心理分析理论相一致的皮亚杰
的论断。皮亚杰声称：

个体仍然听任自身以自我为中心……通过以自身为媒介理解并感知
每一件事，"个体"由此产生……只有通过和他人的判断相联系，这种
反常状态才会逐渐被取代。（Piaget，1932/1965，p. 400，附言）

我们断定：个体由于听任自身发展而变得以自我为中心；只能以自身为媒介
进行感知和理解，他或她失去了与他人的情感联系，因而必定依赖自我中心
的判断。以这种方式，个体的反常状态得以滋长。

如果我们承认道德问题中的平等和依恋的分歧性目标具有普遍的依据，

则需要道德心理学在其概念及方法论方面进行较多改造。一旦我们认识到有（至少两种）不同的道德倾向，那么不仅我们的研究资料，而且我们有关"发展"、"阶段"、"关系中的自我"及"道德成熟"的观念就都必须围绕不同的道德语言及相关变化加以改变。如果道德发展始于关系并在关系中进行，那么，孩子的认知发展和情感发展就不能被视为最终目标，而应是孩子相关生活的动态结果。如果个体没有被赋予自我主义，如果共情不再是不可能的，如果平等和依恋的目标既分离又会聚，道德心理学就必须容纳有赖于特别关系种类、有赖于认知与情感的成熟、有赖于特定社会文化因素的种种道德经历。这样，道德范畴将变得更为恰当的复杂。道德发展并不意味着道德困境必须消失。从一种道德维度出发规划道德发展的努力，只会延续一个类似于兔鸭问题的无结果争辩。

我们最初提出了一个道德发展讨论中有关性别差异论点消失的问题。在本文中，我们已经论析了该讨论如何转变为一种介于两种道德声音之间的更全面对话，这两种道德声音在人类经验中的深刻共鸣，体现了其在童年早期的起源。在弗吉尼娅·伍尔夫（Virginia Woolf）的小说《雅各布的房间》（*Jacob's Room*）中，作者写道："不论我们是男是女，不论我们冷酷无情还是多愁善感，不论我们年轻还是正在变老……这就是我们看问题的方式，这就是我们的爱所依存的环境"（Woolf，1922，p.72）。在本文中，我们已经指出，无论男女都可能倾向于从不同的角度去看问题，或是有所不同地忽略其他观点。我们有关道德起源于童年早期关系的观点，使我们有可能解释，当真实依恋失败时，作为男人和女人的我们为什么会变得既冷酷又多愁善感。上述观点也指出了如下事实——当我们年少时注定都不平等，而当我们长大时却都追求道德平等。无论男女，我们的某种经历可能使我们对自身或另一性别有更多了解，这一观点是真实的，那么爱的能力和公正评价不局限于任一性别的认识也是正确的。

由于种种原因，目前女性更多谈及疏离的代价，尽管男性先前已通过各种方式突出了这些代价。也许历史在此刻，即当心理学将其注意力转向人类的移情能力和同情能力时，我们将会更深刻地考虑回应某人情感的能力，这个人或许是一个陌生人，只是通过那种回应，才体验到一种较少陌生感的共情。考虑到这种能力的价值，我们可以选择既将注意力转向那些在大量婴幼儿研究中所包括的女性，又关注研究中日益增多的男性。以这种方式，我们可能改变自己的理解方式，观察婴儿的移情作用如何会有共情萌芽，并询问那种与他人情感共在的能力如何得以滋养和维护。在此之后，我们关注不平等问题，尤其是青春期所遭遇的——当我们考虑童年早期关系的结构并对道德发展进程进行描绘时，我们可能也会关注依恋转化问题。

第2编

启示：为青少年及成人发展界定一种新方法 ➤➤

7 青少年发展中的退出—呼吁困境

□ 卡罗尔·吉利根（Carol Gilligan）

在《退出、呼吁和忠诚：对企业、组织和国家衰退的反应》（*Exit*, *Voice and Loyalty*: *Responses to Decline in Firms*, *Organizations and States*, 1970）一书中，阿尔伯特·赫希曼（Albert Hirschman）区分了人们面对组织衰退时的两种反应模式——退出（exit）或是呼吁（voice）。退出是古典市场经济运作的中心，例如，客户对 A 企业的产品不满意，转而选择 B 企业的产品。与这种由"无形之手"所操纵的简洁的、客观的机制相对照，呼吁——努力加以改变而不是逃离一个令人不快的环境——显得杂乱、烦琐和直接。如果"将所有从微弱抱怨到强烈抗议的方式加以分等"，那么，呼吁是极其优秀的政治行动，与其相伴随的是一种以清晰的个人和公共批评意见替代私人的、秘密的投票而表达的"爆发"潜能。赫希曼先是将退出和呼吁当作其社会健康剧本（drama of societal health）的两个主要角色加以介绍，进而提出忠诚理论来解释两者最佳协作的条件。他宣称，忠诚看似是对"关注此事的成员"的非理性承诺，但它能在走投无路之际阻止退出而刺激呼吁，同时还使得成员能将退出作为最后的手段，尽管退出被视为背信弃义的。

以经济学者的观点来看，个体行为的动机是追求利益；在政治理论家的视野中，个体是社会组织中的权力探寻者；赫希曼又增加了一个看待个体的新维度——将个体看作受到忠诚激发或者是与阻止衰退和促进恢复相联系的形象。赫希曼论证了与组织的依附关系作为一种力量，是如何影响行为并影响人们考虑不同因素而作出不同选择的。由此，他在一个较宽广的情景范围内揭示了忠诚的存在是如何使退出和呼吁之间呈现出张力，从而改变了离开（leaving）和言说（speaking）的意义的。赫希曼对退出和呼吁所作的敏锐的心理分析，与心理学领域暗含的一种转变相匹配，即将依恋理论作为发展心理学的中心。

为了实践赫希曼的理论，我将从心理学角度阐释他的思想，探寻看似与其理论相距较远的青少年发展问题。在青少年发展中，我们不仅可以发现赫希曼所述的退出和呼吁之间的相互影响，而且可以发现在青春期这个剧烈变动期由忠诚问题所引发的两难困境。赫希曼研究的中心主题是：发展过程中的价值观和思想的重要性、激情和利益之间的联系、对发展历史阶段的思考。本研究将在生命周期的背景下对这些主题进行分析。借鉴赫希曼的交叉研究，我将提出，对于家庭关系中的忠诚分析将跨越领域的边界，延伸至当代文明社会的相互依存问题。

赫希曼对忠诚的关注，在某种程度上是对较流行的这样一种观点——将选择退出作为影响变化的独特力量——的修正。他在论及这一观点时，强调了产生于现代社会的依恋问题——该问题在这个充满核威胁的时代更具有强烈性和紧迫性。这种威胁不仅发出了关怀必定失败的信号，而且也关注将退出作为解决社会冲突的手段的局限性。赫希曼在古典经济学与美国传统中发现，人们偏爱"简洁的退出而非杂乱的、令人心碎的呼吁"（Hirschman，p. 107）。他的研究观点可以扩展到对人类发展的研究，尤其是对青少年心理的研究。这种问题解决的范例，以对独立自主和竞争的假定为基础，模糊了相互依赖的事实，遮蔽了合作的可能性。因此，需要重新评估我们所依赖的解释性方案，需要对我们在其中采取行动的"真实世界的错误表征"（p. 2）进行纠正，这些需要正在从经济学领域扩展到心理学领域，从而引发人们关注有关发展性质和变化过程的共同假设。

这样的双重需要，被一种从赫希曼所称的戏剧角色到青春期角色的轻松转换所强力唤起。青春期意味着儿童期关系世界的衰退，退出与呼吁成为了反应和恢复的模式。个体在青春期向着完满状态的生长，使得孩子从寻求父母保护的依赖中解放出来，并且增强了将退出视为解决家庭关系中冲突的办法的可能性。同时，青春期的性成熟——性别感的强化和生殖能力的显露——驱使他们离开家庭，并被乱伦禁忌所规约。然而，青春期增强的退出可能性及朝向退出的推动力，也可能刺激呼吁的发展——一种经由青春期的认知变化、反思性思考的成长以及主观自我的发现而得到增强的发展。由于青少年拥有了退出的可能性，他们在陈述意见时会变得更自由，更愿意接纳一些观点，并表达与公认的家庭真理相悖的意见。青春期的种种转换不仅提高了退出和呼吁的双重可能性，也改变了退出和呼吁的意义，因为，青少年会遭遇有关忠诚的两难选择，并且他们的选择开始变得更具有自觉性、反思性。

青少年面临着将新的自我形象和新的关系体验相融合的任务，他们努力使青春期的发展具有连续性，并重新协调一系列的社会联系。青少年重新协调各种关系的努力，促使他们在其身份形成和道德成长过程中发出自己的呼吁。但这种呼吁的持续发展有赖于忠诚的存在。赫希曼指出，当人们可以采取退出措施时，往往会导致"呼吁手段发展的衰退"（1970，p. 43）。他同时指出，也只有当退出作为一种威胁存在时，才能增强呼吁的有效使用。他发现，个体常常是依据呼吁效力的前景来作出退出与否的决定。这样，青春期发展就取决于青少年与成人之间的忠诚，而社会、家庭和学校所面临的挑战将是如何保持忠诚，以及如何培养下一代的呼吁能力。

在人的一生中，青少年时期是讲真话的，就像"文艺复兴"时期剧本①里的傻瓜一样，他们暴露伪善，揭示人类关系的真相。这些真相与公正和关怀有关。公正与关怀是人类联系的道德特性，它们在处于童年纯真与成人责任之间的青少年身上得以增强。当青少年回顾儿童期的不平等与依恋经历时，能再次感受到最初由这些经历所引起的无力感和脆弱感，因此他们认同孩童，并希望建构一个能提供保护的世界。这种沿着公正和关怀两个坐标而展开的理想的或乌托邦的观点，描述了一个自我和他人都将受到同等对待的

---

① 关于这个类比，我要感谢哈佛大学教育研究生院学生杰米·比德韦尔（Jamie Bidwell）。

世界，在那里，尽管有力量的差异，但所有的事都将是公平的；那是一个人人都被包括在内的世界，一个没有人被遗忘或受到伤害的世界。这种建构理想的道德图景的能力，有可能潜藏着虚无主义和绝望，但也潜藏着社会复兴的可能，这种可能性在青少年身上得到表征和表现。由于青少年拥有对道德和有关社会公正与关怀的现实真相的激情，因而，青少年是这样一个团体，其自身的发展问题非常接近于真实的社会问题。

当我分析这些问题时，我将倾听两种呼吁，并描绘出两条相互交织的发展线路———一个起源于孩子的不平等地位，另一个来自孩子有关回应关系或依恋的能力。尽管不平等和依恋的经历最初产生于孩子和父母之间的关系，但是，早期童年关系的不同特点会引发不同的感觉、愿望、希望和恐惧。公正和关怀这两种道德视角反映了上述不同关系的特点，并关注由不平等和依恋所引发的压抑和放弃。不同的关系经历也影响着与他人关系中自我的经历，并为"联系"和"疏离"提供了不同的意义。在心理发展理论中，通常将不平等与依恋相融合，将发展与疏离相连接，从而形成特定的关于自我或道德的定义，并为个体发展描绘出单一的阶段序列。这些理论使得有关自我和道德的不同观念（见 Gilligan，1977，1982）变得模糊。使上述问题变得清晰的方法在于，关注当"依赖"与疏离而非与独立相对立时关系效价是如何转换的。

为了追溯这种转换并考虑其对于理解进步与成长的意义，我将从聚焦于不平等/平等维度的同一性理论和道德发展理论入手，需要指出的是，这些理论主要或仅仅得自对男性的研究。① 接下来，我将转向对女性的研究，聚焦于依恋/疏离维度，试图描绘不同的道德和自我观念。尽管这两种关系的维度在男性和女性的思维中可能会有较显著的差异，但是不平等和依恋都存在于人的生命周期中，因为它们内在于父母和孩子的关系中且在人类经历中普遍存在。通过描绘两种关系维度，我们不仅能看到它们如何联合起来创造青春期的忠诚困境，而且能辨别出不同的忠诚概念如何引起不同形式的退出

---

① 科尔伯格的道德发展六阶段理论，是以其对 72 位 10—16 周岁美国白人男性的纵向研究为基础而加以阐释的（Kohlberg，1958，1984）。埃里克森在追踪研究同一性危机及生命周期时，几乎只是依据男性的生活（Erikson，1950，1958，1968，1976）。

和呼吁。

当前有关青少年发展的理论

当前为描绘青少年发展而提供概念基础的那些理论，在道德概念和自我概念方面遵循着朝向平等和自主的路径。所有这些理论均依循威廉·詹姆斯（James，1902/1961）对"一度降生"的自我（once-born self）和"二度降生"的自我的区分，并将此区分与传统道德思想和反思性道德思想的对照结合起来。这种方法将两类青年加以区分：一类青年将其童年时代的社会习俗吸纳为他们自己的规范，他们更多地通过归因而非选择来定义自己；另一类青年通过质疑那些提供理由的标准和价值而抵制社会习俗。以上两条朝向成熟的不同路径的区别，以及对第二条路径远远领先于第一条的明显暗示，在埃里克森对"技术政治家"① 或"紧密的大多数"与"新人文主义者"（Erikson，1968，p. 31 – 39）的区分中有所体现。同样的对照也出现于科尔伯格的道德发展分期中，他将道德发展划分为前习俗水平、习俗水平以及原则思维水平（Kohlberg，1981）。

关于同一性形成和道德成长的二维划分或三水平划分，导致了以两种重要的分离来看待青少年成长的视角——第一种是同父母权威的分离，第二种是同社会习俗权威的分离。在这种背景下，被埃里克森（Erikson，1964）视为青少年力量的忠诚就具有了意识形态的特征，意味着权威的核心从个体向原则转换——一种向抽象的转移，它证明了分离是正当的并导向"自我"的自主。将自我看作分离的、稳定不变的观点的关键在于：承诺将平等嵌入生命周期之中，承诺孩子会适时地向成人阶段发展。

由于将发展描绘为从不平等到平等的移动，青春期的标志就是一系列的权力对质及对于权威关系的再商议。为了显现胜利，青少年必须通过"疏离"过程来冲破父母权威的束缚，疏离过程被弗洛伊德描绘为不仅是"青春期最重要的过程之一，而且是最痛苦的过程之一，是青少年阶段的精神成就……仅仅这一过程就使得新一代和老一代之间的对立成为可能，这种对立

---

① 即由懂得技术的专家、技术人员掌握政治权力。——译者注

对于文明的进程非常重要"（Freud，1905/1963）。疏离进程和对立进程的平衡，引发了被看作退出或疏离问题的青春期问题。由于观察到"所有人都应该有权利跨过发展过程中的每一阶段，尽管其中有些人的发展受到阻抑；因此有些人从未逃脱其父母的权威，他们或者部分地缩减对父母的感情，或者一点儿也不减少"，弗洛伊德断定这种青春期发展的失败大多出现在女孩身上（p. 227）。

由此，在解决童年期的不平等问题上，以弗洛伊德的恋母情结两难困境为代表，退出成为青少年成长的象征。然而，由赫希曼的观察可知，退出选择凸显出忠诚问题，如果忽略该问题，将会导致社会关系中关怀和承诺的下降（p. 112）。依据该观点，不愿退出的青春期女孩可能表达出了另一种意见——该意见关涉对他人的忠诚，并将疏离确定为在道德上存在问题的。忠诚的视角改变了对青少年成长的看法。青少年成长的发展模式不是依赖于疏离，而是依赖于依恋形式的变化。该变化必须借助呼吁来进行协调。

然而，人们倾向于选择简洁的退出而非混乱以及令人心碎的呼吁，倾向于关注人类关系中的不平等问题而非依恋问题，倾向于在构建人类成长模式上依赖男性经验。种种倾向性结合起来，抑制了女性声音的表达。女性声音的沉默导致人们认为青春期女孩容易产生一些问题，尤其是当这些问题被视为承诺失败而非疏离失败时，女性声音的沉默尤为明显。但是，女性声音的沉默及对女性经验的潜在蔑视，也引发了有关人类发展的一些问题——不能成功地追踪依恋的发展过程，不能成功地追踪关系中的关怀和忠诚能力。

布鲁诺·贝尔特海姆（Bruno Bettelheim）在 1965 年时提到，有关青少年发展的文献资料中缺少对女性经验的描述，《青少年心理手册》（*Handbook of Adolescent Psychology*，1980）一书的编著者约瑟夫·阿德尔森（Joseph Adelson）强调了女性经验的重要性。阿德尔森曾邀请一位著名学者为该手册撰写一章有关女性青春期发展的内容，但是，在对文献资料作出通盘考虑之后，她得出结论，认为当时并没有足够多的好资料以确保这样一个独立章节的撰写。在他们所撰写的有关精神动力学内容的章节中，阿德尔森和德尔曼（Doehrman）观察到，"直到最近，阅读有关青少年心理的文献资料仍然意味着阅读有关年轻男性的夸张描写的精神动力学"（Adelson and Doehrman，1980，p. 114）。在该章结束时，他们提到，"对女孩及青春期女性发展过程的疏忽，意味着对以下问题的过度关注，如对冲动的控制、叛逆、超我的抗争、思想观念和成就等问题，与此同时，人们相应地忽视隐私问题、教养问题以及交往问题"（p. 114）。他们发现最伤脑筋的事实是，现在文献资料中所表现出的偏见强化了各自的观点。这些观点"看似交互实则彼此分离——强调了病理，强调了思想观念的而非传统的社会阶层，强调了男性，结果，这些片面的观点催生出了既片面又歪曲的有关青少年的精神动力学理论"（p. 115）。

在女孩们有关其青春期经历的叙述中，依恋与疏离是中心问题。在有关青少年心理学的批判性理论建构研究中，女孩总是被遗漏的群体。女孩被反复描述为具有青春期疏离问题。因此，女孩的经历意味着需要扩展有关青少年发展的理论。

青少年发展理论中缺失的思路

对青春期依恋问题的重新审视集中在性别视角和关系视角上。这两种视角都导向对人类联系的复杂度和深度的理解。青春期的女孩们感到，包容自己（她们的观点和愿望）会伤害父母，而包容父母又意味着排斥自己。女孩们的描述就是青春期依恋冲突的例证。精神分析学家所描绘的恋母情结三角冲突的复苏，表明了这些问题如何趋向于被女孩们重塑为包容和排斥的形象，而非主导和从属的形象。如果"恋母情结"被视为一种包含在父母关系中的渴望——成为卡森·麦卡勒斯（Carson McCullers）所描绘的"婚礼的成员"——那么，青春期恋母情结的威胁将难以被排除，并会危及与他人的联系。

青少年能凭借自身力量去构建家庭关系，这意味着当他们忆起曾被父母排斥的经历时，也有可能在构建家庭关系时排斥父母。以公正的话语来分析，这种排斥看起来非常公平，仅仅是一种相互作用。然而，以关怀的话语来分析，它似乎在道义上是有问题的，因为排斥和伤害联系在了一起。在抵制疏离及批评排斥方面，青春期女孩们持有这样的观点，她们认为能够通过呼吁来协调变化，并且呼吁是青少年维持依恋关系的途径。

这些知晓人类联系新维度的青少年，力求以多种方式来揭示是什么组成了依恋以及如何解决关系中存在的问题。特别是有些女孩，她们对关系表现出了兴趣，她们关注以何种方式形成并维持人们之间的联系，她们观察到凡是呼吁被抑制的关系都不是有意义的关系。人们认识到必须在关系中进行呼吁以解决而非逃避青春期的两难困境。这些观点不仅引起了对退出的局限性的关注，也引起了对呼吁被抑制时所产生的问题的关注。总之，那些抵制退出的青春期女孩可能坚持认为：必须通过呼吁来解决青春期的依恋两难困境，仅仅退出并不是解决问题的办法，而是对失败的妥协。这样，她们的抵制可能意味着，她们在作出呼吁之前拒绝退出。

赫希曼描绘了家庭关系中代价高昂的退出及忠诚的出现如何促使人们作出呼吁的选择。他还指出，在一个冲突情境中，当结果显现为或者可能胜利或者可能一致时，个体将会选择诉诸呼吁。但青少年在与其父母发生冲突时，既不能看到胜利，也不会看到完全的和谐一致，考虑到关系的亲密性，彼此意见的一致可能意味着群体的一致，但这被乱伦禁忌所排斥。因此，退出必定成为解决问题的一种方式，同时必须找到一些调适的方式；一些典型的混杂着退出与呼吁的行为，可能以不同的比例出现于男孩和女孩中。

青少年心理学对退出的聚焦，体现在以疏离为标志的对发展的评价上，可以说至少在一定的文化范畴内，该聚焦可能是男性经历中的一种精确表现，因为青春期男孩与父母之间更具爆发力的潜在的紧张关系，突出了依赖与独立之间的对立，这种对立使得退出成为引人注目的问题。相反，那些在女性发展中被称作"问题"的延缓倾向，可能不仅反映出女儿和父母之间不同的依恋特性，也反映出女孩十分突出的依赖与孤立之间的对立。这样，依赖一词的两个对立面——孤立与独立——抓住了关系效价的转换。关系效价的转换发生在下列情形中：个体体验到与他人的联系是对自主的障碍，以及这种联系是保护他们免于孤立。人类联系中的这一基本矛盾，创造了一种在青春期迅速增长的持续的伦理紧张，并导致退出—呼吁问题的出现。

青少年选择留下与退出、沉默与呼吁的方式，阐明了赫希曼所描绘的退出、呼吁和忠诚三者之间的相互影响。但是，当涉及忠诚冲突，特别是当依附于人与坚持原则相对立时，青春期的两难困境就变得更加强烈。心理学理论家通常将原则放在前面，认为它是个人完善的依托，并将其关注点聚焦于退出的必要性与正当性上。但当这样做时，他们倾向于忽略疏离的代价——

它对个人完善和社会运转所产生的影响。由于青春期女孩趋向于抵制疏离并强调这种疏离对他人及其自身的损害，我们可以通过观察她们努力解决忠诚冲突以及作出退出—呼吁选择的方式，借助现行关系背景中的呼吁，来了解解决问题的方法。

在一系列研究（由性别、教育和人类发展研究中心实施）中，女性的道德思考中明显表现出对疏离的关注。这些关注指向一种强调关系中的责任与回应的关怀伦理。在一项对高中女生的研究中，这些关注是持续的，并且特别集中于听说问题，因而，直接询问呼吁招致失败的情境非常重要：我们力图实证性地探求不平等问题和疏离问题在概念上的差异①。因此，我们在次年研究的访谈计划中增加了两个问题——一个是有关不公平的事件，另一个是有关未倾听的事件。当女孩被要求描绘一种某人未被聆听的情形时，她们谈及了大量问题，从人际关系到国际关系。"尼加拉瓜人民，"一个女孩解释道，"未得到里根总统的倾听。"当她被问及她是如何知道这点时，她说，里根先生在解释他自己的立场时，未对尼加拉瓜人民提出的问题作出回应，这样，他们在那种处境中的观点似乎被忽视了。上述回应的缺失，一如其所显示的未倾听行为一样，被许多女孩敏锐地观察到，并被她们视为不关心别人的象征。女孩们希望检测疏离程度，希望确定未倾听表明的是一种短时间的分心还是一种彻底的不关心，然后再作出沉默或是呼吁的决定。

女孩们在描述未倾听时所涉及的道德愤怒和道德激情，也同样凸显于她们对不公平的描述中。然而，在高中阶段，对倾听的关注日益趋向于那些有关公平的中庸判断，这反映出人们越来越意识到观点的差异以及交流中的问题。在解决问题时所投入精力的多少，以及对建立联系并达成理解的方式进行寻求的努力的程度，都使得女孩在呼吁招致失败的情境中深感挫折。当其他人没有倾听且似乎不关心时，她们用"碰到一堵墙"来形容。这个有关墙的比喻，其实相当于寻求一个能够呼吁的渠道。这种探求的性质及其受挫的强度，在一个女孩就其力图在不放弃自己观点的同时重建与其母亲的联系而作的如下描述中得以传达：

---

① 该研究由性别、教育和人类发展研究中心（GEHD）与位于纽约特洛伊地区的埃玛·威拉德女子学校共同承担，旨在探求女性发展与中等教育之间的关系。

我给妈妈打电话，问她："为什么我再也不能和你说话了？"我止住了哭泣，并且因为她而不安起来，因为她不听我说……关于什么是真相、什么是现实，她有她自己的观点，但她并没给我说话的机会……我接着说"你伤害了我"。她说："不，我没伤害你。"然后我说："为什么我被伤害了？"她只是否认我的感受，似乎这些感受并不存在，似乎我没有感受到它们的权利，即使这些感受确实存在……我猜直到她给我打电话或者给我写信，说"我想谈一谈而不只是说话"，嗯，这样的事情发生了，我不明白在你身上发生了什么，我不明白为什么你否认真相……直到她说，我想谈话，我不能，我就是不能。

西蒙娜·薇依（Simone Weil）在一个充满歧义的、模糊的陈述中将道德界定为沉默，在其中，一个人可以听到未曾被听到的声音（1977，p. 316）。艾里斯·默多克（Iris Murdoch，1970）的观点的核心是从注意力与感知方面描绘道德，与他的观点相似，汉娜·阿伦特（Hannah Arendt）提出了这样的问题，即"对任何碰巧遭遇或吸引注意的东西进行审查，而不去考虑结果及具体内容"，这样的思考活动能否被当作道德行为（1972，p. 5）。这些女性思想家的观点阐明了高中女孩所描绘的关怀行为的含义，也表明了她们将关怀等同为愿意"在那里"、"倾听"、"交谈"以及"理解"。在女孩们对冲突与选择的叙述中，关怀活动呈现出道德的维度，关怀的愿望和能力成为赋权的来源以及自我评价的标准。疏离不仅意味着关注选择分开的感觉，而且表明了没有关怀的能力，这是因为缺乏联系将导致人们不知如何作出回应。因而，女孩对于关怀的描绘揭示了关怀的认知和情感两个维度，揭示了关怀的根基——从自我的角度感知他人的能力以及对需要作出回应的能力。由于这种理解所产生的力量不仅能给予帮助，而且能产生伤害，因此这种力量的使用成为测量关系中的责任的标准。

在愿望和认知都呈现出新意义的青春期，由于青少年对异性的感觉变得强烈并发现了自我的主体性，因此，责任冲突呈现出新的复杂内容。个体与他人不是相疏离的，只是与他人相联系的形式发生了变化，在此前提下，个体感受到与自我的联系，逐渐承担起照顾自我的责任。女孩们依据自我与他人、与自身的联系的变化，来解决对自我负责与对他人负责的冲突。为了感知和回应他人及自我的感受与想法，女孩们会问她们能否在不与他人失去联系的情况下回应自我，她们能否不用放弃自己而回应他人。

这种对包容式的解决忠诚冲突困境的方法的寻求，与构成了道德对立面的"自私"与"无私"选择中所表现出的排除倾向相对。在这种对立中，自私意味着对他人的排除，无私意味着对自我的排除。这种对立反复出现在青春期女孩的道德判断中，部分原因在于传统的奉无私为道德理想的女性美德的标准与来自联系经历的对关系的理解发生冲突。由于对自我和对他人的排除消解了联系的结构，两种排除导致了关系问题的产生，进而削弱了个人的关怀能力，并降低其作为道德行为主体的效力。

对女孩在道德思考中的呼吁的偏见包含着这样一种认识，它直接关注转换与维持依恋的方式。"在我们之间并没有墙，"一名青少年在描绘其与父母的关系时解释说，"但是这里却存在着某种张力或者过滤。"这个隐喻表明，穿越障碍可以完善依恋，使联系得以继续。它提供了一种解决问题的途径，即承认青少年对距离的需要，同时又能避免疏离。以下例子进一步阐明了青春期女孩在考虑关系问题时所表现出的退出和呼吁思想的混合，表明了她们对忠诚及持续依恋的价值的认识。此外，这些例子指出了怎样摆脱疏离而维持依恋，以及如何在没有疏离的情况下发展关系。

> 我在内心和父母非常亲近……我们有牢固的关系，但这不是一种你能看得见的物理事实……在我家，我们彼此都很独立，然而我们却拥有这样一种强烈的爱。

> 所有我曾真正关心过的男朋友，他们仍然和我在一起……在心里而非在身体上，因为我们被空间所分开。但他们将一直和我在一起。对我来说，我曾拥有过的任何关系都是重要的。要不然，我就不会已经拥有过这些关系。

青少年身心问题的唤起，传达了一种与自主和生长协调一致的持续联系的观点。根据这种观点，依赖和独立非但不是对立的，反而似乎是混合在一起的，下列对亲密朋友之间关系的描绘可作为例证：

我会说，我们以某种彼此独立的方式互相依赖，我会说，我们非常独立，但就我们友谊的发展来说，我们相互依赖，因为我们知道，我们双方都认识到无论何时我们需要些什么，另外那个人总会在那里。

在这种方式中，关怀他人的能力以及从他人那里获得关怀的能力，成为自我定义的一部分，而非对立面。

由于关系是在这种背景下被界定的，因此，只有通过呼吁或表达观点才能形成自我身份，只有通过与不同的呼吁或观点交锋才能认识自我。在高中阶段，女孩们越来越认同以下问题，即依恋并非意味着一致，差异构成了关系生活而不是对发展的连续性的威胁。建基于这些认知之上的行为能力产生了解决冲突的更具经验性的方法，该方法经常能引导人们创造性地解决争端。赫希曼阐述了人们希望通过呼吁手段来平衡"退出的确定性"与"改善的不确定性"，这种意愿能激发人们"创造性的行动方针"，避免产生退缩行为。因此，他揭示了忠诚的功能"类似于低估预期困难"（Hirschman，p. 80）。女孩们会坚持寻求对联系问题的解决方案，即使她们可能会遇到看似不能克服的困难。对女孩们的这些行为的观察，拓展并进一步揭示了以下观点：对人的依恋而非对原则的坚持可增强达至创造性解决冲突的方案的可能性。

然而，相对于排斥而言，呼吁的弱点表明当胜利或支配的愿望超出达成一致的愿望时，呼吁的行为容易招致失败。"如果人们在考虑两个不同的计划，"一个女孩解释道，那么"你不会理解"。当被问及持有不同计划的人们能否交流时，她描述了呼吁如何依赖于关系，而退出则能在疏离中进行。

哦，他们可以试试，可能他们可以……如果他们双方都竭力想交流的话。但是，如果一个人竭力想完全排除他人影响的话，那么那个人不久将会取胜，并且不听其他人所说的任何事。如果那是他们正在竭力做的事，那么，他们将会实现他们的目标：完全漠视他人。

相对于疏离和冷漠而言，呼吁的弱点成为青春期女孩面临的主要问题，特别是当她们认识到自己的观点与大众所持观点的差异时更是如此。由于忠诚的关系性构建，退出和呼吁之间的对立会转换成沉默和言说之间的张力。沉默表示退出，呼吁意味着关系中的冲突和变化。因此，个体发展取决于忠诚和盲目信任之间的差异，因为忠诚意味着个体将自我的呼吁纳入关系中，并愿意冒由此而带来的不忠的风险。这种将主观自我与他人进行联系的努力，表明个体试图改变联系的形式，同时，它依赖于人们之间的交流过程，通过交流不仅可发现关于他人的真相，而且可揭示关于自己的真相。

"如果我能让妈妈了解下列内容（我确实已经长大……我必须告诉妈妈两百多件事情，以便她能了解有关我的真相，并抑止我心中的疼痛），她——和这个世界——将变得更喜欢我，我将不再孤独。"（Kingston，1976，pp. 197 – 198）汤婷婷（玛克辛·金斯顿）的自传体小说《女勇士》（*The Woman Warrior*）中的女英雄，通过对比沉默和呼吁的差异，界定了青春期少年发展的特性。围绕发现秘密的沉默，主观自我在面对不确定时以隔离为代价保护了其自身的完善。相反，呼吁——努力改变而非逃离讨厌的境遇——包含了通过将自我与他人相联系而达至转变的潜能。

在青春期，排斥取决于自私行为与无私行为之间的差异。与排斥相并列的是包容的意愿，而包容有赖于呼吁。近年来，选择退出已越来越普遍地成为解决人类关系冲突的方式，高离婚率就是一个证明。尽管此类离去通常被解释为向着独立和自主的转变，然而，其含义远比这要复杂得多。例如不受阻碍的离婚途径，能激起人们在婚姻中的呼吁行动，呼吁行动反过来引发人们探究依恋的真相。正确联系与错误联系之间的差别，主张呼吁的关系与保持沉默的关系之间的差别，常常是想要离婚的女性及青春期女孩作出退出选择的关键。由于女性倾向于将忠诚界定为对人的依恋，因此，退出就是在呼吁失败的情境中保持沉默的一种选择。由于在青春期女孩的成长中鼓励她们进行呼吁，同时将退出作为最后的诉求，因此，青春期女孩成长的关键在于认识到疏离的代价，即疏离不仅是与他人相疏离，也是与自身相疏离。

女孩希望能表达不同意见，能表现得与众不同而又不与他人失去联系，这使得女孩的家庭关系体验乃至与世界的关系体验朝向外部。青春期女孩将这些真相与其母亲的体验相连接，以寻求确证其自身的真相。她渴望通过这种联系来确证自己的感知，通过这种联系将自己视作世界的一部分而非孤单的个体。但是，在"人类"一词通常意味着男性的世界里，女孩难以感觉到她们与母亲的联系，也难以感觉到她们与世界的联系，这些困难常常混合在一起。

青春期发展的依恋问题与解释问题密不可分，因为与他人建立联系的能力有赖于整合他人经历的能力。由于缺乏反映女性经历的解释性方案，又由于从关怀和依恋角度对女性经历的一般性理解存在曲解，因此，青春期女孩的发展不仅有赖于她们愿意冒着与他人意见不合的风险，同时也有赖于她们挑战如下两组"等式"的勇气：一组"等式"将人类等同于男性，另一组"等式"将关怀等同于自我牺牲。这两组等式共同创建了一个使其自身永久存在的体系，这种体系维持着有关人类发展的狭隘观念，维持着对人类关系的错误表征。

我们通过对女性声音的关注，通过将这种声音纳入用于认识自我的心理学体系之中，而对当前那些有缺陷的解释模式进行了修正。当对道德的理解扩展至既包括公正又包括关怀时，当个性抛去了柏拉图式的特征时，当个体与他人的联系经历成为自我界定的一部分时，当诸种关系不仅仅被设想为不同层级而且也是保护网络时，对心理发展的表征将由一种朝向疏离的进程转变为一个关系扩展的历程。

当代语境下的青少年发展问题

20 世纪 60 年代末的学生抗议运动抗议社会不平等的种种后果，抗议现存的社会不公，提出公正与权利的理念。在这些运动中，成员构成中拥有很多女性的"花童"（flower children）①，表达了反主流文化的主旨，对当时的关系状况提出了挑战。随着幻想在 70 年代的破灭，这些寻求变革的运动退化为个人主义与退缩，人们对公正与关怀的关注日益集中于自我。然而，世界发生着变化，例如人们日渐意识到的全球污染问题及核威胁升级，这些变化凸显出了退出方案的虚幻本质，并引起了人们对相互依赖的现实的关注。使个体学会呼吁的艺术成为教育的当务之急。心理疗法的普及可以揭示在多大程度上人们的呼吁被社会所忽视，而社会却越来越依赖于退出这一解决方

---

① 嬉皮运动的参与者。——译者注

案，越来越倾向于简洁的、客观的而且往往是隐秘的交往方式。

由于当前男女青年在道德虚无与道德义愤之间摇摆，又由于年长一代不可挽回的关怀失败的迫近潜势，因此，削弱青少年与成人之间联系的相对论，可能要让位于他们通常所要面对的道德认识的挑战：公正的挑战——应给予年轻一代走向自我成熟的机会；关怀的挑战——暴力循环应被关怀生态系统①所取代，关怀生态系统能维持生命所必需的依附。

当埃里克森（Erikson，1965）将青春期视为生命周期中的十字路口而认定其为敏感期时，他注意到社会问题与青春期危机之间的关系。由此看来，当前青春期女孩中日益增多的诸种问题，包括高中和大学里剧增的令人吃惊的饮食紊乱问题（Crisp *et al*，1976；Bnich，1978），可能展现的是一个有着生存与获得新生问题的社会群体。厌食女孩在文学作品中被描述为不愿长大的孩子，但确切而言，她们生动地表现出了女性与成人之间危及生命的分离（Steiner-Adair，1984）。这种悲剧性的抉择，生动地表现出关怀与依赖在多大程度上由于与女性及儿童相联系而被极度贬损，关怀与依赖没有被看作人类生活境况的一部分。因此，为了弥合成人与女性间的分离，就需要修正两种形象，而这种修正又使得人们重拾那种在描绘人类发展中曾经遗失的思路。

爱因斯坦告诫人们，原子的能量改变了整个世界，但不能改变人们的思维方式，这意味着对核时代的幸存者而言思维变革是必需的。我们从赫希曼那里所得到的就是，他指明了思维变化的趋势以及与此相伴的心灵变化。通过描述种种不需要分离或排除的冲突解决模式，他将变化过程和忠诚或强烈的依恋联系在一起。这样，他就为冲突解决中的非此即彼、非赢即输的框架提供了另一种选择，而非此即彼、非赢即输的框架已成为核时代非常危险的博弈。在本文中，我力图通过论证那种内在于人类生命周期中的关怀和依恋的潜能，而使赫希曼研究中的积极意义得以扩展。我围绕着不平等问题与分离问题间存在的主要的、持续性的伦理张力来描述发展，由此引发人们注意到当依恋面临危险时的忠诚两难问题。当前越过埃里克森所谓"亚物种形

---

①　关于"关怀生态系统"这一术语，我要感谢位于纽约莫里斯镇的杰拉尔丁·R. 道奇基金会（Geraldine R. Dodge Foundation）的斯科特·麦克维（Scott McVay）和瓦莱丽·皮德（Valerie Peed）。

成"（sub-speciation）障碍而拓展依恋的重要性，为我们公众生活的中心带来有关忠诚的种种问题。全球相互依存是当代的现实，它驱使我们寻求发展的新图景，对依恋问题的探究也许能为有关发展与成长的新认识提供心理依据①。

---

① 我要感谢达夫妮·德马尔内夫（Daphne de Marneffe），她仔细阅读了本文的初稿并提出了非常好的建议。

8 市内旧城区青少年的
道德关怀和道德思考

□ 贝蒂·巴蒂奇　贾妮·维多利亚·沃德
卡罗尔·吉利根　吉尔·麦克莱恩·泰勒　吉纳·科恩
（Betty Bardige，Janie Victoria Ward，
Carol Gilligan，Jill Mclean Taylor，and Gina Cohen）

> 尽管黑人居住区的人们总是很慷慨，但在某种意义上这却是放纵自己作出牺牲。无论黑人之间给予什么，对赠与者和受赠与者而言，都很可能是其所极度渴望的。这使得赠与和受赠成为一种"珍贵的交换"。
> ——玛雅·安吉罗（Maya Angeiou），《我知道笼中鸟为何歌唱》
> （*I Know Why the Caged Bird Sings*）

道德发展理论（例如，Kohlberg，1969；Loevinger，1976；Gilligan，1982）最初主要是通过对大量白人、中产阶级及上层中产阶级人群的样本研

究而产生的。与理论建构中妇女样本的缺失一样，对其他重要视角的忽略会造成研究视野的狭窄。如果道德观念的形成来自生活经验以及人们对自己所观察事物的反思，那么生活在贫困地区、中等收入地区和富裕地区的人们，其道德发展就会受到不同的影响。在"富裕中的贫穷"中成长——被剥夺了其他人认为理所当然的物质条件和机会，以及有机会观察和参与玛雅·安吉罗所称的"珍贵的交换"（rich exchange）——这些经历会影响和改变人们的道德思维和见解。为了弥补这一阶层研究的不足，性别、教育和人类发展研究中心（Center for the Study of Gender, Education and Human Development, GEHD）的研究者们，把对青少年道德和个性发展的研究延伸到波士顿的三个低收入居民区。

我们倾听这些青少年对他们所经历的道德冲突、道德选择、不公平以及冷遇（不被倾听）的描述，以便对他们的道德思维方式进行研究。我们设想，这些年轻人比起其他更富裕地区的年轻人，一定经历过更多的不公正、忽视、不被关爱以及艰难选择。访谈中，我们要求他们讲述自己生活中发生的事。我们提出的问题是："你能讲述一件你认为不公平的事吗？""你能讲述一个使人备受冷遇的情形吗？"接下来的问题是澄清事件之间的关联：事件是在什么情形下发生的，受访者是怎么想的，怎么做的，为什么这么做，有什么样的道德观点，这些道德观点有何内涵。

以下问题构成了整个研究的框架。

1. 先前研究（Gilligan, 1982）中确定的关怀和公正主题，在这些青少年的道德思考中体现出来了吗？也就是说，这些年轻人是从"公正"的角度考虑，把标准、法令、责任和准则作为保持或恢复平等关系以及解决冲突的一种手段，还是从"关怀"的角度考虑，把关注他人的需要和观点、避免伤害、保持依恋作为道德目标？他们在讨论道德侵害、道德冲突和进行自我描述时，能否表现出这些道德观念？

2. 公正和关怀概念能否帮助我们理解这些青少年的道德思考，理解这些道德思考的逻辑和内涵？

3. 这些市内旧城区青少年的声音是否能使我们对关怀和公正产生新的理解？

4. 在描述一个困难的道德决定时，这些青少年所描述的情形和冲突，是否和那些生活优越的青少年所描述的相类似?

5. 我们在那些生活优越的样本中(见第 4 章)所看到的道德语言使用上的性别差异,在这一层次人群中是否有所体现?

研究方法

本研究得到波士顿三个低收入居民区男孩女孩俱乐部(Boys and Girls Clubs)的合作和支持。这些俱乐部是长期性社区组织,为社区儿童和青少年提供校外看护、娱乐、咨询及学习辅导服务。

每一个社区都具有典型特征。南波士顿社区是历史上有名的爱尔兰天主教徒聚居区(曾强烈抗议 1975 年波士顿公立学校委员会发起的取消种族隔离的计划),我们进行研究时,这一地区家庭年均收入为 15000 美元。查里斯顿社区的多数居民为白人。罗克斯伯里社区被看作过渡社区,以黑人和西班牙人为主。随着都市中产阶级化进程的迅速推进,这些古老的工人阶级居民区正在失去原有的特色,查里斯顿社区当时的家庭年均收入为 17000 美元,而罗克斯伯里社区则为 10000 美元。[①]

研究中我们迫切需要得到南波士顿、查里斯顿和罗克斯伯里社区俱乐部的合作,因为俱乐部的工作人员对他们所服务的社区情况了如指掌,他们告知我们这些社区的独特特征,以及一些变革给这些社区带来的影响。例如:城市的衰败致使多数地区的街头犯罪率急剧增加;法庭规定的用校车接送学生的法令(为调整学生的种族比例而把非本地区学生接来读书),迫使大批中产阶级白人和黑人学生从公立学校转入附近的教会学校;城市中产阶级化进程加剧,导致人们对保障性住房需求的增加。同时,这些俱乐部工作人员对访谈问题的设计提出了建议,帮助我们推敲修改访谈问题的表达方式,以免受访者对这些问题产生误解。另外,他们还帮助寻找愿意接受访谈的青少年。

研究样本由 27 名 10—12 岁女孩、18 名 14—16 岁女孩、28 名 10—12 岁

---

① *Boston Sunday Globe.* "Poverty Amidst Affluence:The Bostonians the Boom Left Behind" (December 13,1985).

男孩以及 19 名 14—16 岁男孩组成。访谈采取自愿原则，因而样本不一定在俱乐部成员中具有代表性。接受我们访谈的青少年具有一定的选择性。许多青少年告诉我们，他们之所以在放学后来俱乐部是因为他们想跟朋友们在一起；还有一些接受访谈的青少年是受俱乐部的雇用或自愿前来给更小的孩子辅导功课。无论如何，这个包括 92 人的样本足以用来研究都市低收入居民区青少年的道德观念。

经过专门临床研究方法训练的访谈者对每个受访者进行大约一个小时的单独访谈。访谈者首先解释研究目的和程序，保证保守秘密，并取得受访者的允许。访谈围绕以下问题展开：参加俱乐部的原因，本人的身份，道德冲突及抉择，受到的不公平待遇和受冷遇的经历，未来的打算和期望，等等。由于在预访谈中发现，儿童很难举出有关道德冲突的事例，因而在正式访谈中未涉及这类问题。但是，其他问题将能帮助我们探查个体的道德形成、道德冲突和道德判断。

由于本研究更接近于探索性研究而非验证假设的研究，因而访谈笔录首先按照从统计资料中归纳出的内容类别进行分析。我们随机抽取了 16 个访谈样本，每一种族和每一年龄段的男孩和女孩各 2 名。接下来，根据这些内容类别对整个样本进行编码。如果受访者回答的内容不属于确定类别中的任何一类，我们将添加新的类别。

我们还使用了更复杂的技术，对 37 名 14—16 岁青少年所描述的道德困境进行分析。同一研究者须对有关每一困境的描述阅读 4 遍：第一遍，了解事件发生的背景和前因后果；第二遍，从受访者对"你面临怎样的冲突"问题的回答中，从他或她自发使用的道德语言中，从他或她表达的愿望和信念中理解其道德冲突；第三遍，了解他们在讨论解决办法和对行为进行评估时所使用的公正概念；第四遍，了解他们在讨论解决办法和对行为进行评估时所使用的关怀概念。当其中任何一种视角（公正或关怀）缺失时，研究者都要找到合理的解释。①

① 对道德冲突与抉择的访谈进行研究的方法由此形成。此处所报告的研究是在本套方法形成过程中实施的。对市内旧城区的一些访谈进行集合性解释，有助于编码方法论的形成与凝练。

研究结果

◆ 道德主题和道德同一性

从过去20年有关发展的研究中可以发现，青少年时期是一个具有显著道德意识和道德关心的时期（Kohlberg & Gilligan，1971；Gilligan，1982）。本研究对市内旧城区青少年声音的关注有着非同寻常的意义。因为社会的不公正经常会造成经济上的不平等，而这种不平等很可能导致冷漠或绝望，也就是说，这些市内旧城区的青少年由于经历了不公正、受冷淡和缺乏关爱而具有特殊的洞察力。因此，本研究并非强迫每一名儿童和青少年都能描述出一个不公正的或是某人受到冷落的事件。访谈所涉问题旨在引发他们对这些事件进行道德反思。在所描述的大部分（而非部分）事件中，受访者都遭受过不公平待遇或成为"被冷落的对象"。

另一个研究发现是，在这一青少年群体中，道德是同一性的重要方面。在探索同一性的问题中，反复出现有关道德关怀的问题：你如何看待自己？你如何看待变化了的自己？你未来的生活将是怎样的？你做的哪些事情使你自我感觉良好？你想成为什么样的人？你需要做些什么才会认为你自己和你的生活是成功的？

在至少回答一道有关同一性的问题时，超过3/4的受访者自然而然地涉及了道德考量。这些道德考量包括认为自己助人为乐，能同甘共苦，爱护幼小儿童，不持成见，关爱他人，努力使他人感觉良好，能做一个敏感耐心的倾听者，不说伤害他人感情的话，能做和事佬，不挑起争端不惹麻烦，能服从和帮助父母，做一个"举止得体"的"好"孩子。将自我评价为有道德的人，是他们具有自尊心的表现。

这种形式的访谈往往能收集到预期的、正面的自我描述，因为人们总是愿意把自己积极的一面展现给别人。虽然样本中的个别人有消极的自我描述，但数量非常少。与这种情况形成鲜明对比的是，在研究那些由于辍学而处于危境中的低收入青少年，以及由于自尊心弱而导致的早孕现象时，消极的自我描述更多（例如：Dryfoos，1983；Ladner，1985）。

"你做的哪些事情使你自我感觉良好？"对于这个问题，很多受访者描述了他们合乎道德的行为。例如：帮助他人认识到他们犯了错，关心生病的祖母，不惹麻烦，和被别人冷落的孩子玩耍。几个孩子和青少年表达了他们对一些社会问题的关注——例如：贫民、残疾人、埃塞俄比亚人，他们所居住居民区内的犯罪和吸毒现象，挨饿，无家可归——并把这些问题作为探索自我同一性的一部分。一个男孩说，他因在运动中获胜而自我感觉良好，但紧接着，他也表达了自己为那些不能参加比赛的残疾儿童而感到遗憾。一个女孩说，因为给了穷人钱，她对自己感到满意。还有几个受访者设想自己能在未来的工作中处理社会问题和帮助他人。受访者希望以那些助人为乐、关心他人、遵守道德规则的人为榜样。例如，一个年轻人说："约翰·肯尼迪，他想去改变很多事情。"另一个人提到："俱乐部的每一个成员，他们理解别人，我也想做一个善解人意的人。"

◆ 道德逻辑

访谈的其他部分更深入地研究了儿童和青少年的道德感，要求受访者举出不公平、受冷落，以及在道德困境中作出决定的例子。这些例子使我们得以了解年轻人的现实生活，并且促使他们澄清在对自己和他人进行判断时所使用的道德概念。

本研究指出，使用结构化发展测量（例如：Kohlberg，1969；Loevinger，1976；Rest，1979）中的概念作为表征市内旧城区人们的思维的唯一方式，这种方法存在着局限性。例如，一些男孩对他们所面临的选择的讨论揭示出了他们的道德感。如果使用结构化发展测量，那么，这些男孩所表现出的道德感有可能被错误地表征，或者被完全忽略掉。表面上看，根据这些男孩所使用的语言可以很容易地判断其发展阶段，但如果对男孩们的讨论进行细致的阅读分析就会发现，对这些可编码的陈述作出传统的结构化发展解释存在着不足。

这些男孩在讨论他们的道德困境时，主要表现出自私的一面——避免惹麻烦。根据道德和自我发展理论，这种表现代表着发展的低级阶段（Piaget，1965；Kohlberg，1969，1984；Loevinger，1976；Damon，1977；Selman，1980；Kegan，1982）。幼童的典型表现是：他们是"自我中心主义"，把成年人对其进行的奖赏和惩罚作为判断自身行为正确与否的标准。随着他们渐渐长大，一种新的道德感出现了。这时，他们会意识到相互关心的需要。但是这种需要仍然建立在自身利益的基础上，他们把"满足自我需要"的行为视为正确的，只是偶尔会意识到满足他人的需要。

这两种道德观如果出现在青春期和成人期都是不正常的；在青春期和成人期，它们和犯罪、精神错乱以及低社会阶层紧密联系在一起（Laufer & Day, 1983；Snarey, Kohlberg, & Noam, 1983；Kohlberg, 1984）。如果使用传统理论进行分析，我们很可能会认为这些青少年存在道德上的缺陷。因为他们把避免惹麻烦作为道德选择的标准。而我们在对一些年龄稍大的男孩的回答进行研究时，吃惊地发现，这种推论丝毫不符合逻辑。

一个男孩讲述了这样一个事件。他的朋友想让他在舞会结束后到某人家里去玩，他没有去，因为他的母亲在家等他很久了。他担心的是"给母亲带来麻烦，不管他们怎么说"。当询问他认为自己所做的事情是否正确时，他明确表达了支配自我判断的道德感。他的道德感是不能伤害自己的母亲以及不能自私。"如果我不回家，我的母亲会整夜为我担心……她会睡不着，因为我的妹妹曾经这样让她担心过，她整夜不能安睡……我不能让她再担心我，再为我睡不着，我不能只想着自己而不为她着想……我怎么能只想着自己整夜不回家，而不顾及母亲的感受呢？"

男孩回答另一个问题时的思考方式，彻底改变了传统上对"低等级"的评估方式。当我们要求他对道德问题下定义时，他说："做错误的事情或明知是错误的事情还去做。如果做错了，你会遇到麻烦，如果你没有遇到麻烦，那这样的事就是正确的。"在这段描述中，这个男孩试图通过事件在自己身上产生的后果来对道德下定义，而不受权威人士的奖励和惩罚的影响。传统的研究者可能在听到孩子害怕受到惩罚这样的担心后就停止追问，进而把他们的道德观归于低等级的类别。然而，在本研究中，研究者发现，这个男孩在意识到自己的行为会伤害母亲时，表现出强烈的道德意识。他表达了关怀的一个重要方面——不伤害他人。他通过自己的观察，意识到谁会受到伤害。他从母亲的立场上想象她的感受（这种站在母亲立场上考虑问题的方式，会为他在皮亚杰和科尔伯格有关道德发展阶段的测量中获得较高的分数），因为他根据经验能知道母亲会有什么样的感受。

第二位男孩描述了一个更为复杂的困境。他曾经和一个朋友一起"欺骗了学校",现在他又在想办法再一次行骗。他那种无视校规和不惜伤害自己老师和同学的做法实在令人不可思议。从访谈中我们可以很容易看出这个男孩毫无正义感,道德扭曲,因为即使他知道欺骗是错误的,他还在考虑第二天故技重施。他唯一担心的似乎就是不要被别人抓住。

从关怀的角度来看,这个孩子之所以有这种担心,是基于他关注到了家庭生活和关系。"如果我被抓住,妈妈会疯掉的,她会对我和父亲以及一切事情感到恼火,他们会伤心且心烦意乱。"他接着联想到他母亲会因为被老师传唤到学校而旷工。而且,这个事件会给母亲带来许多实际的麻烦。

难道这个孩子除了担心被抓住后会给自己和他人带来痛苦,就不受什么外在规则的控制了吗?他难道没有内在的自制吗?这个年轻人在访谈中没有对这些问题进行回答,然而他对自己为什么全然不理会学校的规定作出了解释。他姐姐旷了几个月的课,而"学校却毫不在意,没有打电话告知我母亲"。鉴于这样的经历,他认为逃学并没什么大不了的,人们不会指望他把上学当作自己的责任和义务。

◆ 道德语言

本研究旨在通过倾听青少年所使用的自然道德语言,揭示其和青少年所熟知的公共道德语言的不同。例如,一个 12 岁女孩描述了"好孩子"和"坏孩子"的区别,这一描述反映了她的道德世界。她认为"坏人"做一些她不赞成的事情 ——"骂人、吸烟、偷窃、欺骗"以及不尊重长辈,"好人"则不违犯这些传统的禁律,但同时,他们也必须知道"什么是对,什么是错,什么时候应该做正当的事,也知道什么时候有必要犯错误"。可以看出:公共道德语言与必然性是对立的,一个真正的好人能判断出何时有必要违背规则。

我们请这个小女孩举个例子。她告诉我们,有一次,她受到责罚不许离开家。这时,她的一个邻居不小心用刀割伤自己,伤得很严重,并请求她帮助包扎伤口。"她太需要我的帮助了,我要尽力去帮她,我知道我是唯一能帮她的人,我必须帮她。"我们从她的描述中清楚地听到了道德语言的必然性,因为她在描述事件的过程中不断地重复着"不得不"、"需要"、"绝对必要"等字眼。

小女孩心目中关于"什么是对，什么是错"的认识，建立在一个简单化的绝对规则基础之上，而完全不考虑行为的动机。皮亚杰把它称为"他律道德"，并将其视为一个基本概念。科尔伯格则把这个概念称为"前习俗"（Pre-conventional）道德。而塞尔曼的（Selman）理论认为，这个女孩无法预料到她的母亲是否会赞成她的做法，这是她在人际间换位思考水平较低的表现。然而女孩坚持认为"我做的对"，她相信即使母亲不支持她，她的做法也是对的，这表明，这名女孩具有更"自主"的道德感。

研究者发现，这个 12 岁女孩使用了两种道德语言——传统的是非观和必然的道德观，女孩道德观的复杂性明显地表现了出来。女孩根据这两种概念不断对自己的行为进行道德评价。她认为自己是合乎道德的，因为她知道如何判断哪一种道德语言应该占优势。她之所以作出这样的决定是因为，她认为在必要的时候必须给别人提供帮助，"你不能袖手旁观，眼睁睁地看着那个女人……死去"。

一个 16 岁女孩在讲述她的故事时也使用了相似的道德语言。她看见一个小孩从自行车上摔下来，看起来像是受了伤。"他在发抖，似乎受到了惊吓。我无法走开，即使我想这么做。"她扶他起来，检查他是否受伤，问他是否安然无恙。"他不想说话。我不怪他，我也不想让一个陌生人来照顾我。"她的做法看起来很矛盾，既然她认为那个男孩不想要她的帮助，为什么她还要去帮助他呢？

这个女孩意识到，自己给予别人的并不一定是别人需要的，可是她仍然像上面那个女孩那样，认为自己有必要这样做。对于那个 12 岁女孩来说，为了替邻居包扎伤口，母亲的命令变得次要了。同样地，对于这个 16 岁女孩来说，如果小男孩真的受伤了，她就应该把自己的自尊心暂时抛开，除非她知道那个男孩安然无恙，否则她"无法走开"，她必须去帮助他。

◆ 道德冲突的类型

为了更具体地进行描述，以便于进行理论总结并制定测量标准，我们有必要对这些道德观念形成和使用的背景有所了解。本研究中的青少年所面临的冲突，在形式上与那些生活条件优越的青少年所面临的相似。我们听到，有人由于同龄人的影响而遭遇困境，比如，有的受朋友胁迫去做一些自己认为错误的事情，还有的经历了在不同的朋友、不同的朋友群体之间左右摇摆的忠诚困境。我们倾听他们对学校当局的不满，倾听他们所进行的各种困难抉择：与父母中的哪一方生活在一起，在什么样的学校就读，进行什么样的活动，等等。这些市内旧城区青少年描述的易受同龄人影响的行为，包括喝酒、吸毒、违犯宵禁、逃学，与那些对生活优越的青少年的研究中所报道的内容相似。然而，本研究中对于年龄稍大男孩的调查结果显示，这19名男孩中有3人的困境涉及严重犯罪。相反，在一个对100名就读于优秀私立学校的男女青少年的相关研究（由 GEHD 中心实施）中，只有一个学生的描述涉及严重犯罪。[①] 另外，虽然中上等阶层青少年和本研究中的青少年所经历的困境类型并没有太大差异，但同样的冲突对这两组青少年的影响截然不同。市内旧城区的青少年所作出的"错误选择"，更容易对他们产生终生的消极影响。有些青少年甚至担心会被法庭传唤或从此留下"犯罪记录"。这表明，这些没有金钱和关系背景的青少年为自己易冲动的个性所付出的代价，要比其他青少年大得多。

如果生活的机遇会因为成功道路上的失足而遭到重创，那么，当机遇不再时，人们同样会受到阻碍。在此前的一项研究中（此研究由 GEHD 中心在一所私立女子学校实施），一名中产阶级的高中女孩描述了她所面临的困境：她的母亲不想让她上寄宿学校而要求她待在家里，以便帮助照顾年幼的弟弟妹妹。一名市内旧城区的青少年也被要求待在家里照顾弟弟妹妹，但是她的母亲是因为没有能力送两个孩子上日托班才要求她辍学的。这样的故事深刻说明了当物质资源缺乏时需要用人力资源来补偿，同样地，这些故事也提醒那些研究道德和社会发展的研究者应关注研究对象所处的社会经济背景。

总的来说，本研究中接受访谈的儿童和青少年都表现出对公正和关怀关注的理解，他们的生活都受着某种道德感的支配。然而，这些市内旧城区的青少年在努力保持自己的道德判断力和按照合乎道德的方式行事的时候，经常会面临着特殊困难，因为他们生活在一个充满暴力、冷漠以及不公正的社会环境中。这种矛盾在一个 11 岁男孩的描述中表现得极为突出，他告诉我

---

① Gilligan, C., Johnston, D. K., & Miller, B. *Moral Voice*, *Adolescent Development*, *and Secondary Education*：*A Study at the Green River School*. GEHD Center Monograph #3, 1987.

们，当他受到挑衅时他总是有还击的欲望，可是他控制住了自己，因为他的宗教信仰和父亲的教诲不允许他那样做。在正式访谈结束后，访谈者问起他对整个访谈的感受，他告诉访谈者他为自己作出了"错误"的回答而感到紧张，他小心翼翼地避免暴露出自己把打架当作解决冲突的方式。访谈者非常清楚，这个小男孩意识到了自己想说的话和自己认为自己应该说的话之间的冲突。这个冲突与他在现实生活中所面临的冲突相类似：想要还击或采取行动，但是却认为自己必须克制住冲动。市内旧城区的青少年经常感到自己的原则遭受到挑战，因而他们总是面临困境。

◆ 性别差异

在青少年对道德冲突的描述中所表现出的性别差异，与我们此前的研究发现相类似。在涉及朋友的困境中，几乎所有的男孩（11人中有9人）都描述了他们受到同伴的压力去做一些他们认为错误的事情。而大部分女孩（10人中有6人）则描述了她们受到两个或两群人的拉拢，要求她们站在其中一方并服从这一方的意志。例如，一个女孩面临着在哪所学校就读的选择，她和自己的好友都被同一所私立学校接收，她的好友准备去那所学校就读，而这个女孩和她的家庭则认为另一所优秀的公立学校可能是更好的选择。她的问题在于，"我不想让我的好朋友感觉到，我离开她是因为不再喜欢她或诸如此类的原因"。同时，她又受到另一种压力的驱使：她家庭的经济状况以及她母亲需要家里的孩子们就读于同一类型的学校。更重要的是，她自己已经意识到什么样的学校更适合她，她在什么样的学校感觉更舒服；什么样的学校会为她考取她所选择的大学作出更充分的准备，什么样的学校能使她在学业上和社交上应付自如。种种考虑阻止了她选择好友的学校。

这个女孩认为考虑自己的需要是一种道德必需，她的这种信念建立在她对个体差异的认识上。"你不得不决定什么对你有利，什么对别人有利。我的意思是，你在做事情时不能只考虑对别人有利……我想你不可能完全站在别人的立场上做事情。"她不期望她的朋友也来她所选择的学术要求高的学校就读（"她说她认为自己无法应付我的学校，但能够应付她的学校。"），她也没有告诉我们她的朋友是否要求她改变决定。但是，这个女孩尽自己最大的努力寻找两全的解决办法——"每天早上上学前我们都要谈论这个问题，到了年底，我们最终接受了我们不能每天看到对方的现实。""我仍然会去看她，每周去看看她过得怎么样，即使看不到她我也会打电话给她。"

女孩比男孩更喜欢描述那种持续一段时间的困境，而不是描述一次性或重复性的事件。另外，她们更多地描述自己陷入困境时的情形，以及如何处理与卷入事件的人们之间的关系，而男孩则更愿意谈论如何摆脱困境。关于同伴压力与忠诚的研究结果与此类似。例如，一个男孩描述了他所陷入的友谊困境，他没有谈论同伴压力，而是谈到了关于忠诚的问题。当他的两个朋友打起来时，他决定离开而不支持任何一方。相反，一个女孩在陷入同样的困境时，不断试图去缓和冲突，以使她的朋友们不至于从争吵发展到打架。

有3位女孩描述了由同伴压力带来的困境，其中有2人表示不愿意和那些她们认为行为不端的朋友为伍。一个女孩在参加朋友们的聚会时只喝雪碧不喝酒。在另一个困境中，当受访者被要求"欺骗"学校时，她不是简单地说"不"，而是试图说服她的朋友也不要欺骗学校。只有一个男孩讲述了一个需要他找到两全解决办法的困境，他认为同时保持与离了婚的父亲和母亲的关系使他左右为难。这些结论与第7章所讨论的结论相类似。

结 论

对波士顿低收入居民区青少年道德思考的研究，揭示了青少年在进行自我描述、作决定和社会认知过程中道德关注的中心问题。我们发现，我们的所有研究对象（无论是男性还是女性）都能明确地表达公正和关怀这两个道德概念，并能举例说明违反这些道德准则的情境。另外，阅读这些关于公正和关怀思维的访谈材料，还有助于我们明晰他们的道德推理逻辑。在一些事例中，研究对象的某些回答如果仅从公正的角度来看也许是道德发展迟缓或是不道德的表现，但从关怀的角度分析，这些回答却反映了研究对象综合的社会观察力和强烈的道德责任感。

这些市内旧城区青少年的自然道德语言，包含了那些生活条件相对优越的同龄青少年所使用的语言和概念。一些青少年也使用了必然性语言——它是关怀视角的独特呈现，但这种语言在简单的"赠与和受赠"关系中表现得更明显，因而，这大概是一种不大"珍贵的交换"。

本研究中的青少年所陷入的困境类型，与我在对私立学校学生的研究中所发现的困境类型相似。然而，令许多市内旧城区青少年担心的错误决定所带来的影响，比那些条件优越的青少年所面对的要更严重、更持久。

本研究所观察到的在道德困境的形成和解决过程中出现的性别差异，同我们此前的研究发现相似。不管男孩还是女孩，导致困境的最普遍的社会背景是同伴关系，女孩比较关注的问题是忠诚、关怀、回应——她们和朋友在一起，即使她们不赞成朋友的做法，不同意亲朋的见解，但同时，她们也在寻找自由，寻找能让她们"做她们自己"的关系和场合，从而发展自己的潜能，自由表达自己的见解而不会感到尴尬和不自然。男孩更容易由于受到同伴压力而陷入困境，他们一方面想做"正确"的事，另一方面又怕失去朋友，怕丢面子。

最后，这些青少年（大部分在社区辅导和帮助孩子的活动中担任重要角色）的道德认识和道德责任感纠正了一些错误理论，这些理论认为"道德发展"和社会阶级之间存在关联。当然，社会阶级影响着我们的道德发展，这是一般道德发展背景中的一个重要因素。然而，把社会经济地位低下作为阻碍一般道德观念发展的唯一因素，会导致我们曲解低收入阶层青少年的体验和认识。

致　谢

感谢洛克菲勒基金会对本项目的支持和鼓励，同时，我们还要感谢三个俱乐部的管理人员、工作人员和男女学生的合作及参与。

9 市内旧城区青少年的暴力观

□ 贾妮·维多利亚·沃德（Janie Victoria Ward）

导 言

暴力影响着许多都市青少年的日常生活。据统计，市内旧城区居民的犯罪率是市郊居民的两倍，因此很多专家认为青少年暴力是威胁公共安全的最大隐患，特别是在黑人和低收入居民区。根据美国司法部的统计数字（Department of Justice，1983），凶杀是导致15—24岁黑人和白人青年死亡的第二大凶手。而对于15—24岁的黑人男性，凶杀是导致死亡的最重要原因，其中95%是被其他黑人（大多数是黑人青年）所杀害。在全美范围内，70%的凶杀案是使用枪支所致。

认真审视一下美国文化中的道德观，我们发现有两个不容忽视的现象。第一，如果我们不对暴力行为进行深入的研究，就无法探讨道德问题。第二，在这种令人恐惧的社会背景之下，如果不考虑性别因素，我们将无法研究暴力问题。男性通常既是暴力的实施者，又是受害者，而女性却越来越多地成为暴力的间接受害者，在男性凶杀案的背后通常是失去儿子的母亲，失去丈夫的妻子，或是失去父亲的小女孩。

更令人焦虑的是，很多教育家和心理学家发现越来越多的年轻女性使用暴力手段。女性，开始像男性那样，把攻击作为解决问题的手段。另外，除了家庭内部的发生在女性身上的暴力之外，研究者还发现越来越多针对年轻女性的暴力发生在家庭之外。女性青少年在约会时受到伤害的概率和她们在婚姻中受到配偶伤害的概率几乎一样（Roscoe & Callahan，1985）。

在全美，大城市中的学校早已成为教育家们头痛的对象。这些学校经常会出现一些诸如学生间的矛盾与不和、公开的种族和民族歧视、交往中的高暴力冲突等问题。种族问题在波士顿非常突出，20 世纪 70 年代这里就曾出现过学生为废除公立学校中的种族歧视而发起的暴力行动。1983 年，波士顿学校的学生构成中，有 49% 的黑人，18% 的非白人（主要是拉美人和亚洲人）和 33% 的白人。虽然有色人种发起的校车运动已经趋于缓和，但在学校和居民区不时还会发生暴力冲突。波士顿公立学校当局仍然把暴力视作最严重的棘手问题。

1983 年，波士顿学校安全委员会（Boston Safe Schools Commission）的报告中提到，波士顿 17 所高中至少有 4 所学校发现学生中有人携带武器（其中包括本研究所调查的学校）。本报告的调查对象中有 50% 的学生看到他们的同伴携带武器，甚至有 28% 的学生承认自己携带武器。在 1984—1985 学年中，官方调查显示，大约有 300 名学生由于拥有武器而被停学。

不管是在校内还是校外，在强奸、抢劫、人身伤害案件的受害者中，青少年人数是成年人的两倍以上。例如，根据司法部门的统计，1982—1984 年，每1000 名青少年中有 60 人在暴力案件中遇害，而每1000 名成年人中只有 27 人成为受害者。大城市中的犯罪行为大多是年轻人犯下的，通常是在相互纠葛中发生的，因此青少年容易同时成为暴力的实施者和受害者。

许多研究都把注意力集中在犯罪的青少年身上，我们的研究正相反，我们主要关注那些生活在暴力频发的环境中，但本身并没有犯罪的青少年是如何评价和认识暴力行为的。社会科学家用很多方式对暴力作出界定，使用很多工具和手段来测量犯罪的发生率，提供很多理论对犯罪的实施者和受害者进行评定和处理。但是却很少有人就美国普通居民对发生在身边的暴力的看法进行研究，更很少有研究者关注青少年对他们生活中所发生的暴力是如何思考的。

生活在市内旧城区的青少年往往被视为社会的弃儿。他们总是被当作未受过良好教育的、能力低下的社会下层阶级的成员。无论是在智力测试、社会能力测试还是在道德推理的测试中，他们的成绩都处在最低水平。因此，他们的想法往往得不到重视，也不会被采纳。本研究试图弥补这一空白。我们的研究对象是在一所大型公立高中就读的居住在市内旧城区的青少年，研究主题是其与暴力相关的真实生活体验，该主题既是其生活中的重点问题，也是整个社会极其关注的问题。

研究方法

◆ 研究背景

1983 年，在所有波士顿公立学校中，拥有 2000 多名学生的中央公立学校（化名）的犯罪率最高。学校领导采取了一项"替代计划"（化名），试图改变学校这种大型的、冷漠的、不安全的校园环境。这个计划仅涉及一小部分学生，大约有 200 名 10—12 年级的学生参加了这个项目。学生们的成绩有好有差。参与设计和实施这一计划的学校工作人员强调说，这一计划的独特之处就在于它试图为学校中有着不同种族和语言背景的学生们营造一个和谐、关爱的校园环境。

按照这一计划的要求，所有学生必须学习一门为期一年的课程，这门课程围绕着时事问题展开，主要讨论这些时事背后的道德问题。讨论的主题包括南非种族问题、中美洲暴力冲突、环境保护、种族歧视，等等。一开始，这门课程以一个为期 8 周的社会问题研究单元作为序幕，该单元的主题是"正视历史和我们自己：大屠杀和人类行为"（Strom & Parsons，1982，参见第 5 章，以下简称"正视历史"）。这门课受到了那些被孤立的、难于接近的、有暴力倾向的学生们的欢迎。

"正视历史"关注历史和人类行为。这个单元讨论的目的是把近现代发生的大灾难的历史引入课堂，让学生进行公开讨论。教育者希望参与这门课的学生能通过这门课对他们自己和他们所在的社会及道德领域进行反思，从而减少校园里、家庭内及社会中心理伤害和身体伤害事件的发生。

这门课旨在在课堂上营造一种气氛，使学生们有机会反思自己的经历、行为和偏见，并鼓励学生们思考如何才能减少暴力的发生。教师帮助学生对他们在课堂上表现出来的道德判断能力树立自信心。在本文中，我们将揭示市内旧城区的青少年是如何认识现实生活中的暴力和歧视，如何进行道德判断，又是如何进行选择的。

◆ 研究对象

1985 年 1 月，37 名准备选修"正视历史"这门课的 10 年级学生接受了我们的访谈。后来，另外 14 名学生也参加进来。这 51 名学生中，除了 8 名学生，其他学生都接受了两次访谈。两次访谈中，一共有 17 名男生和 34 名女生回答了我们的问题。我们并没有收集关于每名学生的具体背景资料；但是这一项目针对的人群主要是黑人、白人、拉美裔和少数亚裔学生。大多数参与我们项目的学生来自波士顿的中低收入家庭。其中一些学生正在接受诸如抚养未成年儿童家庭援助计划（Aid to Families of Dependent Children, AFDC）等联邦基金的资助，还有一些学生居住在政府为低收入家庭提供的住房里。只有一小部分的学生来自波士顿中产阶级家庭。

◆ 基本概念

在之前的研究中，很多研究者使用公正和关怀这两个概念作为道德倾向的核心内容（Kohlberg, 1969, 1976, 1981；Gilligan, 1977, 1982；Lyons, 1983；Johnston, 1985），这两个概念可以帮助研究者正确理解学生们是怎样对事件进行判断的。我们用这两个带有不同道德倾向的概念，对学生们现实生活中所发生的暴力事件进行描述。

在第一轮访谈结束之前，我们的研究假设就得到了证实。这些居住在市内旧城区的青少年，在对暴力事件进行解释和辩护时使用了道德语言。他们愿意并且能够对那些参与暴力事件的人们作出适当的判断。正如我们所预期的，显然，这些青少年在他们生活中大都经历过很多暴力事件，也许正因为这样，他们才能用自己的理论来理解暴力发生的原因。

通常，这些学生在回答我们有关暴力的问题时都使用了道德语言，他们用这样的语言来作出判断。这种语言大多数是约定俗成的词或词组，表明了他们关于事情应该是怎样的潜在信念。例如，他们经常在进行道德判断之前使用应该/不应该、应当/不应当、公平/不公平以及伤害这样的词汇。这些道德判断通常出现在对错误的行为进行判断或是对正确的行为进行辩护时。要解释学生们为何会作出这样的判断，我们就有必要了解一下他们使用的道德语言，因为语言是学生们内在信念系统的外在表现。

研究过程

◆ 数据收集

我们在访谈中为学生们设计了大量的开放式问题，这些问题大多与道德冲突、选择、自我感觉与变化以及不公正有关，其中有一部分是有关暴力的问题。学生们被要求"讲述一个暴力事件，或者是某人受到伤害的事件"。在对事件进行描述之后，学生们会被要求回答这样的问题："你认为这样的事件为什么会发生？"还要进一步回答："你认为他们那样做是对还是错？"

◆ 数据分析

在数据分析的过程中，我们首先认真分析了学生们对暴力问题的回答。几乎所有学生都能回忆起一宗发生在自己身上的暴力事件。事实上，很多学生在回答我们提出的其他问题时也提到了暴力事件的发生，比如，面临个人道德冲突问题，不公正问题，以及当他们决心不再大胆地表白自我的时候。我们发现，在回答我们提出的与暴力无关的问题时，我们的研究对象（51人）提到暴力的次数竟然达到了 125 次。鉴于我们在这两部分（与暴力有关的部分和与暴力无关的部分）提出的问题不同，这些额外提到的暴力事件不一定全部有用。很多不合乎要求的描述被要求补充完整。经过仔细审查，我们对 93 个暴力事件进行了编码以便对其进行分析。

笔者开发了一套编码程序（Ward, 1986），这套编码程序帮助我们追踪访谈对象如何卷入暴力事件，他或她是怎么考虑的，他或她在对谁作出评判。除此之外，这套程序还对学生们作出的道德判断提供了分类标准。如果对学生的道德语言进行编码，就必须参照两个标准。第一，必须是约定俗成的；第二，必须有支持道德判断的充足理由。

道德判断一旦形成，研究人员就应该按照其所表明的倾向进行分类整理。我们首先按惯例在结果中找寻公正和关怀的特征。当然我们得到的数据不一定能被严格分成这两类。一些陈述可能兼有公正和关怀的成分，因此被归入"兼备"这一类。在另一些叙述中，公正和关怀的主题交织在一起，无法把它们分离开来，如果非要分离，就会完全改变道德判断的内涵，这种情况被归入"综合"这一类。因此，我们的这套编码系统并没有创造出一个预设，也没有使用特殊的"术语"来概括公正或关怀的概念，而是通过分类来重现我们收集的信息中所体现的观点，从而使道德倾向的概念能够在道德判断中得到运用。

◆ 编码类别

公正。公正作为一种价值倾向把公平作为道德目标。如果认为某种暴力行为侵犯了个人权利，违反了规则和行为的标准，那么这种道德判断将被认为是基于公正原则。

关怀。关怀原则建立在这样的假设基础之上：人们之间是互相联系的。如果研究对象认为伤害、痛苦和受难（无论是精神上还是肉体上）的出现在本质上是错误的，在道德上是有问题的，这种判断就被认为是基于关怀原则。

兼备。学生对真实生活中的暴力事件的回应，除了"公正"、"关怀"、"不能编码"这些类别之外，还有另外两种类别，称为"兼备"和"综合"。只有在陈述中同时出现上述规定的可编码的关怀因素和公正因素时，才符合"兼备"的条件。

综合。"综合"是一种很独特的类别，要符合"综合"这一类别必须满足两个标准。首先，一个陈述中必须同时出现公正和关怀这两种道德考量和道德判断；和"兼备"类别不同——我们可以在"兼备"类别的陈述中清楚地分清哪些属于关怀判断，哪些属于公正判断——在"综合"类别中，公正和关怀不能被严格地分成两部分。有时候，公正和关怀是交织在一起的；有时候，一个判断既可被视为公正判断，又可被视为关怀判断。关怀中蕴涵公正的因素，公正中夹杂关怀的因素。其次，满足"综合"这一类别标准的第二个条件就是对属于暴力行为的范畴进行限定。在后面"综合道德判断因素"部分我们对此还要进行详细说明。

缺失。有的学生对事件的描述中不含有明显的道德判断。如果学生们对访谈问题的回答中既没有考虑公正的因素，又没有考虑关怀的因素，或者他们对暴力事件的描述不包含道德判断，这种情况就被列入"缺失"的范围。

不能编码。有的陈述虽然包括道德判断，但是这些判断通常不能被归入公正、关怀、综合中的任何一类，原因是缺乏对这些判断进行分类的有效信息。

进行最初的分类之后，公正、关怀和综合这三个操作性概念就得到了确认。由 2 位编码者对 30 名学生的访谈资料进行编码。运用上述概念作为编码标准，编码者之间的信度为 83%。

个体具有（至少）两种道德倾向，尽管他们可能更愿以其中一种思维进行道德判断，这意味着个体能基于两种不同的道德视角，思考以下有关同一事件的讨论。

两名学生分别对两位访谈者讲述了一件他们亲眼目睹的相似事件。在这两个事件里，争吵越来越激烈，以至于不久就发生了枪击。在男青年讲述的事件中，争吵是在和他相识的一群青少年之间展开的。而在女青年讲述的另一事件中，肇事者是一群陌生男子（10 人左右），他们在她家附近的街道上发生了冲突。这两名学生距离出事地点都非常近，因而目击了当时的情景。访谈者询问他们事件是怎样发生的，是哪一方的错。我们来听一听他们对所发生的事情进行的道德判断。

1. 你不能插手干涉（在那样的暴力情形之下）。因为你能为他们做些什么呢？如果是孩子们在打架，旁观者不能进行干涉，因为这样他们会伤到他们自己。他们不应该进行枪击，因为枪击极易伤到人，甚至会出人命。周围都是小孩，他可能会击中其中一个，那是一杆猎枪。（男）

2. 我觉得他们做得不对，因为他们根本不应该打架，尤其是当着一大群孩子的面，孩子们看到了事件的发生，他们会认为很有趣，会想去模仿。在孩子们眼里，他们是成年人，应该知道是非，他们为孩子们树

立了多么坏的一个榜样啊。他们不能那样做。(女)

男青年担心事件中发生的枪战会使人受伤。他认为使用枪支不仅会使射击对象受伤，同时那些善意劝架的旁观者也会遭遇危险。他注意到旁观者的潜在的危险处境，尤其担心周围无辜的儿童会受到伤害。这个男青年对这个事件的谴责主要集中在对他人无意或有意的伤害上。

女青年目击了一个极其相似的事件，并作出了自己基于公正原则的道德判断。与那个男青年一样，她对暴力本身进行了谴责。她也担心无辜的旁观者，特别是围观的儿童会受到伤害，但是令她更为忧虑的是，这些肇事者会在围观儿童的心里树立起什么样的榜样。围观的孩子看到这么激烈的打斗会觉得"有趣"，他们以后也会模仿这样的行为。这些成年肇事者完全不负责任，不符合他们作为成年人应有的道德行为准则。

男女青年不同的回答能引发我们什么样的思考？对于两个极其相似的事件，这两个青年却有着两种不同的道德关注。第一个学生认为事件中持枪的人是不道德的，因为他可能会使周围的无辜旁观者受到伤害。他的评价被编码为基于关怀逻辑的。女青年谴责事件中肇事者的不成熟行为，以及他们作为成年人为儿童树立了极坏的榜样。她的判断被编码为基于公正逻辑的。很明显，这两个学生通过对人类行为的认真观察提出了非常重要而有意义的见解。而对这两种不同的把问题概念化的方式，教育者们并没有急于确定哪种道德判断方式更好或者发展得更成熟，而是试图理解每一个青少年的见解。这样，我们就可以发现这些学生思维中的长处和局限性。教育者们也就可以利用公正和关怀的思维方式，来培养和维持个体的道德反思能力和道德责任感。

结 论

◆ 暴力的性质

我们研究中报道的大部分暴力事件，都蕴涵在描述人类关系发生扭曲的故事中。学生们描述的暴力行为小至扇耳光，大到三起命案。一般情况下，暴力行为都是对别人的身体伤害（例如，打架、抢劫、使用武器、强奸以及暴力殴打）。偶尔有学生会提到心理伤害事件（如忽视、恶语中伤、激烈的争吵、洗脑），在这些情况下，学生会向访谈者澄清，他们认为这些心理伤害也是暴力的一种形式。

◆ 地　点

几乎在这些市内旧城区青少年生活的每一个场景里，都有暴力行为的出现。在我们进行编码的 93 个事件中，暴力多发生于下面四个区域内。(1) 居民区/社区：在家门口，通常是在学生居住区或附近的街道上发生的暴力（54 起）。(2) 家庭内部：发生在父母、兄弟姐妹、祖父母、叔叔阿姨等家庭成员之间以及恋人之间的暴力（19 起）。(3) 学校：发生在教室内外、走廊、公共浴室、运动场和校车上的暴力（10 起）。(4) 其他：包括从媒体上看到的暴力（电视、电影情节，电视以及收音机里的新闻报道，报纸期刊），或者是课堂上提到的暴力（10 起）。

道德的操作概念

道德的操作概念指的是在形成某种道德倾向中所用的思想、信念和原则。我们认为，个体的道德考量会被组织成一种结构，个体以此结构为基础作出道德判断。本研究将举例说明构成道德判断的不同道德信念。

◆ 公正的操作概念

只有陈述中包含了下面一个或多个因素时，才能被编码为是基于公正倾向的道德判断。

公正的逻辑前提：

1. 侵犯个人权利

2. 违反行为标准

3. 违反一个或多个原则、某个原则或法律，包括规则或法律的不公正运用

4. 侵犯公正

　　a. 利用不平等的权力

　　b. 受到不应受的惩罚

5. 违反"黄金法则"（Golden Rule），对别人做一些不愿对自己做的事情

公正逻辑可以在下列条件下为暴力行为辩护或提供支持：

6. 纠正或是报复不公平的、侵犯权利的，抑或违反标准、规则、法律或原则的情况

公正，作为一种道德倾向，把公平作为道德目标。那些从公正角度对暴力行为进行判断的学生秉持着三种主要信念。第一，为了纠正和报复以前的不公正待遇而发生的暴力行为通常被认为是情有可原的。第二，暴力总是爆发在某人被迫承受不该受的惩罚之后。第三，当人们超越了行为标准的限制，暴力就会随之发生，这种暴力行为经常受到谴责。

以下例子中的女青年反映了第一种观点。她告诉我们，她和另外一个女孩发生了争执，两人继而打了起来。这个女青年一再强调她并不想和那个女孩打架，但是那个女孩当着她朋友的面在校车上对她出言不逊。终于，两人打了起来。"她推了我一把，然后我们打了起来。"她说，她是这样解释自己的行为的：

　　……就像是我在针对她似的，我能看出来。我看出来她不喜欢我。但是我并没有对她做什么……我没对她怎么样。我觉得我有理，是她先打我的，但碰巧我打了她最后一下。我认为她知道这是她的错。她必须知道。

对这个学生来说，暴力可能是用于报复从始至终都不公平的境遇。公平和平等，是公正视角的基本要素，构成了公正行为的基础。有趣的是，40%（总计为25）的基于公正倾向的道德判断认为暴力是正当的，大部分的描述都集中在纠正不公平待遇上。

基于公正推理作出判断的学生们对暴力行为进行的最常见的解释是，暴力是要反抗不公平的待遇或是报复违反标准、原则和准则的行为。另外，受

到不应受的惩罚也是这类学生关注的问题。下面的话是在这类学生之中最常听到的。一个年轻人抱怨道："他们（攻击者）原本不应该这么对待他，因为不是他的错。"

有时，违规被视为导致暴力事件发生的主要原因。违规行为是学生们判断谁对谁错或谁应对暴力负责的主要考虑因素。在一个年轻人看来，住在他同一幢公寓楼上的一个离了婚的母亲遭到强奸的主要原因是，她违犯了她应该遵循的行为规范。事情发生在她举办的一次聚会上，一个酒醉的客人不愿离开她家，并勾引她。

凌晨4点，参加派对的人都回家了，他又转回来，大声叫门。他们开始争吵，扭斗。那位妇人肯定对那个人做了些什么，打斗很快结束了。我们全家都被外面的声响惊醒了……我从窗户望出去，看见那个人对那妇人拳打脚踢，她在求人叫警察。（访谈者：他们谁对谁错？）这全是她的错，她离了婚，是三个孩子的母亲。她的责任就是照顾好她的孩子，每天晚上做一些家庭妇女该做的事，和孩子们在一起或者看看电视。但她不是这样的，她爱喝酒，喜欢邀请朋友到家里，整夜大声地放着音乐。她是个什么样的母亲，尤其对她的孩子来说？她最应该做的事就是待在家里。她虽然没有丈夫，但是她有孩子。她应该守着她的孩子，和他们做游戏，陪他们玩，而不是像现在这样。

仔细听听这个青年的解释我们就能知道，他是按照一套内在的角色行为准则来对邻居的行为进行判断的。这个准则规定了没有结婚的女性应该怎么做，离了婚的母亲不能怎么做，等等。谁违反了这套准则就应该对自己的行为负责，就应该受到谴责甚至受到惩罚。当然，这并不意味着我们的访谈对象赞成使用暴力作为对其邻居的错误行为进行惩罚的方式；没有人赞成使用暴力。但值得一提的是，这个单身母亲已经违背了她这个角色的约定俗成的行为准则，这使她遭受了暴力。从这个逻辑出发，人们可以设想，所有未婚女性如果不希望有朝一日暴力发生在自己身上，她们就应该做适合于自己角色的事。

在我们结束这一类别的讨论之前，我们再重申最后一个操作概念——惩罚性正义，因为这是接受我们访谈的年轻人的一个普遍观点。一个故事讲述了几年前波士顿街头发生的暴力事件，一个中国籍男子被两个喝醉酒的白人男子打得半死。根据学生的描述，这两个袭击者在法庭上被判无罪，这激怒了整个华人团体。这个学生气愤地说："如果他们打了他（或是杀了他），他们应该被送进监狱，甚至判处死刑。"这种"以眼还眼"的观点，在我们的文化中是普遍存在的，它是死刑倡导者立论的基础。在我们的研究实例中，有三起凶杀事件，在相关的三个访谈中，访谈者都听到了对行凶者进行致命报复的建议。

◆ 关怀的操作概念

只有在陈述中包含下面一个或多个因素时，它才能被编码为是基于关怀倾向的道德判断。

关怀的逻辑前提：

1. 对伤害、痛苦和受难（精神和肉体两方面）的关注

2. 把伤害、痛苦和受难当作道德问题

3. 对处于困境中的人不理睬、不关注、不倾听

4. 使处于困境中的人受到不必要的伤害

5. 采取暴力是错误的，因为它切断对话，造成误解

6. 采取暴力是错误的，因为原本可以通过对话避免暴力

7. 在关注暴力事件对受害者造成伤害的同时，还关注它对目击暴力事件的其他人的不良影响

8. 关注关怀缺失的历史，关注认定关怀缺失是不道德的历史

关怀逻辑可以在下列条件下为暴力行为辩护或提供支持：

9. 暴力事件因使人们受到伤害而被视为是不道德的，但是有时又被认为是必要的

a. 卷入事件的人别无选择，暴力行为是他们保护处于危险中的自己和别人不受伤害的唯一选择

b. 对于那些曾经缺乏别人的关怀或受到过虐待的人来说，因反抗而采取

的暴力行为是可以理解的

　　在这一类型的事件中，受访者表达了这样一个共同观点，即他们所陈述的暴力事件伤害了某个人，造成这样的伤害、痛苦和受难（精神和肉体两方面）从本质上而言是错误的、不道德的。虽然暴力本身意味着伤害、痛苦和受难，但一些学生的道德判断完全围绕着关怀进行，因而被编码为关怀倾向。当学生表达出他们的关怀逻辑时，他们似乎难以接受对暴力的描述，并且对暴力的发生感到不舒服。事实上，基于关怀视角的普遍信念是：暴力不是必要的，通过对话常常可以避免暴力。鉴于人和人之间是互相联系的，基于关怀逻辑进行判断的学生们对于暴力对其他人产生的不必要伤害更为关注。最后，一些学生表示，在暴力事件中，不仅受害人会受到伤害，通常还会有更多的人受到影响。他们对于暴力对目击者造成的直接或间接伤害感到不安。

　　以下这位暴力目击者的话可以帮助我们理解关怀倾向。"我的两个朋友在打架，那天早上，我们在学校礼堂里，我的朋友拿着这个收音机。"一名男生这样开始讲述一个暴力事件。他解释说，搏斗发生之前，他和他的朋友预料到会有麻烦，于是就劝那个被朋友无礼对待的男孩先回家。"因为我们都知道那个男孩是个什么样的人。"两个人先是争着要调节收音机的音量，然后打了起来。

　　（为什么会发生争斗？）因为那个被打的男孩不听我们的劝告，另一个男孩年龄稍大而且看起来……有点醉了。他们两个都有错。年龄大的男孩不该先出手，而被打的男孩不应该不听我们的话。如果他听了我们的话先回家，冲突就不会发生。

　　和那些基于公正原则进行判断的学生相反，这14名被我们编码为关怀类别的学生中的大多数人把注意力集中在如何防止暴力行为的发生，而不是为暴力行为寻找原因上。暴力是错误的行为，因为它被认为是可以避免的，可以通过对话和听朋友的劝说而避免。通过交谈解决冲突是制止暴力事件发生的最重要手段。暴力和卷入暴力的人的行为被认为是错误的，因为暴力的发生是不必要且可避免的。

我们频繁听到街头暴力的发生，这种暴力对周围人群造成的精神损失也是巨大而令人愤怒的。一个男生讲述了一起令人恐惧的事件，这个事件对其他人造成了不必要的伤害，从关怀的逻辑出发来判断，事件中的行为是错误的。男生的父亲（已经皈依了别的宗教）不断地告诉自己的儿子他生病的姑姑快要死了，"因为她不信宗教，所以上帝要把她带走"，因为她不喜欢他（男生的父亲）。

> 在我看来，父亲是在试图劝说我不要喜欢姑姑，而且他让我意识到我姑姑快死了。虽然他并没有使用什么暴力，但对于我来说，他已经具有了暴力行为。因为我认为他在生我姑姑的气，他在向我发泄他的愤怒。他告诉我，是因为他知道我会告诉别人，借这种方式，他想让别人知道他的感受。他确实让我别告诉别人，但是他特别交代我别告诉任何人的举动对我来说是一种耻辱。我的父亲完全做错了，我总是会这样认为。为什么你要告诉我这样的事呢，为什么你要劝我不爱我的姑姑呢？

这些故事，尤其是这些讲述家庭成员之间的道德愤慨的故事，给我们带来更大的震撼，因为伤害者和被害者之间曾经维持着亲密的关系。这不像陌生人之间施加的打击，这种打击的实施者和承受者通常在某种程度上有着某种关系。有时这些关系会因为暴力的发生而被破坏，但多数情况下，这种关系会继续维持下去。这两种情况在我们的研究中都曾出现。暴力如何改变已经存在的关系是一个吸引人的话题，在本文的结尾我们将就这一问题进行讨论。

最后，我们从关怀视角进行关注的不仅是那些在暴力事件中直接受到伤害的人，还包括暴力事件对旁观者的影响。在下面这个故事中，一个女学生目睹了一起发生在她居住的社区内的暴力事件。

> 一次，在我家门前，一个人被枪击中了。我想他们一定是在打架，结果一个家伙开枪射向另一个家伙。我被吓坏了，我想有人就在我家门前被枪击，开枪的人也许就在附近，还会向其他人开枪。我觉得他做得

不对，你不能就在别人的家门口开枪，因为这样每个人都会看到，每个人都会觉得恐惧。

这里涉及的关键问题是保持信念，并且在必要时代替他人采取行动。与此前我们提到的一个案例相似，这个女学生关注的是，一个人所遭受的伤害和恐惧可能会影响到这一区域的所有居民。这一点很重要，因为了解身边人的处境和感受会促使一些人去帮助其他人。

◆ 公正和关怀道德兼备的操作概念

最初，我们认为只存在三种视角：公正视角、关怀视角以及无法编码的视角。然而，在对本研究中的十几岁学生们所运用的道德逻辑进行评估以后，我们发现很多学生同时具有公正和关怀两种视角。如果他们的观念中融入了第二种倾向，他们就会对动机和行为有更为复杂的理解。在学生对真实生活中的暴力事件的判断中，呈现出了两种额外的类别。这两个类别把公正和关怀两种视角结合起来，分别被编码为"兼备"和"综合"。要满足"兼备"的标准，在每一个道德陈述中必须同时出现上面规定的明显的关怀因素和公正因素。"综合"类别的标准我们将在以后讨论。这些对于分类的补充，使前期关于道德倾向的研究更加完善。虽然约翰斯通（Johnston，1985）的研究显示了人们了解并能运用两种道德倾向，但还需要进行进一步的实证研究才能确定，人们对现实生活中发生的事件是否能同时运用两种倾向进行判断。本研究中青少年的表现说明这是可能的。另外，两种倾向的运用使我们更能理解道德行为和暴力事件的本质，这种认识要比仅运用一种倾向更加深刻。下面例子中的这个学生把普通的青少年同伴压力困境讲述成一个复杂的故事。她描述了青少年的两难选择：是独自坚持原则，还是放弃原则，以避免因坚持原则而带给自己伤害。

你经常看见孩子们打架的情形。你会在学校里看见一群孩子被欺负 [被别人嘲弄或挑逗]。我不喜欢看到这样的场面，这使我心痛。[他们为什么要这样做？] 也许那些孩子不聪明，或是穿戴不同，也许他们来自不同的城市，说着不同的语言。[他们遭到歧视] 他们不被当作圈子中的一员。留着穗状发型的孩子经常会受到黑人和拉美孩子的排斥。

这个学生接着解释说，很多学生不敢说出自己喜欢什么或想要什么。

> 因为他们害怕会伤害别人的感情，或者担心遭到排斥。因为对方人多，事情就这么发生了，他们说，"我不愿意这么做"，"我不喜欢你——走开"。我认为人们应该有选择的自由，人们不应该因为他们的喜好或立场而担心被别人嘲弄。

这个故事有趣地展现了两种倾向的判断，这个学生提到了对个人权利的侵犯（公正逻辑）。在她看来，自由取代了与大多数人的穿着和行为保持一致的需求。这是在青少年中间经常出现的典型问题，通常会导致同伴之间发生冲突。这不是一个简单的与朋友保持一致性的问题，从公正和关怀的双重角度进行分析，它包含着一个更大、更复杂的问题。

受访者认识到，个人的观点和集体的立场发生冲突是十分危险的，会危及友谊，同时也会失去别人的理解。访谈者询问："得到别人的喜欢为什么对人们那么重要呢？"她回答道："可能从中能得到一种安全感，有人喜欢我，我在这个世界上就不再是孤身一人。我不会被别人排斥、欺负，等等。"

这个学生表达了她内心对合群和依恋的需要，这两种需要都是关怀视角的显著特点。她感到，与别人保持一致使她能够免受孤独，免受别人的攻击。她在自我表达中对公正和关怀施予同等关注。她的矛盾在青少年身上普遍存在：一方面注重公正（保持自我），另一方面又注重关怀（保持与他人的联系）。暴力的威胁使他们无法于青少年时代在竞争需要和依恋需要之间找到平衡。

在以下事件中，关怀的逻辑被用来为所发生的暴力提供辩护，因为卷入事件的人找不到其他办法来保护他们自己和周围的人不受伤害。

> 我还记得我父母第一次打架时的情景。我当时 12 岁……我的父母已经离婚。那天，母亲出门了，父亲不停地打电话询问母亲的去向。他找过来了，母亲已经交代过我们不许开门。父亲让我打开门，我照办了，他进来翻看了母亲的东西。后来母亲回家了，当时我们都在楼上，

突然，我们听到了打斗声。两人扭打在一起。（父亲）先被抓伤，然后他们打了起来。我想父亲伤得更重。我想他一直在想保持冷静，而母亲却歇斯底里，不是你死我活的那种——他们只是在打架——母亲只是把以前所有的委屈都发泄了出来。[谁对谁错?]站在母亲的立场上，她是对的，我想她是厌倦了，她是想告诉他，她受够了。[我父亲有错]因为首先……他唆使我违犯了母亲的交代。我是和母亲一起生活的。我想他不应该要求我、强迫我给他开门。同时他也侵犯了母亲的财产。我认为这件事是父亲的错。

正如先前所提及的，几乎有一半基于公正原则进行判断的学生把暴力行为作为反抗不公平待遇的一种手段。而 14 名仅根据关怀原则进行判断的学生当中，没有一个赞成使用暴力。关怀原则只有在和公正原则相结合的情况下，才会为对别人的伤害进行辩护。但是无论如何，关怀原则反对伤害，即使在为暴力行为辩护的时候，对别人造成伤害本质上也是错误的行为。上面例子中的那个女生说她的母亲受够了，而且声明这是她父母第一次打架，这两种情况说明暴力在升级，从心理伤害上升到了身体伤害。公正原则的引入，包括母亲和孩子有安全待在家里的权利，使女儿作出了判断：出手还击是母亲保护她自己和孩子免受伤害的唯一手段。因此，在反对伤害的原则（关怀原则）基础上采取公正原则，可以为暴力行为进行辩护，因为它使人们相信当事人的忍耐已经到了极点，他或她已没有任何其他选择了。

对于家庭内部的暴力事件，学生们经常由于亲眼目睹了父母的打斗或者成了暴力的直接受害者而感到难过。在好几个故事中，学生们都讲述了母亲为了不再受到伤害而进行反抗。一名学生说："我感到很震惊，因为我从来没有看见过母亲这么激动，我们不得不叫了警察。但在某种程度上，我的感觉很好，她终于有机会向他表示，她不再怕他了。"

青少年在他们的描述中提到更多的是男性施加于女性的暴力，这一点并不令人惊讶，它证实了那些有关家庭暴力的研究成果（参见：Gelles，1980；Straus *et al.*，1980）。然而，令人惊讶的是，这些青少年在描述中大多选择了女性进行反抗的事件。在上面的故事中，那个女生认为母亲的报复行为是正确的，这个信念帮助她消除了她在家庭中不断经受的恐惧心理。

◆ 综合道德倾向的操作概念

"综合"判断可以使我们从新的角度理解道德问题，因为它能使研究者记录更加微妙的道德判断。在下列情形中，要将学生的陈述编码为"综合"类型。一种情形是，"综合"判断中交织着公正和关怀的主题，它反映了道德视角的广泛性和复杂性。另一种情形是，学生的陈述中包含着遏制暴力的观念——这种集合了公正和关怀考量的观念从道德推理中具体呈现出来。基于不同的原因，暴力（或是心理压迫）可能被认为是正当的，或是可以避免的，无论哪种情况，这种判断必须包含这样的信念：暴力或压迫可以在某种程度上被遏制。满足了上述任一方面——公正与关怀相互交织或者对暴力的遏制——或两个方面都满足的判断被编码为"综合"判断。

以下例子中的男生回忆了几年前的一起事件，他和母亲在从杂货店回家的路上遭遇了抢劫。这个学生谈到了他对街头暴力的看法。

> 波士顿是一个刑事案件多发的城市，太可怕了。强奸、盗窃、凶杀——太疯狂了。我觉得那些抢劫 90 岁老太太的人太蠢了。他们能从她们那里抢走什么呢？他们心理变态。他们跟踪从银行出来的老太太，抢她们的钱包。当然一个 90 岁的老太太在夜里不可能进行任何反抗，她们没有任何抵抗能力，她们还能指望什么呢？当然她会叫喊，有人抢她的钱包了。……我们不能对她们做那种事。这会使人产生负罪感。你会对自己说，如果她是我的亲祖母，我会怎么做？所以遇到这样的事情，首先浮现在我脑海中的就是，她真像我的祖母。我要上前去帮帮她。你会非常在乎你的亲人，我不知道有没有人不在乎。[你知道你可能会因此受伤，这值得吗？] 是的，我认为非常值得。谁在乎警察会不会因此而把你当作英雄？有谁会为了当英雄而这么做呢？但是你至少应该知道，你要关心和尊重他人，你要帮助他们。这是一个好市民应该做的。

根据这个学生所呈现观点的形式，我们将其编码为"综合"判断。首先，他明确表达了关怀。他表达了自己对受害人特别是老人所遭受的痛苦和伤害的关注。他对此事感到愤怒，他明显地感到它与自己家庭的联系，他产生了移情，把受害人当成了自己的祖母，把对自己祖母的关心转移到了其他老人身上。即使受害人是陌生人，他也能将其想象成自己所认识和关心的人，这样，他就能采取行动了。公正的原则——尊重他人是一个好市民应该做的——被融入了对需要帮助的人的关心和帮助的考虑中。在这个年轻人的陈述中，公正的视角非常明显，他提到了社会责任感以及对他人权益的尊重和保护。虽然这两个原则在这个故事中都得到了体现，但关怀逻辑似乎得到了更突出的体现。

很多受访者的陈述中都提到了"综合"判断的第二种情形——对暴力的遏制。有些学生对暴力有着特殊的看法，有个学生认为暴力在某种程度上是可以理解的，但是正因为如此，才应该努力遏制暴力的发生。即使暴力是在必要的情况下发生的，它对他人造成的痛苦也应该有个限度。这和关怀逻辑有很大不同，关怀逻辑声称，伤害他人是一件很不道德的事情。但是有时候，对另一个人的伤害是无法避免的，这样，不伤害原则就应该得到修正。或者，像受访者经常提到的那样，对他人造成少许伤害是可以接受的，甚至可以是不违反原则的，但是这种伤害应有一个限度。例如，在学生们的眼里，男孩之间在打闹过程中对身体小小的伤害是可以理解的，但双方造成的伤害要在一定的限度之内。如果学生当中有人把同伴推入了火堆（虚构故事中发生的），就会被视为残酷的、不道德的、缺乏关怀的（"那就太过分了"）。这种行为超出了对暴力的限定范围。所以，学生们认为，在这样的情况下，个人之间有限程度的伤害有时候是可以容忍的，但是，必须对其程度有一个限制，以免造成无可挽回的伤害。

讨　论

本文重点研究了受访青少年思维过程中的道德逻辑，阐明了不同的道德视角以及这些视角的特点。我们通过研究这些青少年生活的社会背景以及他们对道德知识的掌握，从而理解他们生活中所发生的暴力的真正含义。这些受访的市内旧城区青少年有着不同的生活背景。由于波士顿中心区的学校每天有校车接送学生上下学，因此每个学校的学生居住的社区并不一样，有着不同的民族和种族背景。可以想象，他们的家庭社会化模式也各不相同。因此，我们很容易发现这些学生之间存在的差异，但是，我们的研究旨在探寻这些学生之间的共性。除极少数外，他们所陈述的故事大多是自己经历的恐怖事件，而且这些事件发生在各种居住地区和种族、性别、收入水平的群体中。

我们在研究中发现，暴力事件经常发生在两个地点——学生居住的居民区和学生家庭内部，我们从道德的角度对这两个地点发生的暴力事件特点进行了分析和研究。研究表明，发生在居民区和家庭内部的暴力事件占全部描述事件的3/4。全部93起暴力事件中有超过一半的事件发生在学生居住的居民区，也就是说，这些学生是在家门口目睹或经历这些事件的。这就说明，大多数市内旧城区青少年的身边每天都存在着出现暴力事件的危险。据报道，美国街头犯罪率高，而且多发于市内旧城区。我们的研究成果也说明了这一点。

对于涉及居民区的暴力事件，学生频繁地使用公正推理。我们对此现象进行过相关研究。研究表明，通常情况下，在居民区发生的暴力事件（相对于学校暴力事件和家庭暴力事件）中，学生和事件当事人的关系不明了或者相对陌生。当事件的受害人和肇事者是陌生人，或者学生们没有卷入此事但目击了事件时，学生们更倾向于用既定的规则来判断谁对谁错。无论事件的原因是什么，学生们描述发生在居民区的暴力事件时，几乎都运用了公正推理。

最后，如果运用"综合"类别中所发现的独特视角来看待暴力，就能够充分理解居民区暴力事件发生的原因。具体来说，例如，限定暴力的范围这个想法并不新鲜，但却错综复杂。从公正视角而言，暴力的限度是"以眼还眼"，而从关怀的视角而言，暴力的限度意味着不要对攻击行为宽容大度，或是当作没有发生。然而，在综合推理模式中，对暴力加以限制的要求是不同的，这就需要确定公正和关怀相交织的视角是否是一种特殊的道德思维形式。进一步的研究将对此进行深入探讨。

鉴于市内旧城区居民特别是市内旧城区青少年（经常在街道上玩耍）经历的暴力事件与其他地区的居民不同，他们对暴力事件有着特殊的应对行为和态度。对于越来越多的人使用武器来解决街头和家庭中的冲突，学生们发表了他们的看法。他们一方面抱怨说人们可以随时弄到枪，另一方面又提到自我保护的需要，因为他们无法知道谁带了枪，谁会在发生冲突时使用武器。

那些强调枪支的可获得性存在的问题，赞成以身体攻击（例如用拳头击打）取代使用枪支的学生，好像能够容忍生活中发生的暴力行为。但是他们似乎并不认同暴力的价值。相反，他们还对那些他们所目睹的攻击行为表示了明确的愤怒。正是武器的泛滥和唾手可得迫使学生们把暴力当作必要的防御手段。学生们对使用武器的谴责态度，使他们要求容许以一定程度的暴力行为来对潜在的社会伤害进行防御。武器的自由使用，以及年轻人随时要保护自己的忧患意识，可能会促使形成一种新的街头认知和街头公正准则。这种承认暴力但又认识到其局限性、综合了公正判断和关怀判断的模式的出现，很可能与这种新情况密切相关。

正如人们经常用公正原则解释居民区暴力事件一样，家庭暴力事件经常以关怀原则加以解释。家庭暴力或者婚前暴力，在青少年经历的暴力事件中在数量上占第二位。这种事件同样没有民族和种族之分。这些令人痛心和沮丧的事件，可以帮助我们理解青少年在面对相爱的两个人互相伤害的局面时复杂的道德判断过程。

以下事件展示了这种普遍存在的艰难选择。一个女生在家中目睹了很多暴力行为，通常是父亲殴打母亲。当被问到谁对谁错这个问题时，这个学生公然控诉她父亲的行为：是他的错，是他造成了痛苦。最后，这个学生说，她的母亲再也忍受不了这种虐待了，她开始反抗。在为母亲的行为进行辩护时，这个学生解释说，母亲虽然使用了暴力，但并没有滥用。

> 母亲从来没有真正伤害父亲，没有用刀刺，没有用枪射……他太无理了，他从来不谈论什么……他开始责备她，走上前去抓住她的胳膊，把她的衣服剥掉。我的哥哥在他们之间劝架。父亲是个传教士，《圣经》里规定不能离婚。而且我的母亲也不想离婚，我们是他的孩子。她真的不想离婚，她希望他能理解。我猜他很难理解。我想他太迟钝了。他现在其实在想，我的母亲该过自己的生活了，他不能控制母亲的生活。这使我们全家都陷入痛苦之中。他们两个人都做得不对，但是我认为母亲比父亲更有理，因为她是我的母亲，我应该站在她这边。其实父亲在某种程度上也是对的。在一个家里，你很难袒护哪一方。

　　事实上，必须在家庭争端中支持某一方的情形会使人感到不舒服，通常也是很难做到的。通常情况下，争吵的双方都有道理。在我们这个社会中，基于宗教原因，很多人谴责离婚行为。根据宗教条例，维持婚姻是一个明显的公正判断。但学生心里还有另外一种观念，这就是她的家人应该在一起。"我们是他的孩子"，这句话可以从公正和关怀两个角度来理解。父亲有权利和他的孩子在一起，同时，出自人与人之间情感的联结，家庭成员应该在一起。两种解释同样站得住脚。"她真的不想离婚，她希望他能理解"，这句话，从女儿的角度来理解，是母亲在表达自己的信念，她不想伤害她的丈夫，她希望丈夫能理解她的处境，希望他们两人之间的互相伤害能够结束。这个故事尽管是一起家庭暴力事件，但其实提供了一个努力维持亲密关系的例子。

　　这个女生的情况，以及她所讲述的她母亲对暴力的反应的故事，在我们的访谈中并不少见。很多学生在自己所描述的家庭暴力中，都对赋权的（empowered）母亲形象表示认同。事实上，学生们回忆起的大部分家庭暴力事件都以母亲的成功抵抗而告终。

　　资料显示，当孩子们的看护人在长期的家庭暴力中处于被压迫地位时，她的孩子们也会在暴力面前委曲求全。如果母亲保持沉默，她就是在向孩子们表达这样的信息：正在发生的事情不是暴力，没有伤害她，或是她没有能力反抗。而孩子们从母亲的反应中得到的启示是，暴力在家庭生活中是正常的，这是家庭成员之间互相表达爱和关心的方式。或者，孩子看到了暴力的发生，同时目睹了母亲的痛苦，而母亲却继续忍受这样的伤害，这种情况下，母亲是在向孩子传达这样的话："对不起，我没有能力保护你们和我自己。生活就是这么残酷，你们要靠你们自己啊！"一个无力抵抗的、受虐待的母亲在暗示她的孩子们：发生在她和他们身上的暴力是正常的，是不可避免的，这就是生活。但是，目睹了这些伤害的孩子们有着自己最基本的道德判断：他们认为这样的行为是错误的。

　　数据表明，青少年们选择讨论母亲反抗暴力事件的现象非常突出。他们非常重视母亲能够把发生在自己身上的暴力行为当作对她们不关心、不公正的表现。大量文献表明，这些青少年对家庭暴力的发生非常愤怒。本研究中那些能够同时按照公正和关怀原则进行道德判断的学生认为，母亲的行为是错误的：一方面，她们没能对施加在自己身上的暴力进行"以眼还眼"的反抗；另一方面，她们还错在过分容忍，不断"转过另一边脸来让别人打"。很多研究受虐待儿童的学者预言，这些目睹暴力发生的儿童会感到无能为力。然而，本研究结果却显示，他们虽然目睹了伤害，但同时也看到了母亲的反抗，并对这种反抗表示认同，而且最终为母亲的成功抵抗感到高兴。

结　论

本研究深入分析了市内旧城区青少年对发生在身边的暴力事件的认识。我们发现学生们在对暴力事件进行解释和辩护的过程中使用了道德语言，并对那些被卷入暴力事件的人进行道德判断。在分析这些学生对暴力所作出的判断时，我们主要使用了公正和关怀两个概念作为道德倾向，这构成了学生判断的框架。但是单凭这两种倾向似乎不足以分析学生们复杂的道德判断过程。因此，有必要对这个分析框架进行拓展。这样，我们把道德倾向分成若干类，包括公正、关怀以及兼备和综合这两种把公正与关怀结合起来的类别。这些类别是从市内旧城区青少年现实生活里的暴力和道德冲突事件中总结出来的，构成了一个先前数据分析中不曾用过的、崭新的分析框架。它们将为教育者、心理学家以及其他研究者研究如何减少暴力行为的影响提供一些有价值的理解和视角。

致　谢

感谢波士顿公立学校的教师、工作人员和学生，感谢"正视历史和我们自己：大屠杀和人类行为"课程的创立者、青少年项目的访谈者，以及埃德蒙兹－程研究基金（Edmonds-Cheng Fellowship）、麦尔曼家庭基金会（Mailman Family Foundation）对本研究的支持。

10 谁的视角: 一种有关自我、
      角色和关系的新视角

□ 简·阿塔纳斯（Jane Attanucci）

导　言

　　19 世纪与 20 世纪之交，鲍尔温、霍尔、詹姆斯和杜威开启了以实验心理学研究"自我"的传统。随后，米德开始了对自我和角色扮演过程的分析。萨宾（Sarbin，1954）提出的角色理论把"自我"和社会角色等同起来，用米德的话来说，这是由社会决定的"我"。这一理论仅仅突出了人的社会性，却忽视了把自我看作社会经验的主体。正如米德所预言的："自我在社会化的过程中表现为两种状态，主我和客我。如果缺乏任何一种状态，就不会形成有意识的责任感，也不会创造出任何新的体验。"（Mead，1934，p. 178）。

　　正如指导人际交往的社会文化规则一样，角色是在社会化过程中形成的，是人类积累社会知识的重要源泉。通过扮演他人的角色（用米德的话来讲），人们了解到他人对自己行为的反应，从而认识他人眼中的自己。从传统的角色理论来看，关系是在共同社会生活中认识到的、基于共同目标的人们之间的交互的社会行为。

但是同时，人们还从自己的角度出发认识自我和自己的行为。这种对自我和自身行为的主观认识，通常与客观的认识或者说社会角色期待协调一致。自我和角色协调一致，个人情感和社会才得以稳定，相反，如果自我和角色发生矛盾，冲突就会产生。

自我和角色、"主我和客我"之间的矛盾是意料之中的，特别是在当今的美国社会，无论男女，其父母角色、夫妻角色以及员工角色都在发生着巨大的变化。随着文化价值观的变化，面对新的问题和新的选择，人们普遍接受的角色观念被从个人的角度重新界定。这两种自我形式将像米德所描述的那样创造出新的机会，从而使生活充满新的变化，使人们更能产生有意识的责任感。在这篇文章中，两种状态的自我——个人的和角色的，构成了个人在关系中对自我的认识。

本文的核心问题——"谁的视角"，源于关系中自我和角色之间、第一人称自我和第三人称自我之间的不一致。依据心理学的理论传统①，我们在分析中假设，自我体验表现在人际关系中。我们既能根据社会目标和角色客观地审视自我和他人，也可以从个体自己的角度主观地对自我和他人进行评价。

育儿问题

关于自我的理论研究假定，自我是在与他人交往的过程中显现出来的。心理学中常将母婴关系作为婴儿自我意识产生和发展的基础，这种方法把婴儿当作需要关爱的个体，却忽视了他们与照顾他们的父母之间的关系。既然母婴关系如此重要，那么，忽视已为人母的女性对于母性自身及育儿行为所

---

① 发展心理学、精神分析心理学与社会心理学认为，自我是在与他人的关系中形成的。近年来，持有"关系中的自我"观点的理论家（Miller，1976；Chodorow，1978；Gilligan，1982）在对传统理论的批评中指出，在将独立和疏离作为发展目标的方法之下，这种最初的关系情境的重要性被忽视了。当前的方法强调自我的本质是人际间的持续性。"谁的视角"这一问题作为一种理论建构，与男性和女性的自我体验均相关。任何有关性别差异的研究发现，都取决于该研究所处的社会背景中的性别角色期望，以及研究参与者的感知。

作的描述将是一个重大失误。

　　既然母亲在孩子健康发展的过程中扮演着极其重要的角色，那么为什么心理学中缺乏从母亲的角度出发对母性自身所进行的研究呢？原因是我们通常把母亲的角色等同于儿童自我意识发展的促进者。

　　巴林特（Balint，1939）明确描述了这种把母亲客体化、仅强调其工具性角色的突出倾向。

> 　　大多数男性（及女性）——即便他（她）们在其他情况下可能表现得如同正常的"成年人"，具备利他形式的爱，并认同同伴的利益——仍在一生中始终对他（她）们的母亲保持着这种天真的、自我中心的态度。对于我们所有人而言，母亲与儿童的利益保持一致这一点十分明显，而且人们普遍认为，好母亲与坏母亲的标准取决于其对这种利益一致性的真正认识。（p.97）

　　不仅大多数男性和女性对母亲持有这样的看法，很多做了母亲的女性自己也持有这样的观点。她们从自己的角色扮演中认识自己，把自己当作保证她们的孩子、丈夫和其他人健康与幸福的促进者。

　　把母亲和孩子的兴趣理想化地等同起来，使成年男女、心理理论家甚至是母亲们自己都忽视了母亲自己的视角。从这一观点出发，那些能从孩子的角度出发满足孩子需要的母亲是好母亲，也是无私的母亲，而那些时刻考虑自身需要的母亲则被认为是坏母亲，是自私的母亲。

　　由此，问题产生了："谁的视角"，也就是女性从谁的视角出发来进行自我描述。围绕着这一问题，我们对一些美国母亲的访谈记录进行了分析，我们想要知道成年女性是如何认识她们自己和如何抚养孩子的。这里的女性自我不仅指女性内在的品性，还应该包括她们正在进行的人际交往中的自我。本研究的重点正是与他人关系中的自我。

研究背景：早期的研究

　　一项早期研究的意外成果（Attanucci，1982）引起了我们对一些问题的关注。该研究围绕吉利根提出的问题"你怎样描述自己"展开。吉利根提出了对于自我的两种描述方式：联系的自我和疏离的自我。联系的自我描述很自然地把他人看作自我的一部分，这种方式把关系理解为人与人之间的相互依靠，注重根据他人的要求满足他们的利益。疏离的自我描述更正式地把他人视作自我的一部分，把关系理解为人与人之间职责和义务的互惠作用，所关心的是如何客观公正地认识他人，像认识自己一样去认识他们。这两种在关系中认识自我的方式，在男性和女性的生命周期中都存在（Lyons, 1981）。但是，在与他人的联结中描述自我时，女性更倾向于从关系的层面认识自我，而男性则更愿意以疏离的方式认识自我。

吉利根的研究证实了乔多罗（Chodorow）的论点："女性比男性更喜欢将自我描述为与他人相联系和联结的。"（1974, p. 44）。乔多罗声明：母亲，具有女性人格特征，她们会根据孩子们的性别采取不同的教育方式。母亲通常教育自己的女儿要学会交往和依赖，而教育自己的儿子要学会独立和自主。

然而，阿塔纳斯的研究结果（Attanucci, 1982）与乔多罗的理论以及吉利根经验观察的预期产生了矛盾。在乔多罗与吉利根的研究发现中，母亲作为女性，更倾向于在与他人的联系中认识自我。然而，母亲们不仅会按照莱昂斯所定义的联系方式认识自我，还会按照传统上男性经常使用的疏离方式认识自我。在其研究对象中，6 位母亲从与他人的联系角度描述了自我，9 位母亲以疏离方式定义了自我，只有 1 位母亲同时采取了两种方式。

从访谈对象对"如何描述自己"这个问题的回答来看，莱昂斯关于关系自我和疏离自我的概念（这个概念通常被用来对母亲的回答进行编码）与传统的性别角色刻板印象相符。莱昂斯用以区分联系模式和疏离模式的核心问题是："你是如何看待他人的？"联系的自我根据他人的要求对他们作出回应，这是一个与女性的无私品质意义相同的解释。而疏离的自我通过职责和义务的互惠作用与他人发生关系，这是一种带有传统男性冷漠与自主特征的自我。可以看出，莱昂斯的概念错误地把自我和角色等同了起来，它缺乏一个关于自我的认识。

本研究的分析框架建立在关于自我的认识和关于他人的认识相互作用的基础上。我们既可以从社会目标和角色角度来客观地认识自我和他人，同时也可以从人们主观的视角来认识其自身。表1呈现了关于自我和他人的认识相结合所构成的几对关系。下面从访谈中择取的例子可以帮助我们更好地理解表1。

1. 我"为他人"，他人"为我"：由社会标准定义的互惠角色所调节的关系。自我和角色没有差异。

当对于自我的描述是以自我和他人的互惠角色为背景时，自我和他人就会被排除在人际关系视角之外。例如，一个母亲是这样描述她和丈夫在家庭中的互惠角色的："我认为我是一个非常成功的母亲。我认为我相当自信。我不得不承认我有点理想化了。但是他真是一个非常好的父亲，这使我作为一个母亲的工作与别人的非常不一样。"我们发现，这个母亲描述的是互惠角色，但没有把她自己和她的丈夫当作独立的个体来看待。

2. 我"为他人"，他人按他们自己的意愿：自己一切为他人着想，他人按照自己的意愿行事。

这一类型的自我描述表现出传统女性自我服从于他人的角色特征（某种情况下极度忽视自我）。例如，一位母亲这样说："我生命中最重要的事就是和我的孩子及丈夫在一起，除此之外，我不知道还能说什么，没有他们我就一无所有了。我一直想要孩子，现在我有了，我会为他们做任何我能做的事。"

3. 自我按自己的意愿，他人"为我"：自我按照自己的意愿行事，他人做对我有帮助的事。

这一类型的自我描述是既自信又具有自我保护性的。他人似乎完全被掌握在自己的意欲中，失去了他们自己的意志。例如，一位母亲用自己的亲身经历对关系进行了描述："我觉得自己很严厉，但是非常有爱心，我给他们安排得好好的，我想象力丰富，我们要做的事情非常有趣，我们做的很多游戏都是我小时候做过并且非常喜欢的，我觉得对他们有很大的好处。"这位母亲用她母亲抚养自己的方式培养自己的孩子，却没有考虑孩子们的感受。

4. 自我按自己的意愿，他人按他们自己的意愿：自我和他人都根据自己的意愿，在自己所处的关系中认识自己。

这一类型的自我描述代表了自我和他人从自己的角度对自己可靠的认识，这种认识通过吉利根（Gilligan，1977）描述的所谓从求善到求真的转换而达成。自我描述表现了对关系中自我和他人的理解，这个关系中的双方都要考虑对方的意愿。例如："我喜欢跟我的孩子们在一起，和他们一起度过极其美妙的时光——这也是他们愿意做的。"

表1　　"谁的视角" ——关于自我和他人的视角		
	关于自我的视角	
	角色的角度	自我的角度
自我的 角度	2 **无私的** 我"为他人" 他人按他们自己的意愿	4 **相互的** 自己按自己的意愿 他人按他们自己的意愿
关于他人的 认识		
角色的 角度	1 **互惠的** 我"为他人" 他人"为我"	3 **自私的** 自己按自己的意愿 他人"为我"

自我体验和角色要求之间的矛盾，使得对于自我和他人的理解源于角色，又超越于角色。吉利根（Gilligan，1977）声称：对于成年女性而言，关键的转变是从传统的崇尚自我牺牲的女性角色转变为充分肯定自我、根据自我的意愿关心他人的角色。这种转变的产生，源于人们越来越清醒地认识到，内在于女性自我牺牲中的"善"具有极大的欺骗性，并且这种欺骗性破坏了女性对自我和他人的正确认识。女性，在完成了从"求善"到"求真"的转变之后，并不会变成她们所恐惧的冷漠的人，相反，她们会更清楚地认识到自己是与他人相互依赖的个体，自己是自己所关怀的人群中的一员。

这种转变显示在表1中，就是从传统女性角色（类别2）向关注自我（类别4）的转变。对于女性而言，这个转变要以充分认识"女性自我"为前提

（Friedan，1963）。除此之外，这个表格中还显示了另外一条道路，就是从过分关注"女性自我"的禁锢中解脱出来。一些女性根据自主的自我角色来描述她们自己（类别3），她们不在乎与他人的关系。要让这部分女性得到发展，就应该使她们认识到他人的意愿以及与他人相互依赖的关系（类别4）。

研究样本中的很多女性都经历了自我与作为妻子和母亲的角色之间严重的角色冲突，特别是当她们认定传统的女性角色是无私地给予他人关爱的时候，这种角色冲突就显得越发不可避免。相反，那些在关系中表现出极大满足感的女性，能够排除角色期待的影响，表达出关于自我及自我关系的认识。根据定义，角色是一个一般化的概念，只能在特定的情景下对个体具有有限效用。这些女性似乎了解社会对她们角色的期待，但是却不受这些期待的控制。

研究方法

要找到一种了解母亲如何认识自我的方法，我们需要一整套关于自我的实证研究的方法论体系。这是一个长期困扰我们的难题。传统上，对自我的研究总是结合精神分析心理学、社会心理学、发展心理学的理论观点，采用心理测验的方法。自20世纪20年代以来，受到强有力的行为主义实证方法的影响，理论研究开始被实验控制的、标准的研究方法所渗透，产生了很多无价值的研究成果。怀利（Wylie，1974）在对大量的自我概念研究进行了回顾之后，在她最近的一部著作中对这种状况进行了总结：

> 大家都像着了魔一样，大量的研究时间被用在了探究自我概念的变量上，尤其是全面的自我认识。尽管他们为支持其某些最强有力的假设而作的努力基本上都彻底失败了，但这丝毫不能阻挡许多业外人士和不同学科的专业人士对这一主题的极大兴趣。（p.685）

没有足够的证据表明全面的自我认识和年龄、性别、社会经济水平以及心理疗法等前提变量有关。怀利断定，对自我的研究"过于简单化"了，在理论上和方法上都有所欠缺。

　　根据怀利的评价，布罗姆雷（Bromley，1977）建议对于自我的研究应从传统方法向关于自我本质的更为成熟的思维方式发生根本的转变。他指出，对使用日常语言进行的自我描述的研究，用弗洛伊德的话来说，是理解自我的"捷径"。目前所作的关于自然状态下产生的自我描述的研究，把重点放在了研究女性对自己的认识上，这样就把研究的重点从相关理论研究转移到了对个体研究的视角上。研究的目的不是为理论提供实验数据，而是使理论和数据不断地相互作用，使数据成为理论研究发展和实验观察得以进行下去的基础（也见：Glaser & Strauss，1967；Bakan，1969；Gutmann，1969；Schatzman & Strauss，1973；Mishler，1979）。

　　这种开放、非结构式的方法显然会受到一些限制，有的女性不愿把有关自己的信息透露给研究者，也不能保证这些信息能全面地表现女性自我。然而，通过观察女性在问题讨论过程中的表现，研究者可以得到许多有关女性如何评价自我的有价值的信息，这是在临床访谈中很难搜集到的。正是在这一基础上，列维（LeVine）提出，研究者"要重新采取临床心理分析所使用的移情法——'倾听患者讲话'，但同时还应该认识到，在不了解情感表达的特定文化含义及背景的情况下，不能在有着不同文化背景的人身上使用移情法"（LeVine，1982）。本研究旨在描述在半临床（semi-clinical）访谈过程中，女性所显露的有关她们自己和母亲角色在特定文化中的含义。研究采用以人为本的人种志方法，围绕着"谁的视角"这一研究问题，研究并分析与母性自我、母性角色协调一致的女性对自我和他人的看法。

参与者

　　目前参与我们研究的20名女性都是"人类婴儿期比较项目"（Comparative Human Infancy Project）的参与者，这是一个关于亲子关系和儿童发展的跨文化纵向研究，这20名女性代表美国部分的研究。她们（年龄跨度为27—38岁）居住在波士顿地区，和自己的丈夫及孩子们生活在一起。她们是通过当地儿科医生介绍参与研究的，她们孩子的年龄分别是4个月大和10个月大（为了保证与其他婴儿样本的可比性，这些孩子有的是第2胎生的，有的是第3、第4胎生的）。参与这个项目需要付出大量的时间，因为她们需要接受大量的家庭观察和访谈。在最后一次访谈中，这些婴儿都已经 10 个月大或 16 个月大了。有一位女性中途要求停止行为观察，但是她答应在研究结束时接受我们的采访，对她的采访记录也包含在我们的研究记录中。

本研究随机选取了 10 个案例，由两位独立的评判者对案例进行编码。编码者需将被试的自我描述归入前文所述的四种类别之中，两位编码者的一致性介于 79%—90% 。

结　果

我们从对这 20 名女性的访谈文字记录中一共摘录了 269 句自我描述，每人 5—20 句，平均每人 13.4 句。表 2 和表 3 呈现了这些自我描述话语在编码类别中的分布情况。被分配到各种具体的关系类别下的话语数量最多：与孩子关系中的自我（89），与丈夫关系中的自我（87），与母亲关系中的自我（59）。大体而言，第 2 类和第 3 类在话语中占的比例较大。

为了对这些信息（与他人关系中 4 个维度的自我）进行概括，同时，为了最大限度地减少信息的遗失，我们使用了聚类分析的方法。聚类分析把 4 个方面的自我当作一个单一变量。我们对原始资料中每一个访谈对象的话语在每一类关系（丈夫、孩子、自己的母亲、普通人）中的出现（1）或缺失（0）用 16 个得分来表示。在聚类分析时，对分数的比较和分组也同时建立在这 16 个得分的基础上。在当前研究中，我们应用了沃德的最小方差法。起初，将每一主题作为一个聚类；然后，绘制出一个树状等级图，该图贯穿每个独立单元主题而代表某个聚类。

为了达到研究目的，本研究着重分析了三种聚类。被试被分入这三种聚类，每一聚类中的人数分别是 6、9 和 5。通过检查原始数据矩阵（依据聚类成员重新安排）可以发现，不同聚类的显著特征是：存在着类别 1 的陈述（聚类 1）、类别 2 和类别 3 的陈述（聚类 2）以及类别 4 的陈述（聚类 3）。

聚类分析的结果证实了可以用三种独特的方式对母性自我进行描述。聚类 1 是以理想化的互惠角色视角进行自我描述。聚类 2 的特征是自我和他人之间的冲突。（核心困境——自我以 "谁的视角" 进行界定——将在本文后续内容中加以阐述。）聚类 3 是建立在对话及共识基础上的关于自我和他人的观点,该观点趋向于促进相互联结。

本研究结果证明了我们的观测。研究发现,聚类 1 中的女性尤其是在与其丈夫的关系中倾向于以互惠角色描述其自身。聚类 2 中的女性以第 2、第 3 类中带有"为他人"和"为自己"冲突的陈述来描述自身。聚类 3 中的女性揭示了一种自我和他人兼容的观点。

表2 与他人关系中的自我观念:不同类别的回应数据				
	类 别			
	1	2	3	4	合计
与丈夫关系中的自我	13	17	41	16	87
与孩子关系中的自我	3	32	38	16	89
与母亲关系中的自我	5	28	25	1	59
与(普通)他人关系中的自我	0	15	17	2	34

表3 与他人关系中的自我观念:不同类别主题陈述的数据				
	类 别			
	1	2	3	4	合计
与丈夫关系中的自我	5	8	12	7	20
与孩子关系中的自我	3	16	13	6	20
与母亲关系中的自我	3	16	16	1	20
与(普通)他人关系中的自我	0	6	6	2	9

注:由于所有女性的陈述不只包含一个类别,因此,"合计"栏中的数据并非是加和的。

自我描述变量和莱昂斯得分之间的关系

对于参与本研究的女性对"你如何向自己描述自己"的问题的回答,采用莱昂斯的编码系统加以编码,这在先前的一篇论文中已经作了报告。[1] 目

---

① Attanucci. J. "How Would You Describe Yourself to Yourself: Mothers of Infants Reply." Unpublished qualifying paper, Harvard Graduate School of Education (1982).

前的自我描述是从整个访谈记录中摘选出来的，并用本文前言中介绍的方法进行了编码（关于编码的详细描述请参见 Attanucci，1984）。这两套评分方式间的关系详见表4。

表4　聚类成员关系的莱昂斯得分（"你如何向自己描述自己"）		莱昂斯得分	
		联系的自我	疏离的自我
	1	0	4
聚类成员	2	1	5
	3	5	0

$\chi^2 = 11.52$，d. f. $= 2$，$p = 0.003$

与莱昂斯的类别定义相一致，使用互惠角色话语的聚类1的女性也被编码到疏离自我的分类中。使用"为他人"（类别2）或"为自我"话语（类别3）的聚类2的女性在莱昂斯的图表中更经常地被编码为疏离的自我。最后，那些同时关照自己和他人意愿的聚类3的女性在莱昂斯的编码图中被编码为联系的自我。虽然在莱昂斯的分类和这个聚类之间有这样的关系，但是莱昂斯的图表还是没能表示出同时要满足"为自己"和"为他人"两种角色要求的女性的冲突。本研究中的分析表现了这种冲突以及在与他人关系中动态的自我，这在莱昂斯静态的联系的自我和疏离的自我的两分法中无法表现出来。

讨　论

本研究表明，那些成为母亲的女性所运用的不同的描述自我的方式，能被有效地识别出来并被分配到一个新的解释模式中。它激发我们去分析关于自我的观点与关于他人的观点之间的相互作用，以便我们了解动态的母性自我和母性角色，以及向角色之外的视角去转变。莱昂斯的分类中只存在联系和疏离两种模式，它们构成了传统的、不完善的、两分法的母性自我观念（Attanucci，1982）。女性要么描绘一个关系、联系的自我，对他人作出回应，使她们能够成为好母亲和"无私"的成年人；要么描绘一个疏离的自我，通过角色建立关系，使人们怀疑她们不具备母亲应该具有的关系能力，而更靠近"男性"自主的个性。目前的研究成果阐明和证实了这种新概念，为母亲们从其生活中最重要的关系背景出发，从自身的角度进行自我描述提供了方法。

讨论将围绕下面几个问题进行：

1. 女性如何描述与作为孩子父亲的丈夫的关系中的自己？
2. 女性如何描述与孩子关系中的自己？
3. 女性如何描述与自己的母亲关系中的自己？
4. 以上所概括的自我描述的各个方面，彼此之间存在怎样的联系？

◆ 女性如何描述与作为孩子父亲的丈夫的关系中的自己？

目前的迹象，与古特曼（Gutmann，1975）提出的在养育孩子期间女性和男性之间的互惠性别角色模式相矛盾。古特曼认为角色和个性品质之间存在必然联系。也就是说，母亲待在家提供情感保障，她们顺从且可以依赖；父亲出去工作，提供物质保障，因而他们独立而充满进取心。本研究中的女性虽然把大部分的时间都花在照顾孩子上，她们的丈夫负担主要的家庭生计，但是她们并没有完全根据传统上被动和依赖的女性角色来描述自我。

的确有一些女性在她们的陈述中把婚姻关系描述成一种互惠关系（类别1），但是没有一个女性仅仅局限在这种关系上。所有的女性都揭示了自我和妻子角色之间的一些矛盾。这种不协调在类别 2 和类别 3 对与丈夫关系中的自我进行描述的话语中占多数。类别 2 和类别 3 分别是传统女性和男性角色的原型。类别 2 的典型表现是，自我服从他人的需要、要求和目标。相反地，类别 3 是使他人服从自己的意愿。这两个类别在编码系统中的位置互为对角，表现了这两个类别之间存在着内在的不平衡性。理想的男性和女性角色之间明显存在的互惠性和互补性，受到了这些女性现实生活的挑战。从内部来看，自我对他人的服从与他人对自我的服从处在矛盾的两个极端，看起来似乎对立且不可调和。

这两种对与丈夫关系中自我的描述代表着关于婚姻关系的矛盾观点，在这些女性的访谈中都表现得非常典型。另外，认识到这种矛盾以及考虑如何在两者之间进行权衡，是向角色之外的视角进行转变的标志。那些表现出兼顾自我和他人观点的女性（类别4）并没有解决与丈夫之间所有的冲突，但是却对这些冲突产生了新的理解。这种向角色之外的视角的转变，不是个人发展的结果，而是女性和她们的丈夫之间现实关系的产物。一旦女性开始转变，男性对他们之间关系的理解也将不可避免地发生类似转变。

类别2和类别3的对角位置表现了传统性别角色处于相互对立的两极，同时也代表了两种截然不同的对自我和他人关系的认识，这两种认识都存在着显著的缺陷。类别2忽略了自我，而类别3则忘记了他人。那些仅仅从其中一个方面来描述她们自己和丈夫关系的女性，面临着极大的危险。

本研究虽然没有对这些女性的心理健康状况进行正式评估，但是，访谈材料中明显地显示出，这些女性当时情绪极其低落。事实上，那些仅从类别2或类别3任何一个角度来描述她们和丈夫关系的女性表现得最为沮丧（参见第11章对角色和抑郁之间关系的进一步研究）。

◆ 女性如何描述与孩子关系中的自己？

根据描述自我和孩子关系的话语在各类别中出现的频率，我们发现使用类别1的话语（互惠角色）非常少。她们很少这样说："我高兴的时候，我的孩子也高兴；我伤心的时候，他们也伤心——这是自然的。"这些话语的缺失支持了这样一种心理分析的观点：母亲对孩子的需求的完全认同是她们心理失调的表现。

女性通常会描述抚养孩子时面临安慰孩子和纠正孩子的冲突，这一点非常典型。一个母亲是这样描述这种冲突的。

> 我对我的孩子深爱至极，如果我能为他们做些什么，如果我能解除他们的一些痛苦，诸如此类的事情，我会毫不犹豫地去做。（类别2）
>
> 是的，我想我有时对他们要求太高、太难了，你太想把每件事都做得正确无误。而且我想有一句话是这么说的：孩子就是孩子……做父母太难了。就是这样，做父母确实不容易，你想正确地对待他，你也希望你的孩子做得好。（类别3）

下面的一段话提供了解决关心孩子和教育孩子之间矛盾的方法。

> 我认为重要的是诚实面对自己的孩子，允许他们犯错误和有挫败感，让他们看到我们有时也会犹豫不决，我们也会犯错误。（类别4）

这种对诚实的声明证实了吉利根最初的观测结论：从传统的认识向后传统认识的转变，意味着从求善向求真的转变。具有类别4视角的女性没有按照传统好母亲和坏母亲的标准来描述做了母亲的自己。她们在人类互爱互利的关系中认识自己，把自己看作既有优点又有缺点的完整的人。

> 我认为我是个好母亲。哈哈。我认为我会犯错，这很自然。我缺乏……我有足够的耐性，但是有时候我会表现得非常不耐烦……我希望有更多的时间，做更多的事，带他们去更多的地方，只有这样，他们才让我和他们在一起。（类别4）

从访谈中明显可以看出，女性看待她们与孩子的关系，同她们与丈夫、母亲、其他成年人的关系明显不同。认识到父母和孩子之间关系的暂时的不平等（Miller，1976），母亲们认为，要达到一种微妙的平衡，她们一方面担负着维护孩子健康幸福的责任，另一方面有责任帮助孩子在成长的过程中逐步建立自己的责任感。母亲们所面临的矛盾总是围绕着两个方面的考虑：一方面，她们要根据孩子们表达出来的意愿为他们考虑；另一方面，她们又要通过自己的观察和思考从自己的角度来考虑孩子们的最大利益。比较成熟的观点就是认识到父母在培养孩子们的个人责任感中发挥着更大的作用。

◆ 女性如何描述与自己母亲的关系中的自己？

在这一点上，我们必须对乔多罗提出的女性品质的形成因素和本研究提出的观点进行区分。乔多罗提出，个体最早的个性发展和前恋母情结阶段性别认同的无意识的形成，都是女性养育的结果。她并没有涉及有意识的自我意识以及有意识地学会如何做女人的过程，而这些正是本研究访谈材料所要表现的。尽管性别认同是内心恒定的——对作为男性或女性的自我恒定的认同，但对自我有意识的认识和表达会随着经历而改变。因此，本研究中的女性（在与自己母亲的关系中）对自我的描述，不能用来证明乔多罗提出的对母亲无意识的性别认同。本抽样中的女性在描述现实生活中与母亲的真实关系的同时，还告诉我们她们清醒地认识到自己哪些方面与母亲相像，哪些方面又和母亲不同。一位女性这样来描述自己有意识地认识母亲的过程。

> 我能举出一系列促使我决定不像母亲那样生活的事件。我一直非常崇拜我的母亲，认为她是最好的人，为了自己的孩子而把自己的生活束之高阁……但是当我的姐妹们和我慢慢长大，不再需要她的照顾时，我把母亲看成一个牺牲品：以家庭和孩子为生，并使这种状态继续下去。然后我开始审视我自己，审视她对我产生了怎样的影响，那就是，作为一个青少年，我害怕做每一件事情，总是过分谨慎，我就是害怕做任何事……慢慢地、逐渐地……最有意思的是，当我住院生第二个孩子的时候，我的第一个孩子和我的母亲住在一起，当他回来后，突然之间我发现，他害怕每一件事情，他突然不会做我们认为他能做的事情了。从那时起，我决定不再做一个牺牲品。但是这样的决定也是很困难的。首先，第一步要做的就是不能像我的母亲那样，而当你向那个目标前进的时候，那已经不是你真正的目标了。它违反了别人的目标，这说明我的母亲正在某种程度上支配着我。

这个故事在女性对自己和母亲关系的描述中非常具有代表性。有的女性更多地描述她们和母亲的相似性，而有的女性更多地描述两者的不同之处，但这些描述都集中在自己与母亲的角色认同这一点上。她们对与母亲关系中的自我的描述集中在类别 2 和类别 3 中，其差异可以忽略。有关自我描述的这种类别在模式上的一致性有两种解释。

首先，鉴于我们的访谈都紧紧围绕着这样的问题来展开——"描述你的母亲，你和她有什么地方相像，有什么地方不同"，从中发现自我描述大多把重点放在角色认同而不是放在与母亲的现实关系上也就不足为奇了。如果要超越角色认同，我们就应该提出更多的问题来对母女关系进行深入的探索，尤其要弄明白女性在"以谁的视角"解释这种关系。

其次，即使这些女性在描述中谈到了她们与母亲目前的关系，也仅涉及两人之间正在形成的关系。虽然成年的女儿可能愿意脱离她们母亲理想化的角色观念，母亲们自己是否准备摆脱这种理想化的角色形象，对此我们还不十分清楚。认同是在关系中人与人之间交往的过程中形成的，因此，为了从角色认同发展到个人认同，保持人与人之间关系的平等性和相互性（第4类别：自己按自己的意愿，他人按他们自己的意愿），母亲和女儿都需要改变传统的角色观念。

作为母亲，部分的角色任务就是树立一个好的榜样。弗里德曼（Friedman，1980）指出：

> 除了承担母亲的养育角色之外，母亲们的一个重要任务就是将女性气质这一财富传递给下一代——教授它、培育它，特别是分享它以及做它的榜样，母亲要向女儿传递的就是如何做女性这样一个信息。（p. 90）

但是，当一位母亲渴望为丈夫和孩子建立一个无私奉献的形象时，女性气质这一财富不过是个谎言；无私对个体生涯和人际关系都是不利的。有关抽样的妇女与其母亲之间的关系性质的迹象尚不明确，但是，当妇女描述她们自己与母亲的关系是一种未实现的、困难的关系时，双方关系中最常遇到的问题是不忠诚问题。相反，当妇女赞誉她们当前与母亲的关系时，这种关系具有彼此忠诚的特征。例如，一位妇女说：

> 我最近刚刚发现，一直以来，我母亲都有七个孩子，在我们上床之后，她会蹑手蹑脚地退出屋，然后去赛狗场。我从来不知道这一切，可现在我知道了，我想那是她保持头脑清醒的方式。你知道我指的是什么吗？她的解放……现在我开始享受她的快乐感和逃离感，意识到这样的愿望是好的，你知道。她总是不断告诉我的一件事是，没有人会因为你做了那些事而给你发奖章。别像我那样承担过多的工作，因为我不断发现自己正在如她那样承担过多的工作。我猜想，她会为我也有那样的行为感到抱歉。时时刻刻为所有人做任何事情，你不可能做到。

正如在半临床访谈中所描绘的那样，本样本中那位妇女的生活证实了科勒与格鲁内鲍姆（Cohler & Grunebaum，1981）的观察，即母女关系在人的生命周期中是极其重要的。

> 在人的一生中，人们继续隶属或依赖于自己父母和子女的程度，比许多心理学家所认为的"理想"程度要深得多。正如本书所显示的，从另一方面看，许多成年妇女可能并未变得在心理上与其母亲完全不同。这种阐述最初听来带有贬义——两位男性所作出的最不幸的结论——特别是自从我们竭力避免作出有关调整这种描述妇女与其亲属之间关系模式特征的弹性差异的重要性的任何判断。很明显，现在是时候去重新审视成人间假定理想关系模式的传统观念，是时候去认识由诸如戈德法布（Goldfarb，pp. 334 – 335）这样的理论家所描绘的远比"自主"更具成人关系特征的相互依赖的程度。

妇女将她们与自己母亲的关系描述为，具有比自主亲密得多的相互依赖的特征。那些对其当前与母亲的关系感到失望的妇女，表达了对一种更诚实的关怀关系的渴望。

自我描述的维度如何与彼此相关？

我们期望揭示自我的一致性与非一致性，而非假定与他人联系中的自我在关系中将是一致的。除却一个特例，所有例证都显示，妇女所描述的与丈夫关系中的自己和与孩子关系中的自己之间有显著的相关性。尤为典型的是，与丈夫关系中的类别使用模式和与孩子关系中的类别使用模式一致。

样本中唯一一位未在此国家出生和长大的妇女，坚定地将她自己描述为这样一种角色，即以某种方式对待丈夫（类别3，自己话语中的自我和角色话语中的他人），却以相反方式对待孩子（类别2，对他人有帮助的自我，他人自己话语中的他人）。她没有揭示美国妇女所表达的作为妻子和母亲角色的个人冲突。对她的一个访谈实例是她对如何向自己描述自己这一问题的回应。

那些重要的事情有关孩子和我丈夫。除此之外，我不知道我能说些什么。与他们无关，我什么都不知道。我一直希望有孩子，现在我有了，我愿为他们做任何我能做的事，我会的。我丈夫，实际上他是起作用的人，很自然，我必须以我的所能来确保他快乐。我并非总能使他快乐，但多数时候可以。

这位妇女在以下段落中再次重申这一主题，在此，她表达了她丈夫这一有用角色的重要性。

有时我对自己说（笑着），上帝，如果我有另一种生活，我将独身。不，我不会。这不是真的。除非我疯了。哦，我不知道。我有孩子只是为了这样一件事：他们是最重要的。我有我自己的家，如果我没结婚，我可能就不会有。我不知道——对我来说，这意味着一切。

在她对女儿所设定的目标中，她揭示了她个人对变化着的美国价值观的抵制。

我不想让孩子卷入妇女解放运动中，但是像……我不知道。有些事，像他们说许多人甚至在结婚并有了两个孩子之后才发现自己，他们突然发现他们并不知道自己是谁，周围的一切是什么。是的，我完全不同意这种说法。看起来，他们似乎对自己在生活中的角色感到困惑。希望在他们犯错之前，结婚之前……他们将知道自己在生活中的角色。并非必定是一个家庭，但他们知道他们想要什么，知道他们是谁以及想要什么并竭力得到。当得到时，他们维持，并且不做任何有损于此的事。我想如果谁有家，那就让他们待在家里照顾孩子。

这位异国母亲所呈现的不同资料强调：在理解母性自我及其角色时，文化背景非常重要。她的不同观点引发人们认识到：需要研究不同文化中自我和角色的变动性，因为，在那里，妇女的地位并不一定会像在美国社会中一样经历不寻常的变化。

回到本部分的起始问题——自我描述的维度如何与彼此相关——我们发

现，与丈夫、孩子、自己的母亲及（总体上）他人相关的自我描述的轮廓，是由对一组材料的分析概括而来的。与丈夫相关的自我维度及与孩子相关的自我维度最有助于确定聚类成员。正如早先所提到的，这些访谈问题在很大程度上限制了探寻母女关系的机会。

聚类分析的结果支持一种典型的母性自我描述，人们能从三个不同方面来对其进行描述。聚类 1 是以理想化的互惠角色话语进行自我描述。聚类 2 的特征是自我和他人之间的冲突，这是一种"以谁的视角"界定自我的两难困境。聚类 3 主要是一种以对话及交互认知为基础的有关自我和他人的观点，是一种确保重要联结的观点。从定义来看，这三个方面包含了逐渐增长的个体意识的发展性生长，以及与他人联系中的自我的责任。尽管这种倾向性假定尚需进一步验证，但该研究中的经验模式暗示了一种发展路线。

由于本研究显示出自然主义而非心理学的倾向，因此，本研究的聚类分析不是以特定类别中占支配地位的陈述为基础，而是以相似的在场与不在场的、跨越各种类别的陈述模式为基础。由此，需要强调的是，尽管聚类 1 更多地使用了类别 1 来描述自我，但是，没有哪个妇女单独使用互惠角色陈述来描述其自身。这一事实支持以下主张，即角色并不能完全包括身份，而且，自我和角色之间的张力是本研究中所有妇女的共同体验。

正如互惠角色陈述不能完全代表女性身份，类别 4 中呈现的陈述（自己话语中的自我与他人）并不能排除类别 2 和类别 3 中对与他人相联系的自我的描述。然而，每一位妇女都很少同时使用类别 1 和类别 4。① 正如类别 4 的陈述中所显示的，尽管聚类 3 中的妇女获得了关于自我和他人的观点，但她们同样要面对"为他人"和"为自己"的冲突。然而，它却能引发妇女们认识到，否定自己的话语或忽视他人的话语都是有问题的。她们的观点为其交往及选择提供了机会。如上所言，这种有关自我和他人的观点并非解决关系困境的策略，而是一个更适当的维持关系的策略。

---

① 仅有一位妇女在使用类别 4 话语的同时，也使用了类别 1 话语。在描述自我时，她认为她与她母亲完全一样。我们很难判断她是否已经将她的回应与更多的访谈提问相区别。

总 结

考虑？她绝不会这样说。她总是竭力控制某些事情或者揭露某些事情，以便她看清并界定它们。现在有段时间，她已如同试穿衣服般"尝试"了一些想法。她经常使用一些话语，就好像它们是挂在儿童嘴边的童谣一样：对于重要经历，人们有特定的态度，并且一成不变。"噢，是的，初恋！……成长必定是痛苦的！……我的第一个孩子，你知道……但那时我处于恋爱中！……婚姻是一种妥协……我不再像从前那样年轻。"当然，选择哪种常用语句很少与个人情感有关，而是与你的社会关系或与你在一起的人更有关。你不得不通过以下方式推断个体对待某事的真实情感——通过一个她未曾察觉的挂在脸上的微笑，或者由于痛苦而肌肉紧绷的嘴角，或者是喊出"我不会再愿意当个孩子了！"时呼吸的方式。这些语句的力量，都已经尽可能地被以高效著称的广告宣传活动所利用。很有可能，许多人不断重复"青少年时代是你一生中最好的时期"或者"女人的生活方式就是爱"，直到他们谈论此事时，确实于镜中看到自己，或者从朋友脸上足够迅速地捕捉到这种反应，他们才停止了这种重复。

——多丽丝·莱辛，《黑暗前的夏天》

事实上，当观察者、研究者或临床医生仅能推断个体的真实情感时，人们还应当分析那些塑造我们作为母亲及自我的社会结构的自然语言形式。本研究为通过实证主义方法论理解母性自我及角色提供了一个新的框架，该方法论强调以下问题：妇女"以谁的视角"进行自我描述？这个表示自我关系的新概念的形成，使个体有关自我和他人的观点具体化，并且能在临床访谈录音中被可靠识别。与其说该方法创造了一个有关个性或自我的心理学测量方式，不如说该方法为妇女提供了一个图像，使她们明了如何在日常生活中体验自身及他人。

本研究展示了一种研究方法，以此来探寻妇女如何以其自身视角、在其核心关系的背景下作出自我描述性陈述。尽管有一些妇女从互惠角色角度来描述人际关系，但没有人单独使用这些来进行自我描述。角色不足以包含女性身份特征，对妇女而言，自我与角色之间的张力是其共同体验。那些仅仅以他人视角（类别2）或自我视角话语（类别3）描绘自身的妇女显示了抑郁征兆，这需要今后的进一步研究。一些妇女从相互包含与体谅的立场描述自我和他人。从这个观点出发，妇女能看到否认自身视角或忽视他人视角的问题。

本研究结论阐明了对于自我与母亲身份的个人认识和习俗认识。无论男女，作为父母、理论家、研究者、医生、教师及治疗专家，都需要很好地重新考虑他们"以谁的视角"认识自我和母亲角色。考虑及此，借鉴克拉克洪与默里（Kluckhohn & Murray，1948，p. 35）的研究，以下断言提供了一个恰当的概括。

每位母亲在某些方面：
A. 与其他所有母亲一样
B. 与其他一些母亲一样
C. 与其他母亲不一样

以条目A为代表的有关母亲的传统观点，仅仅考虑她们的普遍特征和功效。这一立场使得那些成为母亲的妇女客观化，使我们仅以母亲对他人的工具性价值视角来对其加以认识。美国心理学无意信奉条目A，不承认条目B中潜在的组间差异以及条目C中的个体差异。本研究突出了对自我和母亲角色体验的历史及文化影响，同时承认个体主观经验的表达。研究显示了在特定人际关系背景中，以妇女自己的话语考虑自我和角色的需要。显然，普遍的、历史文化的和个体的观点，对理解自我和母亲角色都是必要的。

致　谢

感谢凯·约翰斯顿对编码者信度的分析。感谢斯宾塞基金会（Spencer Foundation）与霍夫曼基金会（Hoffman Foundation）对本研究从始至终的支持。

11　育儿的文化脚本

□ 安·威拉德（Ann Willard）

> 没有什么工作比抚养一个三岁以下的婴儿更重要了。
>
> ——伯顿·怀特（Burton White），《人生的头三年》（*The First Three Years*）
>
> 如果你在工作上有一个信任的人，不要因为她刚有了一个孩子就改变你的期望。
>
> ——罗恩·格林（Ron Greene），阿尔卡公司人际关系培训高级顾问
>
> ［引自《华尔街日报》（*Wall Street Journal*），1984 年 9 月 19 日］

以上两段引文反映了当前关于就业和育儿的两种观点。关于"女性应该怎么做"，各种相互矛盾的观点充斥着媒体、有关儿童发展的论著以及日渐增多的成人发展文献之中。这些观点体现出"文化脚本"中对为母之道的看法，即文化中传递出的关于"怎样做一个好母亲"的看法。

做了母亲的女性会听到很多声音，每一种声音代表了一个不同的观

点——来自孩子的（大量文献资料中的陈述），来自亲朋好友的，常常还有来自其工作单位的。女性们被告知：怎样做对公司有利，怎样对孩子有利，甚至怎样对婚姻有利。

除此之外，也有越来越多的文章教育女性怎样做对她们自身有利。这些研究聚焦在母亲出去工作好还是不好的问题上，女性得到的建议是：工作有助于她们的心理健康。近来，一些职业女性发现花更多的时间与孩子相处能给她们带来极大的满足感，因此建议母亲最好待在家里（Fallows，1985）。但是，这些概括性的结论没有考虑到个体母亲的具体情况，实际上，每个母亲应该为自己作决定。本文概述了一种帮助女性决定外出工作还是担任全职母亲的程序方法，此方法已被证明是有效的。我们并不试图找到女性应该遵循的一般原则，而是对作出决策的方法进行仔细的检查，充分考虑女性生活背景和抉择的复杂性。

本研究展现了女性的观点，这些母亲们的孩子年纪幼小，她们常常面临育儿和外出工作问题上的艰难抉择。不同于大量相互矛盾的观点热衷于指导女性应该如何为人母，本研究更愿意倾听母亲自己的声音。对于一些女性而言，她们对自己的生活和育儿有着清晰而坚定的主见。而对于另外一些女性，文化脚本和许多承载了文化的声音，湮没了女性自己的声音，使得女性在面对冲突时非常脆弱，而这些冲突是我们文化中混杂的各种为母之道本身所固有的。

跨文化研究表明，不同文化中女性安排工作和育儿的方式千差万别。文化为生活在其中的成员提供一个应该如何为人做事的脚本，或者说是一套相对具体的文化观点，这样他们在应对生活中的重大事件和变化时就能够得到指引。然而，在关于如何为人处世的文化处方和个体行为之间从没有一一对应的关系，并不能提供具体问题的解决方法，这种文化脚本的作用只是为人们提供一个解决问题的准则，给人们的选择提供一个方向。当清晰的文化期待得到社会组织结构的支持，让人们有可能根据文化期望来行使他们的职责时，文化脚本才会起到一定的指导作用。如果得不到适当的社会组织结构的支持，脚本就不能有效地发挥指导作用。在社会发生快速变化的时期，大多数人可能还会相信遵循某种文化脚本是可行的并且愿意去遵循，即使这种文化脚本内部已矛盾重重。

举一个例子来说，在应该如何履行母亲职责的问题上，日本文化和瑞典文化为女性提供了截然不同的脚本。然而，两个国家有共同之处——都对母亲应当如何处理工作和育儿的问题有着明确一致的脚本，而且都建立了社会组织结构以支持女性履行其职责。例如在瑞典，遍及各地的日托班就说明瑞典文化要求母亲外出工作，并且社会也为母亲们担当这种角色提供了便利条件。日本则不同，日本的文化要求母亲不仅要养育好自己的孩子，而且要积极地协助孩子的教育。日本有高度结构化的学习活动，比如铃木小提琴课堂以及许多帮助孩子参加学校考试的补习班，这些活动要求妈妈们参与，同时也为妈妈们达到那些社会期望提供了便利条件。虽然对于一些志不在此的女性来说，主流文化脚本的高度一致性会给她们制造问题，但这种单一的主流文化脚本以及与之相配套的社会结构，使大部分女性不用经历剧烈冲突就能满足其角色期待。

相反，美国文化向为人母的女性提供了几种不同的文化脚本。这种选择的多样性一方面能够提供很多个人发展机会，但是，另一方面却使一些女性处于两难境地甚至陷入危机，特别是当社会还没有形成相应的组织机构来支持这些不同的选择时，这些不同的文化脚本很可能会相互冲突，或者与女性的现实生活相悖。随着越来越多的母亲外出工作，社会才刚刚开始发展为在职母亲提供的系统支持，如日托班、弹性工作制以及充足的女性和男性产假。

在美国，文化脚本中的育儿观念越来越背离母亲们目前的现实生活。女性在做了母亲后往往面临三种选择。第一，她可以试着遵循一种文化规定脚本，如成为一个传统观念中无私的妻子和母亲。第二，她也可以努力成为一个新型的"超级女性"，在做一个完美母亲的同时，还能在工作中发展自我。第三，她还可以根据家庭和自身的具体情况创造出新的育儿方法，而不是为了迎合某种文化脚本。为此，女性必须能够认清"自己的意志"。

脚本一：无私的妻子和母亲

关于育儿的书籍很多。瀚如烟海的文献关注到了母亲和她们的婴儿，从布鲁纳到马勒（Mahler），发展心理学家们强调人生最初几年是儿童发展中非常重要的时期。然而，在这些关于母婴互动的资料中，母亲只是作为一个模糊的影子出现。在对儿童发展作生动详尽的描述之外，仅仅提到一个母亲鼓励或妨碍儿童的发展，她向孩子露出赞许的微笑，把孩子用手蘸着橙汁完成的涂鸦当作科学探索而大加赞赏或忽略不见。

读者在有关儿童发展的文献中只能看到一个毫无特征的母亲形象，她们只作为儿童发展的背景出现。打开有关女性育儿经验的文献，我们期望看到这个在诸多关系中与孩子有着特别重要关系的女性多面的特征，然而，这些文献几乎只关注女性作为母亲的角色，使得女性对于自己的角色混淆不清，母亲的自我消失了。其实，有关女性自我研究的缺失，很大程度上是因为母亲在这一角色中的形象是无私的（Attanucci，1982，第10章）。在这种角色期待下，母亲一旦被发现有了需要被研究的自我，就会被认为是不好的、自私的。

心理学的不同流派已经用不同方式证明了这一点。有关儿童发展的文献只关注儿童如何才能获得最佳成长，把孩子周围的其他成员当作孩子成长的工具。母亲的自我在这类资料中是看不见的。其他研究者发现，其实母亲的个性特征是存在的，他们设计一些研究来描述母亲的体验。传统上，要研究女性第一次做母亲的体验需要跟踪她们向母亲角色转变的过程，并测量出她们对新角色的适应程度。鉴于多年来文化对于母亲角色的定义相对稳定，研究者在测量这种适应程度时总是禁不住会问一个问题："适应什么？"

对母亲角色适应性的关注使得我们开始关注个体内心的可变因素，以解释诸如抑郁、自尊这样一些适应程度指标的变化。不可避免地，当女性表现出不能很好地适应母亲角色时，人们往往认为是女性自身出了问题，而很少质疑她们要适应的角色本身的情况。一旦我们把重点放在适应程度问题上，自我和角色之间的差异就开始变得模糊不清。

对女性育儿经历的早期研究源自心理分析的传统，并且受到当时社会和理论的影响。多伊奇（Deutsch，1945）是最早通过心理分析视角直接研究女性育儿经历的学者之一。她把孕期描述成一个高度内省的时期，在这一时期，心理能量从外部世界中转移回来。"通过这一步，"她指出，"在个体生命感受和为物种延续服务两个对立面中，女性逐渐把重心放在后者上。"（p.138）基于这种认识，她发现"女性在成为母亲后会因为各种原因经历一段心理上的困难时期"也就不足为奇了，"最常见的共同问题是女性害怕因为孩子而失去自己的个性"（p. 47）。这种心理分析的传统非常重要，不仅因为它从自己的视角描述了母性，指出正确的为母之道，同时在近期针对为母之道进行的实证研究的建构方式上，它还产生了深刻而久远的影响。

脚本二："超级女性"形象

"超级女性"的脚本作为无私母亲脚本的替代者出现了。超级女性最明显的特征是她们在事业上的成功以及她们能够"胜任一切"的能力。人们认为，在作出任何决定时，这些女性会问自己："什么对我最有利？"某些情况下，这可能是一个更加狭隘的问题——"什么对我的事业更有利？"这里的"我"的服务对象可以是很多个，远远超出那些无私的母亲所服务的对象。这种女性可能要满足的是工作的需要，而不是家庭的需要。

例如哈瑞根（Harragan），一位公司顾问和《妈妈从来没有教过你的游戏》（*Games Mother Never Taught You*）一书的作者，对那些抱怨正在失去大量有经验有能力的女性雇员的公司表示赞同。"我常听说女性怀孕后身体不适，就不认真工作，然后休几个星期甚至几个月的产假，这会对公司非常不利。"哈瑞根建议女性不要休完应允的产假："真正有志向、尽责任的女性休两周到一个月的产假就要返回工作岗位。"（《华尔街日报》，1984 年 9 月 19 日）这样的建议假设，对公司有利的事情对女性自己的事业也有利，因而对女性自身最为有利。

虽然一些女性成功地担当了很多年"超级女性"这一角色，但孩子的到来让问题变得复杂。要继续保持成功的"超级女性"的形象，她们一方面要对公司负责，这份责任要求她们在产后两周到一个月内就要返回工作岗位，另一方面她们还要为孩子尽到同样的责任。

相当一部分研究者和心理学家，已经看到了女性在试图遵从"无私女性"脚本过程中经历的危机，他们认为工作是帮助女性摆脱危机的手段。巴鲁克和巴尼特（Baruch&Barnett，1983），在完成了一项关于中年妇女的大型研究后建议："预防女性消沉的最好办法就是培养她们的控制欲。自信、自主的女性不容易消沉。"（p. 22）研究者们指出，鉴于他们的研究对象是中年妇女，研究样本中只有 20% 的人孩子年龄在 7 岁以下。因此他们提醒读者："如果我们的研究对象是一些年轻女性，也许她们中那些拥有全职工作的人会感到更大的角色压力。"（p.149）

那些深受"超级女性"脚本影响的女性往往非常年轻，还不能体会到其中潜在的危机。例如，巴鲁克和巴尼特的研究发现，他们抽样调查的中年妇女最大的遗憾就是不曾认真对待她们的工作。这些访谈对象中，只有少数女性敢于冒险把生活的重心放在工作上。我们在这里有必要认真思考一下吉利（Giele，1982）的告诫："中老年女性过去的负面经历，并不意味着那些经历的反面就能自然而然地成为每位年轻女性未来可尝试的正面发展路径。"（p.121）

一个替代框架

为了理解现代女性不同的社会角色，我们有必要把注意力从这些与当今女性的现实生活联系越来越少的文化脚本上移开，转而关注女性根据文化期待和自身现实作出自身决定的经历。鉴于人们的生活"处处渗透着文化的印迹……我们关注的兴趣点转为了解人们在不同的文化背景中的生活理念，了解他们对文化秩序的理解，了解他们从文化内省中受到了什么样的影响"（Levine，1982，p.290）。正如吉利根（Gilligan，1982）曾指出的："中年事件对于某个女性的重要性视情景而定，因为这是她的思维结构和现实生活相互作用的结果。"

吉利根认识到，女性在作自己人生的道德抉择时会经历一个普遍的发展轨迹。她发现，基于关怀伦理，女性会遵循这样一个发展轨迹：（1）个体生存倾向；（2）认识到自我牺牲的美德；（3）从美德走向真理。在这一过程中，女性逐步摆脱传统自我牺牲美德观的束缚，开始认识自我并作出自己的决策。

阿塔纳斯（Attanucci）详细阐述了做了母亲的女性生活中"自我决策"的概念（见第 10 章）。在她看来，自我决策是在充分考虑他人和自我的条件下产生的。我的研究将此概念应用到女性生活中的各种选择和可能的冲突上。研究中问及，母亲在就业和育儿之间所作出的选择是出自"对谁的考虑"。这个概念使我们对以上育儿脚本分析中有关自我和发展的观念提出质疑：难道我们在关注自我的同时不能同时关注他人吗？

成为母亲，意味着必须在自己的人生道路上进行决策，这些决策跟自身和他人的幸福息息相关，意味着我们可以有机会重新界定一下"自我"在决策过程中的定位。这一人生的重大变化为我们提供了认识女性在选择过程中的思维方式的平台。因为文化将"自我"定义为自主的、独立的，常常会引导人们面临这样一个选择：作为母亲，是更应该考虑自己的利益还是他人的利益？由于育儿给女性提供了一个机会去体验从关怀他人中得到自我满足，它让女性有更多可能性去思考自我和他人。关注自我和关注他人不一定是非此即彼的选择。

本文聚焦于女性对于兼顾母亲角色与外出就业问题的看法。选择这一关注点是因为，"做了母亲后什么决定对于女性最重要"这个问题是非常普遍的。另外，由于就业是每个文化脚本下育儿问题的中心所在，我们有必要对母亲自我和母亲角色的关系有一个新的理解。人们期待理想的母亲将家庭放在工作之上，而"超级女性"在全身心投入事业的基础上，还要全身心投入育儿，这种显而易见的矛盾该如何解决？

研 究

这项研究基于对 20 位居住在波士顿地区的女性居民进行的两次深入访谈。她们全都是来自中产阶级的白人已婚妇女，大学毕业，第一次做母亲。访谈时间基本是在她们做母亲的头一年年末。选择这一时间是因为女性在这个时候已经有足够的做母亲的体验，能够对她们转变为母亲的这段经历以及由此给生活带来的各种变化进行反思。她们已经有段时间来适应满足育儿的一些要求。她们的孩子已经可以自由活动并且有了一定的独立性。大部分女性已休完产假重新工作一段时间了。

第一次访谈时，这些女性的孩子平均年龄还不满 14 个月，在 9—18 个月。她们中相当一部分人认为育儿的第一年年末是一个里程碑，她们在这个时候开始回顾一年来作为母亲的生活，开始反思这一段不同寻常的日子。

在我们选择的访谈对象中，有在做母亲前是在校学生或在家庭外工作的全日制职员。访谈对象被分成三个组：一组是全日制职员，一组是兼职职员，一组在访谈时还全天在家。

因为我们需要研究对象先前的工作时间长到能够形成"员工"的某些身份认同，所以有必要访谈一些比我们文化中首次生育平均年龄稍大的女性。本研究访谈对象的平均年龄为31.4岁，年龄从26岁到35岁不等。我们对她们进行了两次访谈，每次一个半到两个小时。两次访谈的间隔时间，给予了访谈者和受访者足够时间进行反思。通常，受访者在第二次访谈时会对第一周的回答进行详细的阐述。

其他访谈模拟半结构化（semi-structured）临床访谈。这种半结构化临床访谈在成人发展的形成性研究中非常有用，其目的是获得调查对象对自己生活的认识，这一点对于本研究来说最为重要，因为在对大量文献的回顾中很容易看出，极少有研究关注女性怎样认识自己做母亲的经历。既然我们要研究女性如何认识生活中的各种抉择，特别是她们在这些选择中对自己是如何考虑的，那么这种有助于研究女性如何建构自身经验的访谈就尤为必要了。这部分访谈问题主要涉及选择、自我概念的形成和生活中的某些变化，特别是女性与就业相关的决定和反应。因为产后抑郁已被视为初为人母的过渡期的伴随物，因而，在第二次访谈即将结束时采用了流行病研究中心抑郁量表（Center of Epidemiological Studies depression scale, CES-D）。

我们就这些调查对象对自己作决定过程的描述进行了认真的分析，以便对个体在作决定过程中的"自我意志"和"非自我意志"进行准确编码，并验证以下三条假设。第一条假设基于无私母亲形象，例如，多伊奇的研究表明：为了做好母亲，为了孩子，女性放弃了自我。

第二条假设源于"超级女性"脚本，将女性在职场工作作为加强自我意识的手段。第三条假设认为，那些运用"自我意志"来进行工作选择的女性，会比那些依赖当前文化脚本进行育儿的女性较少遭受抑郁困扰。在进行编码之前，我将例举四位女性是如何决定做了母亲后是否继续工作以及花多大精力在工作上的。

贝 姬

贝姬决定做个全职母亲是经过了深思熟虑的，她意识到充斥媒体的"超级女性"形象是有悖于其丈夫期望的，她的丈夫认为女性应该在家照顾孩子。在被问到"现在回顾当希瑟出生时，你面临什么样的选择"时，贝姬是这样回答的：

> 我决定花更多的时间跟希瑟在一起，比今天普通女性和孩子在一起的时间更长。我想我们和社会标准、和其他人在很多方面都不一样，特别是在这个问题上。经常有关于日托班的一些对话……每次谈话我都是相同的回答，但实际上我在这个问题上和自己反复斗争。

当被问及"你考虑过其他选择吗"，贝姬继续说：

> 我觉得我不是个"超级妈妈"，虽然这是现今唯一的母亲形象……我看到电视上那种超级妈妈形象，那让我觉得自己毫无价值。一直让我难受的是我没有其他选择。我们决定这是我不得不去做的。我觉得我不得不这样做，我无能为力。我没有钱，没得选择。我真的也曾和自己抗争过……最后我只能说"我累了，这对我来说已经足够了"。

贝姬试图去解决在社会文化上占主导的"超级女性"脚本，与丈夫心目中正确的女性形象之间的矛盾，并最终选择去迎合她的丈夫。贝姬的丈夫指出，不仅是因为他认为母亲应该留在家里照顾孩子，而且如果她在这个时候出去工作，他们的经济情况会更糟糕。这是贝姬无法解决的矛盾。当被问及"在作出留在家里的决定时你想到了谁"，贝姬解释说：

> 我丈夫很守旧。他确信我应该待在家里和希瑟在一起……我也这样做了。我自己也会进行思想斗争，什么是流行的，什么是社会所期望的，也想尽可能和时代同步。但是，我已经解决了这个问题，并且现在也不错，挺好。有时我会说我不在乎钱。我的丈夫以一种切实、理性的

方式看待这个问题，但我觉得如果要得到内心的平静，我就需要工作。所以，可能我感觉他并没有考虑我，他只是从实际的角度出发，有时我想他甚至也没有考虑希瑟。他所在乎的只是钱。但是他确实把希瑟放在心里，他考虑到了孩子。

莫尼卡

莫尼卡的情形和贝姬极其相似，但是，莫尼卡选择做全职母亲的原因和贝姬大相径庭。当被问及她为什么放弃一份责任重大、富有挑战性的工作而选择做全职母亲时，她是这样回答的：

> 这根本不是个困难的选择。我和比尔只是觉得必须有一个人留在家里照顾孩子，而他不适合放弃他的工作，况且……他一个人赚的钱就够了。我把这段和孩子在一起的日子当作一种奢侈，我不想错过蒂姆成长的每一天，我觉得他就是我的工作和事业。这段日子是我和孩子一生中非常珍贵的时光。我希望能把所有精力都投入到照顾孩子上来，不想分心。把孩子送到日托中心这样的想法让我不舒服。我想和他在一起，抚养他、了解他。现在我感觉我和孩子的关系非常稳固。

莫尼卡的回答告诉了我们这样一个事实：支持她作出如此决定的原因是她想照顾孩子的愿望，这让她能够看到她的选择给孩子和她自己带来的益处。虽然她也认识到这样的选择会带来一些困难，但她面对这些困难并没有产生很抵触的情绪。

海　伦

海伦在孩子三个月大时，不情愿地选择了一份全职工作。当被问及"现在回顾当萨莉出生时，你面临着什么样的选择"，她回答：

> 被召回去工作对我来说是一件大事，虽然我并不情愿。要重新回到

我所期望的教育系统，我必须牺牲这一年的育儿时间。这是女性的不幸，她们为了证明自己的工作态度，不得不这样做。如果我在家照顾孩子，别人会认为我并不看重这份工作。

海伦在作选择的时候，权衡了利弊，她意识到事业对于她非常重要，也意识到她的家庭需要这份收入。她是这样考虑的：

我原来工作的主管推荐了我，我也非常想证明自己就是他们所需要的人。我很看重我的事业，因为这是证明自己的一种方式。我权衡了利弊。如果我在家照顾孩子，他们就会怀疑我是否是他们需要的人选。我丈夫正在做他的学位论文，他只有一份兼职工作，我们需要钱。另外，幸运的是我找到了一位令我满意又很喜欢萨莉的人来替我看孩子，萨莉被照顾得很好。我曾经经历过非常痛苦的一年，因为我恨我的工作。回家见到萨莉对我来说，就像是穿过黑暗隧道后见到光明。

帕　特

帕特是我们调查对象中日工作时间最长的一个。她是一名律师，大概一周工作50个小时。在儿子出生后，她需要花很多时间照顾他，远远超出她原先的预期，她感到她的工作时间完全被剥夺了。当被问到她过去一年的生活中是否有不知所措的时候，帕特回答："有很多这样的时候。实际上最典型的就是我描述过的那种情况（应该花多少时间在工作上，花多少时间来好好照顾孩子）。"她是这样描述那种冲突的：

很多时候我们可以说，这种矛盾是在我所成长的20世纪50年代和之后的70年代的影响之间的矛盾。我相信，你们所关注的这个典型矛盾就是来自事业的压力和来自育儿的压力之间的冲突，这两种责任的冲突……另一个是"自私的我"和"无私奉献的我"的冲突……我们现在谈论的，你知道，就是"我的事业"和"他的生活"的冲突。我不想做一个自私的人，但我现在就很自私。

当被问及她所说的"自私"是什么意思时，她这样解释：

> 以前总是我拿第一，但是现在，我不得不看着别人拿第一。工作上我现在不能延续本属于自己的卓越。这是事实……你本来能得到所有的这些，噢，我是位母亲，因此，你知道，我的孩子是第一位的，我得稍稍搁置我的工作，这都是些自相矛盾的话。

当被问及她如何评价自己选择继续工作这个决定，以及她现在是否认为这个选择正确时，她回答：

> 是的，这是唯一的选择，原因很多……我相信这个选择是正确的，虽然我有一种负罪感。这些东西真的比孩子的健康成长更重要吗？……我把所有这些事情看得比他更重要，他是我的儿子，作为一个母亲是不应该这样做的。你知道，母亲应该把孩子放在第一位，特别是才九个月大的孩子。然后，等到孩子长大一些，那时候母亲才能重新回到工作岗位。尽管很多女性都在工作，但是她们中很少有人是几个月大孩子的母亲。很少有人像我这样投入这么多时间和精力到工作中去……只有很少一部分精力，被我花在了孩子身上。我对此感到很内疚，我的意思是说，我把自己和所有女性的自我看得比孩子更重，这也是一种自私吧。

由于我们的文化中缺乏一种特定的、明晰的育儿文化脚本，因此我们的调查对象对文化规范的理解差异很大。贝姬认为自己不属于主流文化，因为她没有工作，绝大部分时间都用来照顾孩子。相反，帕特却担心她的生活方式有悖常理，因为她大部分时间都在外工作，就像她说的："总有这样的感觉，尽管很多女性都在工作，但是她们中很少有人是几个月大孩子的母亲。"

我们看到，很多女性在谈及她们的就业选择时，可能都有受他人价值判断影响的倾向。在进退两难的时候，女性关注他人的意见，希望取悦别人，这使她们很难甚至不能发现和倾听自己的声音。这些女性试图从别人的期望中找到自我，她们失去了倾听自己声音、作出自己判断的能力。而对于另外一些女性，她们在关注他人意见和看法的同时，也能意识到自己的需要和意愿，她们愿意而且有能力按自己的意愿行事。

编　码

为了系统地判断女性在作出是否外出工作的决定时有没有遵从"自己的意志"，我们使用了一套编码系统来检验女性这方面的想法。这套编码系统所关注的一个问题是："女性作出最终决定时是否能将自己的意愿考虑在内（从自己的角度出发），或是女性自己的声音被完全湮没以至于最终的决定没有体现女性自身的意愿？"

在这套编码系统中，我们对女性允许他人对自我作出评判以及她们本身就需要回应并关怀他人这两种表现作出了严格区分。从我们的文化传统来说，女性在照顾他人意愿、关怀他人的过程中，会冒失去自己的声音的风险，这是遵循无私母亲文化脚本的风险。而在文化发生重大变革的今天，女性形象被各方面的声音重新塑造。在一个自我等同于自主的文化中，女性同样面临着危机：女性本身有与他人建立联系、关怀他人的需要，但现在女性无法听到并回应自身的这部分需要。在追随"超级女性"文化脚本的努力中，女性可能会失去那部分自我。

◆ 从自己的角度出发作决定

一些女性通过倾听自己的声音、从自己的角度出发来作出有关就业和育儿选择，她们大多具有以下一种或两种特征。

1. 从受访者对整个选择过程的描述中，编码者明显可以看出这是出于女性自己的意愿。最明显的特征是她们惯用第一人称，同时使用主动语态（例如，"我想"、"我的看法"、"我以为我自己"、"我知道"等）。女性自身声音的存在并没有让她们失去对他人需要和愿望的觉察。他人的需要和自身的需要都被考虑到了，没有哪一个声音被忽略。莫尼卡就是一个典型的例子，当她回顾当初决定在家照顾孩子时，我们可以清楚地听到这样的声音："我想和他在一起，抚养他、了解他。"

2. 在女性对决策过程的描述中，编码者可以看到这个过程也是一个发现自我意愿的过程。调查对象把他人和自己的意愿综合起来考虑，能够找到一个对双方都有利的解决方式。这种综合并不是使一方屈服于另一方，而是寻求一种融合双方意愿的共同努力。这是一种全纳的解决方式。

海伦因不愿牺牲自己的事业而选择了外出工作，她这样做不仅能给家庭带来经济上的支持，同时，依靠好的日托服务人员，她也能保证孩子受到良好的照顾，快乐地成长。她考虑到了全家三口人的需要。虽然他们暂时放弃了一些其他的东西（和朋友约会、读小说和打扫卫生这些他们过去常做的居家保养工作），但这样的决定已经是同时照顾到每个人的最佳选择，不需要任何人作出牺牲。

◆ 从他人的角度出发作决定

那些不以自己的意愿行事的女性具有以下一种或多种特征。

1. 不加反思地接受别人的观点或按他人的意愿行事。她们常使用第三人称（例如，"他认为我应该"、"你不得不"、"你只要去适应它就好"），使用表示责任、歉意、评价的词汇（"作为母亲应该"、"你应该感到……"），动词常用被动语态。

2. 有些女性自己不能识别出自己的意愿，因此即使她们有自己的想法，也往往被外部声音压制或者湮没。例如，在倾听贝姬的描述时，你可以听出来，在整个社会对母亲的期望这个问题上她有自己的判断："我觉得我不是个超级妈妈，虽然这是现今唯一的母亲形象。"同时，贝姬的丈夫对于母亲角色的声音和信念也深深影响了她的决定："他认为我应该在家里照顾希瑟。"实际上她感到自己"别无选择"，她自己的声音就此消失。最后她只能说："我累了，这对我来说已经足够了。"

3. 这类女性常常下意识地否认存在外部约束，这也限制了女性的选择。这种对自身所受限制的否认导致其决定中充满矛盾。例如，贝姬的陈述前后不一致，她一方面说"现在也不错，挺好"，另一方面又说她在作决定时"和自己抗争"，并感到自己"别无选择"。

结　论

　　在我们调查的 20 位女性当中，有 12 位女性被编码为主要从自己的角度出发决定是否外出工作，其他 8 位主要是从他人的角度出发作出决定。"自己的角度"或者"他人的角度"编码的可信度为 80%。在对第一条假设进行验证的过程中，我们发现，实际上大多数女性不会为了满足孩子的需要而放弃自己的意愿。所有那些被编码为从自己角度出发决定是否外出工作的母亲，都无一例外地考虑到了孩子的需求。

　　为了验证第二条假设，本研究设计了编码系统的第二部分来确认影响女性选择的其他因素。对于那些幼小婴儿的母亲，在她们决定是否外出工作的时候，内心都会考虑到许多其他人的观点。其他人的声音可能会湮没母亲自己的声音，也有可能帮助女性了解自己的意愿。在编码程序的第二部分中，编码者试图确认在女性的考虑中下列声音是否存在。这些声音包括：（1）自我和孩子的关系；（2）自我和丈夫的关系；（3）自我和工作的关系；（4）自我和自己母亲（即孩子外婆）的关系；（5）自我和育儿专家的关系；（6）自我和社会及他人的关系。

　　本研究中所有接受访谈的女性在决定是否工作时，都清楚地考虑到了成人和孩子双方的需要。这些女性都提到自己在作决定的过程中倾听了某位成年人的意见，90% 的访谈对象提到思考过自己和孩子的关系。然而，考虑到孩子的需要并不会使女性丧失自己的声音，对她们造成影响的主要是其他成年人，而且常常是那些不直接参与决定的成年人。对于本研究中 8 个没有按照自己意愿作决定的女性，影响她们的主要是社会、她们的丈夫以及育儿专家。也就是说，湮没女性自己声音的，不是她们所感知的孩子的需求，而是他人的声音。这里的"他人"，有时被女性直接称为"他们"或"社会"，这是一种文化脚本，或者，"他人"是来自女性生活中某位重要人物的声音，例如"我丈夫想让我在家照顾孩子"——这又是一种文化脚本。

　　为了探寻在以自己的意愿作出是否工作的决定与幸福指标之间是否存在一种关联，我们采用了斯皮尔曼相关分析。自己作出决定的女性，在 CES-D（$p = 0.4$，$p < 0.05$）中抑郁得分较低。这表明，女性根据自己的意愿在外出

工作和育儿问题上进行决策，能够帮助她们抵御抑郁。

讨　论

　　对于那些根据自己的意愿在外出工作和育儿问题上进行决策的女性，她们所阐述的这种思维方式已经不再符合任何既有的文化脚本。在育儿的文化脚本中，母亲的自我和孩子的自我被视为两种竞争的力量，而那些能够从自己的角度出发作决定的女性，认识到自己有照顾孩子的需要，这和孩子有被人照顾的需要是一致的。在这一框架中，问题从"谁应该是我首先考虑的对象——孩子还是自己"，转变为"我如何能最好地满足孩子和自己的需要"。

　　当前的育儿文化脚本是这样定义自我的：女性要么"放弃"自我，要么牺牲对孩子的照顾来发展自我。这是我们的文化给女性提供的唯一选择，难怪试图在这一框架中进行选择的女性会更难抵抗抑郁。事实上，"超级女性"的母亲形象要求女性既要作出自我牺牲，又要实现自我成就。除非女性开始从自己的角度出发思考问题，否则，理想中的自我——其中体现了在自我理解上的冲突——和女性所处现实之间的差距会越来越大，让女性易受伤害。当自我认知和理想中的自我差距过大的时候，就很容易产生消极心理。

　　按自己的意愿作决定并不能消除母子关系中的冲突或矛盾；女性自我的需要可能还会和周围环境不相一致。因为母子之间的关怀行为本身就存在着不平等，孩子需要的照顾是必须立即满足的，所以这类母亲面临的挑战就是如何在不否认两者合法性的同时，兼顾自己和孩子不同的需求。当然这种思维只是在女性进行决策时提供一个框架，并不提供具体的问题解决方案。

　　在解决孩子需求和女性自我需求之间的矛盾时，这种"关怀"角色定义的方式提供了一个可自动采信的规则，即"孩子的需求始终是第一位的"。然而，这个现成的矛盾解决公式将导致"自我"在母子关系中存在的合法性丧失。另一种情况是对于那些不愿丧失自我去服从某一文化脚本的女性，她们享有关系中自我存在的合法性，能够获取方法去解决两个合法个体关系中不可避免的冲突。在解决这种冲突时，必须同时关注自我和他人双方的需求，这要求女性拒绝简易答案，不能参照现成的原则草草决定，而要对自己的反应正确与否作出判断，并接受生活中必须自我作决断的不确定性。

对于一些女性来说，文化脚本的约束力在于，它不仅规定了女性照顾他人的方式，还限制了女性关怀自己的方式。女性有时会陷入这样的矛盾中——将关注自己视为与孩子分离，几位女性谈到了参加舞蹈课或其他她们不喜欢也不擅长的课程。其中一位女性提及这些活动是"为了表示关注自己而不得不参加的"。当她讲到和朋友们一起带着孩子散步时，可以从她的声音中听出这才是令她真正感到快乐的事情，但是，她从不把这些事情当作关怀自己或孩子的方式之一。

把关怀等同于无私就是把关怀自己和关怀他人对立起来，这样一来，女性就很难解决她们自身的意愿与文化中角色所规定的"恰当"做法之间的矛盾冲突。那些经历了关于是否外出工作这个艰难抉择的女性，都谈到关于母亲"应该怎么做"的问题。帕特无法摆脱外出工作是"自私的"想法，因为她已经接受了既成的角色观念，如"我应该奉献，我是一个母亲，我的孩子是第一位的，我应该首先考虑他……"，她接着谈到不断经历的"自私的我和无私奉献的我"的冲突，也就是"我们正在谈论的'我的事业'和'她的生活'的冲突"。

那些清楚自己意愿的女性，那些根据自身和家庭的需要作出关于就业和育儿决定而非按照文化脚本要求行事的女性，能够找出种种办法安排好自己和自己家庭的生活。事实上，本研究表明：即使选择非常有限，那些能识别出自己意愿的女性也不容易陷入抑郁。当女性能够听到自己的声音，她们就不太容易听任社会文化摆布其思其行，能够更好地根据自己特定的生活条件作出选择。鉴于对于很多女性而言，要作出适当的选择非常困难，这些研究成果有着深远的意义，希望能帮助女性和她们的家庭，对这一难以解决但普遍存在的问题找到创造性的解决办法。

致 谢

感谢诺曼（Norman）、玛拉（Mara）和克里斯托弗（Christopher）。感谢我的父母——玛丽（Mary）和伯纳德·金塞拉（Bernard Kinsella）。同时，感谢我的调查对象抽出宝贵时间与我们分享她们对育儿经历的反思。

12　医生：软心肠还是硬心肠？

□ 卡罗尔·吉利根　苏珊·波拉克（Carol Gilligan and Susan Pollak）

> 人之所以为人，在于他并不追求完美，在于他有时会因忠诚而甘愿犯罪，在于他虽奉行禁欲主义却不拒绝善意的交际，在于他随时作好准备被生活击溃，只因这是情系他人所必须付出的代价。
>
> ——奥威尔（Orwell），《论甘地》（*On Gandi*）

　　理想的医疗实践是科学知识与技术和亲密个人关怀的结合。医疗活动在亲密关怀中伴有权力的行使，这使它不同于其他高级职业，而其较高的社会地位又使它区别于其他提供关怀的职业。对于医生而言，这种结合导致了两种截然不同的风险——一方面，和病人的亲密关系可能遮蔽医疗实践所需的客观性，导致医生越过职业界限；另一方面，高度专业的知识和技能又容易使医生疏离与病人的关系。尽管过分亲密的危险在医生伦理守则和专业文章中已得到相当的关注，关系疏离的危险在医疗实践和教育中却相对受到忽视。

在西方，长久以来人们经常把危险和亲密联系起来，我们先前的研究（Pollak & Gilligan，1982）表明，男性更容易产生这方面的联想。我们曾作过一项主题统觉测验（Thematic Apperception Test，TAT），参加一项有关动机的心理学课程的 88 位男性和 50 位女性，需要根据测验中提供的几幅图片凭自己的想象编写几个故事。结果显示，男性编写的有关亲密关系的故事中经常会涉及暴力，这引起了我们对男性和女性因成就和亲密关系而产生的恐惧进行对照分析的兴趣。分析表明，亲密的人际关系比成就更能使男性联想到危险。他们将危险与亲密关系相联系，表明他们害怕陷入令人窒息的关系，或者害怕因被人拒绝和欺骗而蒙受羞辱。相比之下，女性则在无关个人感情的成就中感到比在亲密关系中更多的危险，而危险的来源正是通过竞争取得成功所产生的孤独感。这些对依恋和分离中的安全与危险的相反观点，促使我们区分对亲密的恐惧与对成功的恐惧。

在美国医学界，人们对个人成就的渴望已使人们忽视了护理及医生与病人建立密切关系的价值。技术不断进步，然而代价是牺牲医患关系。这一分裂正与关于动机的心理学文献所显示的区分——对权力和成就的需要与对亲密关系的需要是相对立的——相契合。这种类比产生出一种对于医生尤其危险的幻象，即安全在于成功，保持疏离才能不受伤害。

权力、成就和良好的人际关系是所有从医者所共同追求的，但这些东西对于男性和女性的意义不同。麦克莱兰（McClelland，1975）分别研究了男性和女性对于权力的想象，发现女性更喜欢相互依赖而男性更倾向于构筑等级关系。因此，在男性的想象中，他们更倾向于把权力与控制以及侵犯联系在一起，相反，女性则更多地把权力融合于体恤之中，并将其与维持关系的能力联系起来（另见 Miller，1976，1982）。研究（Gilligan，1977）发现，男性和女性对权力的不同想象，恰好与两性有关道德和自我的不同观念相呼应。两性分别着眼于公正和权利、关怀和责任的道德观，意味着对权力、成就和人际关系的不同理解。女性对关系问题倾注了更多注意，这为关于身份和道德发展方面的性别差异的很多发现提供了说明。（Gilligan，1982）。

我们的研究旨在探讨男性和女性如何看待医疗实践中的各要素，方法是询问男性和女性对权力、成就与人际联系之间联系的看法，即认为它们是相互冲突的还是协调一致的。在我们先前的研究中，我们把想象中出现的暴力解释为说明了人们的恐惧所在。在本研究中，我们沿用暴力说明恐惧这种设定，通过分析主题统觉测验以及访谈中呈现的成功和失败、亲近和孤立等主题，来研究成就和人际关系间的联系。

研究方法

◆ 研究对象

我们的主要研究对象是236名来自哈佛大学和塔夫兹大学（Tufts University）医学专业的一年级学生，其中男性168人，女性68人。本研究是一项关于医生压力和适应性纵向研究的一个组成部分（Nadelson，Notman & Preven，1983；Notman，Salt，& Nadelson，1984）。这些学生在入校的第一周就接受了一系列心理测试以测量压力、沮丧等诸如此类的心理感受，他们同时还接受了主题统觉测验。另外，我们还随机选出了80名大学一年级和三年级的学生进行访谈，并对所有一年级学生进行了主题统觉测验。

◆ 研究过程

主题统觉测验是依据标准团体管理模式设计的，只有一点变通，即测试手册中包括图片，且测试没有严格的时间限制，因此有更多的时间研究被试的想象和他们构思的故事。我们选用的图片是之前麦克莱兰（McClelland，1975）在测量成就、人际关系和权力动机时使用过的。每份测试手册上有4幅图片，其中3幅图片在所有手册中都相同。被试被分为两组，分别拿到印有两张不同的第4幅图片的测试手册。两组被试的性别分布完全相同。

男性组和女性组一共用到了5幅图片，我们在研究中使用了其中的4幅，因为这4幅图片暗示了成就与人际关系之间的一些联系。第1幅图片展示的是，在一座高层办公大楼里，一个男人独自坐在办公桌前，办公桌上摆放着他妻子和孩子的照片（TAT 1），而其他三幅图片都展示了人们在一起的情景，分别是：一对夫妇坐在河边的长凳上（TAT 2）；两名女性在实验室工作（TAT 3）；一男一女两位杂技演员在进行杂技表演（TAT 4），男演员双腿倒挂在吊绳上，双手抓着女演员的手腕。其中第 4 幅图片是唯一出现了身体接触的图片。第 5 幅图片是一位船长（TAT 5），这幅图在我们的研究未被采用，因为它是用来测量权力动机的。

每幅图片下面都有几个问题，用以给被试提供一些编故事的提示，例如：正在发生什么？他们是谁？什么导致了这种情景的发生？之前发生了什么？他们正在想什么？想要什么？谁想要？学生们被告知对上述问题的回答无所谓正确或错误，他们只需要编一个有趣而富有戏剧性的故事。

◆ 研究访谈

访谈按照皮亚杰设计的"临床方法"（Piaget，1932/1965）个别进行。访谈所涉问题包括吉利根等人（Gilligan *et al.*，1982）设计的评价自我意识和道德判断的问题，以及关于学生在治疗实践中所承受的压力、理想的医学和学生的抱负问题。我们围绕成就、亲密关系、孤立和死亡等主题对访谈结果进行了分析。

◆ 数据分析：主题统觉测验（TAT）

对暴力的分析中使用了简单的"呈现—未呈现"评分系统，暴力事例被设想为体现了对自我完整性的威胁。只要故事中提到死亡、自杀、杀人、强奸、绑架、身体伤害、绝症等，就被标记为"暴力的"。研究的第一步，我们对男性和女性在对这 4 幅图片的想象中是否涉及"暴力"进行了列表统计；第二步，我们对那些涉及"暴力"的故事内容进行了分析，看一看危险是否和亲密关系、孤立、失败、成功有联系。我们作出了如下界定。对亲密关系的恐惧——暴力与亲密关系中的陷害、拒绝或背叛相关。对孤立的恐惧——死亡或暴力与分离、孤立、被抛弃相关。提到成为孤儿也被算作对孤立的恐惧。对成功的恐惧——暴力与竞争性的成功相关。这一类别包含两个子类别：成功对图中男性的影响，成功对图中女性的影响。对失败的恐惧——暴力或死亡与失败相关，失败的具体情形很广泛，从考试不及格到没有能力救活濒死的病人或治愈致命疾病。

故事中必须明确提到死亡或暴力才能被算作"暴力"，如果仅以暗示或叙述形式出现则不能计算在内，例如："在萨莉很小的时候，她的父母就去世了，她刚结婚，丈夫杰克是一位英俊而有成的杂技演员。"

结　果

表1说明了男性编的暴力故事比女性多。在168位男性被试中有26.7%的人（45人）至少编了一个描述暴力事件的故事。而68位女性被试中，只有13%的人（9人）编的故事中出现了暴力事件。

根据实验设计，只有一半的被试根据第4幅图片编写了故事，因此对这幅图片的百分比统计基数与其他3幅不同。分析这4幅图的统计数据发现，17.5%的男性（14人）对第4幅图片产生了有关暴力的联想，13.6%的男性（23人）对第3幅图片产生了有关暴力的联想，7.1%的男性（12人）对第2幅图片产生了有关暴力的联想，而5.3%的男性（9人）对第1幅图片产生了有关暴力的联想。相比之下，女性对4幅图片联想到暴力的比例分别为：第4幅图片有9.7%（4人），第3幅图片有5.8%（4人），第2幅图片有1.4%（1人），没有女性对第3幅图片联想到暴力事件。

表1　男性和女性所写故事中的暴力事件

	有暴力事件	没有暴力事件
男性（$N = 168$）	45（27%）	123（73%）
女性（$N = 68$）	9（13%）	59（87%）

$\chi^2(1) = 5.06$，$p < 0.025$

表2概括了对主题统觉测验的内容分析结果。分析显示，男性将危险与亲密关系联系起来。33%的男性（15人）描写的暴力事件与在亲密关系中被引诱、背叛、欺骗有关。31%的男性（14人）描写的暴力事件与成功有关，这其中又有两个因素，即害怕图片中女人的成功和害怕图片中男人的成功。20%的男性（9人）编写的故事中，女性的成功导致了暴力，而11%的男性（5人）把暴力和男性的成功联系起来。上述结果与麦克莱兰（McClelland, 1975）和梅（May, 1980）发现的关于增强（成功）导致剥夺的模式相吻合。另外，13%的男性（6人）在其所写的暴力故事中把危险和失败联

系在一起,而 22% 的男性(10 人)在其他情境中联想到危险。没有男性把危险和孤立联系起来。

相比之下,9 位描写暴力的女性中有 4 位(44%)所描写的暴力事件与孤立有关,她们将危险与分离或被抛弃相联系;1 位(11%)认为危险与成功有关,1 位(11%)认为与失败有关,另有 3 位(33%)在其他情境中联想到了危险。没有女性将危险与亲密关系相联系。

表 2 对包含暴力的故事的内容分析:与亲密、孤立、成功、失败相关的暴力					
	亲密	孤立	成功	失败	其他
男性 ($N=45$)	15 (33%)	0 (0%)	14 (31%)	6 (13%)	10 (23%)
女性 ($N=9$)	0 (0%)	4 (44%)	1 (11%)	1 (11%)	3 (33%)

$\chi^2(5) = 24.15$,$p < 0.001$

注:女性的成功:9 (20%);男性的成功:5 (11%)。

讨 论

本研究旨在考察医科学生在主题统觉测验和访谈中所表现出来的对成功、失败、亲密关系和孤立的不同态度,研究结果揭示了对关系的两种不同认识和理解。在本研究的样本中,上述差异与性别相关。从研究结果来看,更经常的——尽管不是绝对的——是,关系对男性被试来说带有潜在的危险性,而对于女性被试而言则是安全的。这两种对关系的不同态度,对有关人类发展的心理学理论以及医学实践和教育都有重要影响。

约翰·鲍尔比(John Bowlby)在勒妮·斯皮茨(Renee Spitz)研究的基础上进一步指出,需要改变对关系的认识,以获得对人类心理发展的更好理解。斯皮茨在研究中发现,婴儿如果缺乏与他人的联系就会变得无精打采甚至死亡。鲍尔比(Bowlby,1969,1973,1980)对儿童爱的能力的发展进行了追踪研究,发现这种能力与他们在不被疏离(detachment)的条件下承受分离(separation)和丧失的能力有很大的关系。在鲍尔比看来,疏离是一种对分离具有致病性的回应,这种防御机制将使人付出极为沉重的代价。鲍尔比在那些疏离的成人和孩子身上都看到了一种生命力的枯竭。因此,亲密关系一方面带来可能受别人拖累的负面作用，但另一方面似乎又是心理健康的前提条件。

这两种作用在医生身上都体现得更明显。医生经常会和一些威胁生命的疾病打交道，从而可能受到（本义的）感染。而医学教育和实践的结构则加重了医生们的孤立。医生是契诃夫剧作中的常客，他们面临的上述两种危险得到了戏剧性的呈现。契诃夫本人就是一名医生，在他看来，医生面临的受拖累与被孤立的两难揭示了人类的根本境遇。在我们对医学院学生的研究中，这一两难境遇因性别而有不同的呈现：女性比男性更害怕被孤立，而男性则对人际关系倍感不安。为了更好地认识这一困境及其对医科教育的影响，我们首先来分析一下契诃夫的作品，以此来揭示这一困境的普遍性，并且提醒我们注意：这种处理两难困境的差异并不是哪类性别的人所特有的（尽管在我们的研究中，通过对比男性和女性的实验数据，这种差异得到了很好的呈现）。然而，就我们采用的当代医学院学生的样本而言，差异与性别有关。

在契诃夫的剧作中，医生经常受到困扰，一方面害怕与病人过分亲密，另一方面又担心与他们过于疏离。在失败的危险面前，他们努力维系着与生命的联系。他们形容自己受到诱惑，想对痛苦变得麻木不仁从而不受伤害，想借酒精或自我孤立来麻痹自己。然而，这种试图避免伤害的办法却使所有人都极易受到伤害。《三姊妹》（"Three Sisters"）中的医生切布狄金（Chebutykin）以一种置身事外的口吻谈到一个病人的死亡。

> 他们以为我什么病都能治好，就因为我是医生，其实我什么都不懂……上周三，我在扎西普给一个女人看病，她死了，这都是我的错。是的……25 年前我确实学了一点医学知识，可我现在全忘了，忘得一干二净。或许我根本就不是一个人，只是想象我有头、有手、有脚。可能我根本就不存在，可我每天还在吃饭、睡觉。（哭泣）我巴不得我死掉才好。（1964，p. 229）

在这部作品的结尾，切布狄金又谈到了另一个人的死亡，他告诉三姐妹他的一个男爵朋友死于一场决斗。当三姐妹开始啜泣并追问事情的经过时，他转过身去，无动于衷地说：

> 这种事情我已经听够了，让她们哭会儿吧……我每天都面临着死
> 亡……有什么大不了的？（看报纸）有什么关系呢？没什么关系！(p.330)

相反，在契诃夫的另一部作品《万尼亚舅舅》（"Uncle Vanya"）中，医生阿斯特洛夫（Astrov）讲述了他在漠然于痛苦和失败之后，他的感觉是怎样"苏醒"的。

> 十年来，我变了，变成一个完全不同的人，为什么？我工作太累了……
> 我没有变得更蠢，感谢上帝，我的脑子还好用，可是我的感觉却有些麻
> 木了，我已经变得无所欲，无所求，无所爱了……我整天努力工作，没
> 空坐下来，一口东西都没吃。回到家，他们也不让我闲着，他们带回来
> 一个铁路扳道工，我把他放在桌子上给他做手术，他在麻醉剂的作用下
> 陷入昏迷。就在这时，就在我不需要任何感觉时，我的感觉复苏了，我
> 的意识被惊醒了，我感觉像是我故意杀了他…我坐下来，闭上眼睛——
> 像现在这样——开始思考：那些活在我们两百年后，我们正在为他们开
> 辟道路的后人，他们会记得我们并说我们好吗？(1964, p.188)

这些契诃夫笔下的医生表现了关于医生困境的不同观念：有人对过分亲密的关系将损害医学的客观性怀有根深蒂固的恐惧，还有人害怕医疗实践迫使医生疏离他人。阿斯特洛夫和切巴狄金这两个人物的性格正好形成了上述对比，这将帮助我们梳理下面的讨论，就医科学生对亲密与孤立的恐惧进行探讨。

我们发现，上述两种恐惧，即对亲密关系损害职业水准的恐惧和对医生的孤立将削弱其与他人关系的恐惧，贯穿了所有与三年级医科学生的访谈。而在对一年级学生进行的主题统觉测验中，他们所编写的故事预示了他们在接受医学训练的过程中所要经历的冲突，这些冲突涉及脆弱性、亲密关系、孤立以及成功和失败的代价。

在我们选取的这一由医学院学生组成的样本中，被试对待这些问题似乎存在着一定的性别差异。与其他图片相比，第4幅图片在男性和女性那里都

引致了最多的暴力想象。这幅图片明确地把成功和关系联系在一起（杂技演员要获得成功，必须紧紧抓住对方）。但是在其他三幅图片中，性别差异就显现了出来：男性更容易把危险和亲密关系联系起来，而女性则倾向于把危险与孤立联系起来。这和我们先前的研究结果相吻合。（Pollak & Gilligan，1982，1983，1985）。

主题统觉测验

一年级医科学生根据第 1 幅图片（一个男人独自坐在办公桌前）所编写的故事，表现了他们是如何理解事业成功的。男性针对这幅图片所编写的情感强烈的故事，更多地把巨大的成功和灾难联系起来。这正是麦克莱兰和梅所揭示的男性想象的特征，他们称之为"伴随成功而来的丧失"。下面的故事就是这一特征的例证。

一个建筑师在落基山上的一个隐蔽处设计了一座耗资数百万元的度假酒店，这被看作建筑行业的一项壮举，出席盛大开业仪式的都是富豪和名人。可就在开业那天，有人为了骗保险金在厨房纵火，大火失控四处蔓延，造成 47 人死亡，其中包括建筑师的家人。他现在正在设计一座教堂。

在男性为这幅图片编写的不涉及暴力的故事中，也把成功描述为与密切的人际关系相冲突。即使最终没有导致灾难，成功也带来了人际关系中的问题。故事中一个常见的主题是一个男人的成功将导致离婚或夫妻关系紧张，因为成功使他疏远了与家人的关系。

医学院女生为这幅图片编写的故事则表现出与男生不同的关切，其中主要的主题是丧失、抛弃和孤独。下面是一个女生编写的暴力故事，其中丧失、死亡和孤独被认为干扰了事业成功。在女性编写的故事中，并不是像男性想象的那样是成功带来了个人灾难，而是关系出现问题从而影响了工作能力。

吉姆是一名机械工程师，已婚并育有两个年幼的孩子。他的妻子刚刚被诊断出得了乳腺癌且前景不乐观。他最近工作心不在焉，常常盯着办公桌上那张全家福。所幸的是，他的上司非常理解他，尽量为他减轻工作压力。吉姆每次盯着照片看的时候总是有很多感慨：他意识到妻子对他是多么重要，他多么爱他的孩子们，他是那么离不开他的妻子，一想到她将离世就禁不住胃里一阵绞痛。他努力对妻子的治疗保持乐观态度。

男生对第 2 幅图片（一对恋人坐在长椅上）编写的故事中，对陷害和背叛的描述体现出爱情和事业间的冲突。在下面这个涉及致命疾病的故事中，叙述者就述说了他如何为了开始自己的医学学业而疏远了女友和她生命垂危的母亲。

我和我的女朋友正在谈论她家里的难处。她妈妈快死了，他们全家不得不从佛蒙特州的农场搬到佛罗里达州。她妈妈只能活一两年，刚刚又得了心脏衰竭，随时都有生命危险。我听着，很同情她，可我无能为力，因为我马上就要到医学院读书了。最后我和她都承认我们有自己的事业，但我们会保持联系。

在男性为这幅图片编写的不涉及暴力的故事中，体现出他们对亲密关系影响其职业追求的恐惧。就像《三姊妹》中的切巴狄金医生一样，这些当代医科学生为了不受他人痛苦的拖累，想方设法与他人保持距离。

对于这幅图片，只有一位女生联想到了暴力，而与多数男生描写了人际关系和事业成就的冲突相比，多数女生编写了大胆而浪漫的爱情故事。有位女生写道：这对恋人终于在巴黎塞纳河畔相会了。还有位女生写道：这对夫妇从此以后一直过着幸福的生活。即使是在关于这幅图片仅有的一个来自女性的暴力故事中，女主人公被劫匪刺伤后，也在爱人的抚慰下在医院康复了。

学生们在为第 3 幅图片（两名女性在实验室工作）编写的故事中所表现出来的性别差异最明显。男生编写的故事大多描述了科研工作的成功和人际情感间的冲突。以下故事表现了一个反复出现的主题: 女性的事业追求和对工作的投入往往伴随着家庭关系的危机。

> 站在试管前面的女人在不知疲倦地做她的生化试验, 她被热望驱动着, 希望哪怕能发现一丁点儿能破解谜题的线索。她完全把家庭问题抛在脑后——丈夫丧失了在学院任职的机会, 自己和正值青春期的儿子关系紧张, 等等。这是一个她"成功地"将她自己与工作分开来的世界, 至少她是这么认为的。她没有注意到站在她身后的女人, 这位同事感觉到她的痛苦, 但却保持沉默。实验室不是个利于人们交谈和互相感受的地方。这些东西从她开始科学生涯时就困扰着她。她曾经劝她的同事们在干好工作的同时要更好地认识自己, 但她的同事似乎无动于衷。她坚定地工作着, 默默地追求着, 她的生活呢? 她的感情和承诺呢? 她和她的同事们怎样做才能拥有一个完整的自我, 而不是把事业的自我与感情的自我截然分开呢? 这个站在后面观察的同事悄然走近, 先谈谈她自己, 然后耐心地劝说她的那位过分投入工作的同事。

这个故事说明女性的成功对男性来说是危险的, 而实验室——这个"不利于人们交谈和互相感受"的地方——对女性来说则是危险的。工作和交流、感受之间的断裂也出现在其他故事里, 对女性来说, 这种断裂使她们更加孤立, 而且削弱了她们维持人际关系的能力。在一个故事中, 从事科学研究使女性之间"怪异地互相疏远"; 在另一个故事中, 两位女性中较年长的一位似乎解决了这个问题。她对社会和家庭生活几乎了无牵挂, 而比她年轻的同事嫁给了另一位科学家, 两人有着共同的志趣, 尽管旁人怀疑她的生活其实离不开让普通人乐在其中的社会生活, 他们还是决定不要孩子, 她还通过全身心投入研究工作来回应这种看法。

在男生编写的其他故事里, 在实验室里的女性被描述成了"修女", 或是为了追求事业的成功而丧失了所有情感的麻木的人。

> 正在做实验的是一位女博士后, 她非常紧张。站在她旁边的是一位有终身教职的专横的女教授, 她对于从事科学研究的女性没有丝毫的同

情心，对她们非常严厉。她是经过了多年努力并且冲破了男同事们的激烈抵制才获得这一职位的。然而现在，其他女性要达到这一目的不再需要付出像她那样的代价了。她心里因此极不平衡，从而对这个女博士后异常苛刻。

实验非常烦琐，女博士后出了很多差错，她始终希望教授其实是个冷面热肠的人，但是教授的确很恐怖。教授还将为她写那可怕的博士后推荐信。教授本人从来不亲自做实验，因为她有洁癖。

在男生编写的故事中，这种成功和情感的断裂经常与暴力联系在一起。下面的故事就表现了这种联系，它以一场"神秘"而致命的灾难告终。

画上的这个女人是 19 世纪末著名的化学家简·内桑森，站在她旁边的是她的助手伊娃·汉夫曼。两个人都全身心地投入到工作中，而在其他方面作出了极大的牺牲。两个人都没有结婚，每天在实验室工作 14 小时。简的研究进行到了紧要关头，她的研究成果将会推进分子生物学的发展。但现在我们知道，她最终还是失败了，后来在一次不明原因的爆炸中，她和她的实验室同归于尽。

有 23 个男生对于这幅两名女性在实验室工作的图片展开了涉及暴力的联想，包括凶杀、死亡、自杀、枪杀、破坏活动等。相反，没有一个女生从这幅图中联想到暴力，她们故事中所描写的这两名女性的关系不仅是安全的，而且是两人事业成功的关键因素。两人的友谊减轻了她们的孤独感，并帮助她们面对失败的可能性。下面的故事就描述了关系的这种可能性，说明在女性的意识中事业成功和人际关系有密切联系。

吉布森小姐在学生眼里是一名恐怖的老师，据说选修她课程的医科学生有一多半都被判不及格。今天是米歇尔第一次进实验室做实验，她在用吸管吸溶液时出了点问题，突然，她感觉到了吉布森小姐锐利的目光，慌乱之中吸管从她的手里滑落到地上摔成碎片，红色的溶液溅到了吉布森小姐雪白的实验服上。米歇尔连声道歉，战战兢兢地等待着吉布森小姐的惩罚。令她意想不到的是，吉布森小姐微笑着对她说："每个人都得花一些时间学会使用这些设备，你接着做实验吧，我去找东西把这里打扫一下。"从此以后，米歇尔和吉布森小姐开始了她们持续终生的友谊。

由于男性和女性对社会生活的不同体察，加之直到目前，医学还是一个由男性控制的领域，因此女生的故事常常显得幼稚，甚至女生们自己也这么认为。不过女性将职业成就和人际关系紧密联系起来这一点，帮助揭示了第4幅图片（一对表演杂技的演员）的主题。这是引发学生们暴力联想最多的一幅图片。男生为这幅图片编写的涉及暴力的故事中往往出现无法解释的突发事件——暴力是在没有任何预兆、让人意想不到的情况之下发生的。下面的故事就表现了这一主题。

当他们握住对方的手臂时，他们感到一股电流穿过他们的身体。他们是世界上最好的夫妻档杂技演员。除了对方，他们最爱的就是杂技了。结婚七年来他们经历了每一个杂技演员所要经历的困难，他们共同克服了其中的大部分，但还是受过一些苦。这七年是他们人生当中最美好的日子。在台下观看他们表演的是他们唯一的孩子。这个六岁的孩子感到骄傲，因为他看到了大多数成年人一生都看不到的表演。他也将要看到他短暂的一生中最可怕的场面。

现在是最后一个节目，也是最危险的动作，杂技团的所有广告都对这一幕大力宣传，邀请居民们来观赏哈兰布组合如何笑对死亡。她做了一个完美的跳跃动作，抓住了丈夫强壮的臂膀，电流又一次穿过了他们的身体。就在这千钧一发的时刻，意想不到的事情发生了，不知什么原因，妻子的手突然松开了，身体向地面急速落下——没有一点声响。丈夫伸展身体，他要抓住爱妻的手，一定要。他们像两只下坠的鸟，被神秘的重力狠狠地一起摔向地面。

相反，女生在她们的故事中通常会说明暴力发生的原因，而暴力的发生往往伴随着分离的危险。另外，在女生描写的故事中，良好的人际关系和事业成就将会交会，避免灾难的发生。在下面的故事中，凭借着关系的加深，而非分离或疏远，灾难得以避免。失败和衰老改变了父女之间的关系，但是女儿对父亲痛苦的体察为父女关系开辟了新的维度。

这对父女杂技组合是东欧一个家庭杂技团的演员，他们现在正跟着一个二流的杂技团在西欧演出。这个小女孩从五岁开始就跟着家人进行演出了，最近几年已经成了团里的明星。她与父亲向来关系亲密，她深爱着他并尊敬他。她觉得父亲的体力和动作的灵活性都已开始减退，可是他自己好像还没有意识到。她想跟父亲谈谈，又担心他无法面对他的表演生涯行将结束的事实。后来，他开始出现失误，让女儿跌落，于是家里决定由她的哥哥接替父亲成为她的搭档，在表演中接住她，父亲则当她的教练。这对父亲来说是一件痛苦的事情，对此父女二人心照不宣，而这为他们的关系开辟了新的维度。

即使是在女性们编写的一些涉及暴力的故事中，人际关系如何疗治生命中的创伤，以及改变人际关系的可能性也是最重要的主题。在一个故事中，一个遭遗弃的孤女被一对扮演小丑的夫妇收养，长大后她嫁给了他们的儿子，她的丈夫也成了她杂技表演中的搭档。

从女生的故事中可以看出，亲密的关系不但不会带来危险，还能缓和丧失和分离带来的痛苦。危险来自造成内心疏离和隐秘伤害的紧张的关系。如果故事涉及关系的修复，则暴力似乎也变得可以解释且能够避免。

访　谈

如果说主题统觉测验只是反映了即将接受医学教育的新生潜意识中的想象、希望和恐惧，那么对三年级医科学生的访谈则展现了他们在接受医科教育过程中的有意识的思想斗争。在访谈中，女生表现最强烈的是对疏离的排斥，她们拒绝像契诃夫笔下的阿斯特洛夫那样在从医面临的重压下变得麻木不仁。

玛丽讲述了她在进入医学院的第一天就被灌输有关医患关系的原则，原则的核心就是要跟病人保持距离。

　　我们一进入医学院，就跨进了另一边，我想这是我们学会保持距离的第一步。我们在入学的第一天就被告知医患之间要保持距离，在整个医学教育的过程中，我们都被引导把自己看作与患者不一样的人，并与他们保持距离。我们总是把寻求帮助的人叫做"患者"，这恰恰体现了医学教育中的这种哲学。

　　在玛丽看来，"医生"作为超人的形象似乎意味着他们不应该怨愤患者的要求。令玛丽感到为难的是，她到底应该怎样做才能既回应自己的需要和愿望，又照顾到患者的需要。在玛丽看来，在医患关系中，关心病人和对病人需要的回应意味着一个医生应该：

　　　　既有能力又有责任心，对病人尽职尽责，同时，聪明的医生应该理解并回应病人的情感需要，成为病人的依靠，还应该有充足的时间跟病人在一起，而不是来去匆匆的。

　　玛丽认为，良好的人际关系和事业成功是和谐一致、互相依存的。然而，在现有的医学培养框架中，良好的关系似乎成了事业成功的障碍。

　　珍妮特详细阐述了割裂人际关系和事业成功对医生与患者双方的危险性，并且将这种割裂视为导致医疗事故的关键因素。她这样描述自己。

　　　　我看重一些东西。我渴望有所成就，但绝不愿为此变成一个完全孤独、孤立的人，那不值得。如果你失去了灵魂，即使你能拯救整个世界又有什么用？如果你无所爱，即使你成为人们所能想到的最好的那种医生又有什么价值？如果你的生活中没有你关心、你为他而生活的人，又有什么意思？你总不能把病人带回家陪你吧。

　　另外，两个女生谈到了她们目睹病人死亡的经历，更具体地表达了这种想法。莎伦说她永远无法对此感到习以为常。

　　　　我想你或许永远都不会习以为常，每一次我都会非常痛苦。可以说，每一个在我眼前死去的患者都会让我难过，都会让我有点心神不宁。我想你永远不会习惯。你必须学会关心你的病人，但是他们可能死去，而当看到他们死去时，你又不能停止治疗别的患者。你只能继续你的工作，想到自己已经尽了最大努力，但结果并不总是那么好，但你还要接着干。

朱莉娅描述了当患者死去时自己痛苦的心情，以及那种虚无感是如何令人难以面对。

他死了，五秒钟前我们还在努力挽救他的生命，而现在他死了。他赤身裸体，护士正在从他身上拔掉各种设备。我看着眼前冰冷的尸体，感觉很难过。所有人都走了，我现在真想扑上床去拥抱他或者做点什么，这真是太让人难过了。他要走了，从此以后就是他一个人了。我哭了，我的指导医生很善解人意……如果我是实习医生，就不得不告诉那个意大利老妇人她亲人的死讯，我不想哭，但我忍不住，因此我感觉很糟糕……这时我才意识到我们能做的很有限，这是我第一次感到我们无能为力。我们已经尽力了，而他就这样躺在那儿死去。那种虚无感真是让人难以承受，我感到我们能为别人做的实在是太少了。

在死亡面前，医生无所不能的超人形象消失了。但是作为一个三年级的医科学生，朱莉娅认为哭泣的感觉很糟糕，担心她如果是实习医生是不是就不能哭。她认为，自己的感情流露会使患者家属更伤心。

研究发现，女生都在努力兼顾事业成功和良好的人际关系。下面是雷切尔编写的关于那对杂技演员的故事，这个故事描述了成功事实上也可以与良好的人际关系协调起来，但是，她说自己的故事已经"过时"了。

我不得不完全信任他，真令人不可思议。每天晚上我们都会练习这个节目，说句半开玩笑的话，每天晚上我的命都在他的手中。所有人都认为我迟早会厌倦杂技演员的生活，迟早会厌倦他。但我没有，我想永远不会。和谐既是我们工作也是我们婚姻的秘密所在。在表演时我们必须配合默契，因为一个小小的失误就会葬送我们两人的生命。在家庭生活中，我们一旦失去和谐就会面临婚姻的破裂。杂技场拥挤而狭小，充满了压力，而我们互相为对方化解压力。（注：这真是土得令人反胃，但我还能想出什么呢？好在不会有人看到我的这篇日记。）

雷切尔认为自己很"老土"，并且希望隐藏自己的想法，因为她以为自己的想法是和人们的普遍认识相悖的。人们普遍认为事业成功和良好人际关系之间的矛盾是很难解决的。同时，雷切尔与众不同的想法还说明，事业成功和良好人际关系的分裂会对女性造成重大影响，尤其对于从医的女性。这方面一个极端的现象是，女医师比起从事其他职业的女性自杀的比例要大得多。我们在研究中发现，男性和女性有着不同的恐惧以及对成功和失败的不同看法，因此，当前医学教育对两性的影响也各不相同。目前，医学院正在想方设法改进教学，使教学更加人性化，在此过程中，对女性观点的支持和认可，将为对成功、权力和人际关系的认识开辟一种新的视角。女性认为，良好的人际关系将有助于疗治生活的创伤，她们还十分警惕疏离的危险，她们的这种倾向也有助于解释女医师为什么比男医师承受了更大的压力，同时也为医生的脆弱和成功提供了一种新的理解。

具有讽刺意味的是，看似心肠最软的医生其实心肠最硬。易卜生在他的剧作中刻画了一个因其孤立而成为英雄的人物形象。斯多克芒（Stockman）医生成了"人民公敌"，他不愿隐瞒温泉浴场已经受到污染这个事实并因此而遭到排斥，因为温泉浴场的收入是当地政府税收的主要来源。易卜生在这部剧作的结尾这么定义力量："你看，事情的本质就是，世界上最有力量的人正是最孤立的人。"（1964，p. 386）。相反，加缪的小说《鼠疫》（The Plague）中的主人公里厄（Rieux）医生却表现了另一种力量，这种力量不在于他能保持孤立，而恰恰在于他愿意分担别人的痛苦，甚至愿意为此承受生活的彻底崩溃。

我进入医生这个行业可以说是出于某种抽象的想法，我只是向往这项事业，就像其他事业一样，年轻人倾慕这样的事业。我向往它可能还因为我作为一个工人的儿子，要进入这一行业尤其困难。然后我就不得不目睹人们死去。你见过有些人挣扎着拒绝死亡吗？你听见过一个女人尖叫着"不要"咽下最后一口气吗？这一切我都经历过。我知道我硬不下心肠。我那时还年轻，在我眼前不断发生的事令我愤慨，至少我这么认为。后来我变得温和了，但我仍然不习惯看到人们在我面前死去。事情就是这样。

在心理学理论与研究中兼容女性的观点和视角，使我们对人类动机的形成有了不同的理解，因为女性有一种把事业成功和密切的人际关系联系起来的倾向。同样地，越来越多的女性从医，也促使人们重新审视医学教育。正如金丝雀被人们带进矿井以发现隐伏的危险，医科女生以她们对疏离和孤独的高度敏感性，揭示了医科教育和医学实践在哪些方面使得人与人之间的联系变得极端脆弱。然而，女性对关系的关注可能会导致她们对孤立的恐惧，因此不愿意引发冲突和变化。

如果女性普遍将成功与良好的人际关系相联系，那么女性从医可能将有助于弥合医学中关心患者和事业成功之间的分裂。鉴于此，鼓励女性表达看法，认可她们的观念，将有助于医科教育的改进。医学的人道主义系于对治病救人的英雄主义辅以关怀患者的柔软，因此，融入女性特质以重新塑造医生的形象，必将以强大的力量改变这一行业。

13 女性律师： 原型与另一种选择*

□ 达娜·杰克 兰德·杰克（Dana Jack and Rand Jack）

导 言

我们的研究源自两个事件：一是发展心理学的最新研究成果，发现男性和女性有着不同的道德倾向；二是越来越多的女性进入法律行业，从事律师工作。律师个人的道德观念如何与职业角色的要求协调起来？他们的个人道德观会对他们从事律师工作、解决工作中的冲突，以及如何调整自己，使自己适应这一工作产生什么样的影响？随着越来越多的女性步入这一行业，她们会不会带来与这一行业一贯奉行的观念完全不同的道德观？法律机构能否重塑这些有着不同价值观和思维方式的人群，抑或这种矛盾会不会一直存在下去？这种矛盾对律师个人和整个法律行业将会产生什么样的后果？

围绕这些问题，我们对律师在法律实践中所经历的道德选择和冲突问题

---

* "原型"（archetype）一词并非在通常意义上使用，而是采用了其更为传统的含义，意味着一种被他类所模仿的原始模型。（版权所有：Dana Jack & Rand Jack，1988）

进行了深入的研究。研究对象是 36 名律师。其中有 18 位女性——她们都在西北部的一个县城从事律师工作，另有在工作年限和工作类型上与之相配的 18 位男性。我们对他们进行了深入访谈，访谈内容包括：他们为什么选择法律行业，他们在法学院的经历，从事法律工作对他们的人际关系产生了什么影响，他们的自我体验，他们对道德和公正的认识。另外，我们让他们描述在从事法律实践过程中所经历的道德上的冲突，还让他们就两个假设的道德两难困境作出回应，以评测其关怀和权利推理。本文是某项大型研究的一部分，在此仅列举了一些女性的观点以及她们是如何适应律师这个角色的。

游戏规则：预备期

律师很喜欢把他们所从事的工作比喻成一场游戏。其他与人们生活息息相关的职业的从业者——医生、教师、治疗师、牧师、科学家——很少用"游戏"这个词来描述他们的职业。对于律师来说，这个比喻在某种程度上是贴切的，因为法律可以被看作是与规则、胜利者和失败者的一场角逐。如果法律是一场比赛的话，那么比赛的性质是什么？参赛者需要具备什么样的资格？需要接受什么样的训练？谁控制着整个比赛？

1932 年，瑞士心理学家皮亚杰通过观察儿童游戏揭示了儿童的道德是如何发展的。他发现了显著的性别差异，特别是在儿童如何看待游戏规则方面。他发现男孩严格按照规则游戏，而女孩更强调和睦的气氛，为了保证游戏的顺利进行，她们会创造出一些新的规则。皮亚杰认为女孩对规则所采取的态度是："能够保证游戏顺利进行下去的规则才是好的规则。"因此，当女孩对规则产生分歧的时候，她们就会停止游戏，重新开始或者去做别的事情。而当男孩面对这种情况时，他们就会据理力争，不断地使用"游戏规则"来支持自己的观点。女孩在游戏中关注的是维护伙伴之间的关系，而男孩更注重维护游戏规则。皮亚杰把男孩的观点作为标准，并认为女孩在这方面是有缺陷的。"稍作观察我们就可以发现，较之男孩，女孩在很小的时候就表现出了法律意识的缺乏。"

在我们的传统中，男孩的游戏总是充满竞争性，有着明确的游戏规则，胜负分明。在游戏中，男孩学会"不受个人情感的影响"，可以和朋友展开竞争，和自己讨厌的人进行合作。小组游戏教会男孩情感原则——自我控制而非自我表现。男孩在游戏中学会适应对抗关系和与团队其他成员相协调的组织能力。相反，女孩经常玩两人的游戏，没有明确的目标，不分胜负。竞争是间接性的，两人轮流进行，没有胜负之分。女孩的游戏更强调互相关心，强调表达自己的情感，强调合作而非竞争。因此，女孩比男孩更注重游戏本身（play），而男孩更喜欢按规则行事（game）（Lever，1976，p. 482）。

从古至今，家长和教练都会告诉男孩运动能塑造人的个性，教会他们尊重规则，培养公平竞争意识，这些都为他们以后在不受情感影响的、充满对抗的社会中生活作好充分的准备。他们的导师也会告诫他们，这些都是他们接受法律训练之前必须首先具备的品质。直到目前为止，女孩还十分缺乏这方面意识的培养，在儿时的游戏中也没有学到这些对于做律师来说必不可少的技能。

这种做律师的早期能力不仅体现在游戏中，其培养还体现在家庭生活中。亲密的家庭关系对女孩和男孩有着不同的影响。由于主要照顾她们的人是她们的同性，女孩往往形成了与养育者具有相同特性的性别意识。而男孩如果要有男子气概，就要与养育他们的女性保持一定的距离，并表现出与她们的区别。为了坚定自己的男子气概，男孩尽量避免自己具有女性特征；而女孩为了强化自己的女性特征，就需要保持与他人的一致。与母亲的相似性使女孩认识到，她们应该尽力去体会他人的需求和他人的感觉。与此同时，性别意识的发展使男孩更渴望独立、自主、客观。不同性别发展的不同心理需求，使女性和男性具有不同的个性特征和不同的道德观。"在任何社会中，女性都比男性表现得更注重与他人的关系。"（参见：Chodorow，1978；Gilligan，1982；Miller，1984）由于有着与男性不同的发展路径和社会背景，女性也发展出了不同的认知方式、价值观和理解力（Belenky et al.，1985）。

从孩提时代起，男性和女性就被规定了不同的社会角色。男孩几乎从出生开始就接受了做律师的准备训练——在家里、在做游戏的时候、在和同伴交往的过程中。对于女孩，同样的活动却灌注了不同的价值观、不同的模仿对象和对生活不同的态度。每一种性别都被赋予了不同的天分以及不同的理解生活的方式。男孩学会了自作主张、自主、不感情用事。女孩则学会了体会别人的感觉、合作、体贴和善解人意。

虽然不排除一些特例，但是这种笼统的归纳大体上说明了特定文化背景和历史条件下社会中的一些思维方式。在男女不平等的文化背景之下，男性和女性的这些差别必然会导致女性地位的下降，当这些思维方式成为一种规范的时候，问题就变得尖锐起来。

这种问题不仅体现在游戏之中，还体现在法律实践过程中，女性的行为方式被认为是不受欢迎的。如果她们真想参与游戏，她们必须遵从男性的游戏规则。其中一点就是要求参与者必须情感无涉，也就是说必须严格遵守游戏规则。另外，法律的对抗性质很容易使人与人之间产生距离感。"有人失去有人得到。"（Fox，1978）在律师看来，尽管报酬非常丰厚，他们也投入了极大的精力，但这依然是一场游戏，要进行这场游戏，就必须做到价值中立。当进行比赛时，他们不可避免地要根据既定的游戏规则预先判断胜负。他们很少去考虑设立规则的前提条件，即使规则是多么不合理。

如果女性在家庭和游戏中培养出来的价值观使她们无法适应男性为主的职业，一个解决办法就是要求某些女性努力根除女性的特征。例如：一家大公司的女法律顾问这样说过："不要有你自己的看法，不要让别人对你有什么看法，你除了是一个努力工作的、有能力的律师，其他什么也不是。"在《美国律师协会杂志》（*The American Bar Association Journal*）上，明确指明了"女性"的一些特征，且明显地具有贬义成分，同时女性被要求"掩藏"这些扰乱男性文化的特征。最近颁布的规定中明确了女性应该如何思维、讲话、着装和行动。

> 着装和讲话要谨慎，具有职业风范。不要穿紧身裙、便鞋，不能染发。穿正式的套装，要有律师的风格。不能嚼口香糖。在商业会议或专业学术会议上如果有人调情，要给以非常职业化的回应，这样既能保证交往的正常进行，又能保持很好的职业风范。（Strachan，1984，p. 95）

在这里，女性特征是不利条件，是"愚蠢"的，是与职业性背离的，这里的职业性是以男性行为为标准的。这些文献中普遍忽略了女性的一些积极品质，以及女性能给律师角色带来的积极影响。

社会对女性价值的贬低，使从事律师职业的女性不得不尽力彻底摆脱那些不受欢迎的女性特征以取得文化的认同。法律职业历来崇尚客观性、职业性和对抗性，因此传统的女性品质是不被接受的。对于许多女性而言，这意味着她们在"自我和非自我"之间进行内心的挣扎，她们既要把自己当作女性，又要在所从事的法律行业中摒弃一些女性固有的品质，这些品质会使人们对她们能否胜任她们的工作表示怀疑。

在某种程度上，女性往往容易把人际关系看得比事业的成功更重要，这种倾向在由男性支配的职业中总是受到质疑。一位沿着传统的男性道路取得成功的律师这样写道：

> 人们普遍认为：男律师对工作的态度是认真的，他们把这项职业当作他们终生的事业；女律师随时可能会辞职，在家照顾孩子。因此，女性必须证明自己是一个尽职尽责的、胜任的专业人士，必须使每一个法官和辩护律师相信自己是当真的，会在这个职业上一直做下去。而要证明这一点，她们必须具有超凡的才能，必须比别人工作的时间更长、更努力，不能逃避加班加点，不能回家做晚饭——即使她们回家做饭也不能告诉别人。她们必须按时完成工作，尽可能做到最好。（Strachan，1984，p. 94）

换句话说，为了得到和男性公平竞争的权利，女性不仅要按照男性的标准工作，而且要付出更多的时间和精力。她们必须把家庭的责任放在次要的位置上，一切以工作为重。对于从事法律行业的女性而言，如果她们为了和他人保持密切的关系、与他人合作和对他人表示关心而反对片面的职业主义，她们就会被质疑，最佳的走向成功的途径就是模仿男性的做法，甚至模仿他们有效地控制场面的讲话音量（M. Gilligan & Luchsinger，1986）。[1]

我们的一个访谈对象，安，一位公共辩护律师，告诉我们在律师行业，按规则办事是极其重要的。"我同意按照游戏规则行事，如果有一天我不能这样做了，我将不得不离开这一行业。"她所遵守的规则不仅包括职业道德准则和程序标准，还包括一些未成文的准则，这些准则支配着人们的态度和

---

[1] Gelenter, C., "Speak Louder, Lower, Women Lawyers Told." *Seattle Times* (October 18, 1980).

行为。为了事业的成功，女性不得不放弃她们有悖于律师行业的女性特征。

女性经历着自身价值观和律师行业价值观的冲突，因此她们对于一名成功律师所应具备的条件开始表现出不满。① 1984 年，耶鲁法学院的几个女生和少数民族学生向法律学校联合会递交了一封公开信，在信中她们表示了"不满和被疏远感"②。正如我们在访谈时所预想的一样，她们把这种被疏远感解释成一种与"亲密感、归属感和依附感……"相对立的情感。当谈到作为一个法律专业的学生所取得的成功时，她们说："很多成功的获得是有代价的——这种代价是渐进的，通常是不知不觉的，这种代价是被疏远，是彻底地失望。"这些学生认为，他们在课堂上所进行的"具有对抗性的、专制的、自我促进性质的课堂讨论"，就是造成这种疏远的源泉。

> 真正困扰我们的就是这些自以为是标准的"内部人士"，他们从来（通常是无意识地）都没有耐心倾听我们这些少数人的声音。他们总是用自己洪亮、自信的声音表达自己的看法，并且认为律师就应该是这样的。如果真如他们所说的，那么我们不得不承认自己做不成律师——或者我们不得不改变自我。

这些学生把她们对法律的不同观点带入这一领域，从而使她们自己经常会处在进退两难的处境中：要么放弃做律师，要么放弃自我。法律行业的对抗性排斥合作和相互依靠，因此带有这种倾向性的人就会被疏远，就会被当作"局外人"。这些女性认为法学院只是给做律师的人提供了一种选择，如果她们想以其他的方式从事律师工作，她们就必须创造出她们自己的选择。耶鲁法学院的女生们说，法律教育有义务帮助创造不同于"对抗性"风格的另一种选择，而不是简单地将持有不同观点的学生排除在外。（耶鲁法学院参与了由洛克菲勒基金会赞助的历时两年的研究，研究的主题是"性别和职业社会化：法律教育中出现的一些争议"，目的是"研究法律职业以及法律教育的性质、价值观、内容是如何忽视女性的观点和价值观，从而造成女学生和

---

① "Women in the Law: Many Are Getting Out." *New York Times*（August 9, 1985）.

② "Open Letter to the Law School Community"（由耶鲁法学院的女生和少数民族学生撰写的论文，未发表）（1984）。

女律师对职业的不满和被疏远感的"。)

我们和耶鲁法学院的学生详细列举了女性在工作中面临的一些问题。作为初级从业者，她们通常会经历个人道德观和她们需要扮演的角色之间的冲突。她们在模仿男性（目前唯一获得官方认可的律师角色）的过程中会付出什么样的代价？这个职业是不是还存在着其他兼容的选择？具有关怀倾向的女性能否重塑这一职业角色，从而使其融入自己个人的价值观？关系能与规则并存吗？

我们的女性访谈对象讲述了她们为适应这一职业所采取的不同调整方式。大多数女性按照游戏规则行事，但她们同时承认冲突的存在，并希望能够改变这种职业期待。我们首先来看看简的例子，她为了做一名律师，为了按男性的规则行事，不得不放弃自己具有同情心的本性。她比我们访谈中的其他女性更彻底地接受了男性的标准，并试图去改变自己以适应这一标准。她做得很好，作为回报，她也获得了事业成功。我们用她的故事来说明女性在模仿男性的时候承受了多么大的压力，付出了多么大的代价。简为了适应职业需要改变了自我，从而获得了成功。这是一种典型的"模仿男性"的调整。除此之外，我们在访谈中还发现了另外两种调整方式：一种是试图做到既遵循行业标准，又不放弃个人的道德观（"分裂自我"）；另一种是按照自己的价值观重新塑造律师形象（"重塑角色"）。

我们被试中的大多数女律师都面临着个人价值观和职业规范的冲突。本性宽容、仁慈，却必须尊重和保护法律的公正性。在从事法律工作的时候如何控制自己仁慈的性格是这些女性所面临的最大问题。普遍认可的解决办法就是像简那样，尽最大努力控制自我——讲话方式、思维方式、行动方式都应该像一个律师。除此之外，还有两种解决方式，这两种都是要她们在履行法律责任的同时，不失去自己作为女性的个性特征。要做到这一点，女性就应该充分思考，如何使自己适应律师职业。

仿效男性模式：否定关系型自我

36岁的简已经在一家有实力的小型企业做了六年法律工作，经她处理的案件多种多样——人身伤害、刑事案件、商业纠纷、家庭矛盾，这是小镇上其他女性所无法比拟的。简是现时代靠自我奋斗取得成功的女性典范。"有些女性几乎每天都给我打电话，只是为了了解我是如何渡过难关的。"她认为法律工作让她"感觉到自己的重要性"，她从工作中得到了"极大"的满足感。

简认为自己献身于自己的职业，为了满足职业角色的需要而不惜放弃自我。她强调："辩护律师的处境是十分艰难的，你要做的事情通常是为一个凶恶的、精神失常的、犯有残暴罪行的罪犯辩护。"她认识到为这样一个人辩护在其他人身上是一件困难的事情，但是，对于她自己：

> 这并非难事。你必须去做这件事，这是你的工作，因为你是律师。但仅此而已，你不能判定他们是否有罪——那是陪审团要作的决定。你要做的就是澄清事实，保证你的当事人有机会为自己辩护。你不是被告，所以你没有必要感到难堪。

简把自己当作法律行业的一员，严格按照规则行事，这使得她能做到置身事外。在一起案件里，她为一个被指控强奸并杀害一名年过中年的妇女的被告辩护，简在整个辩护过程中采取了中立立场。

> 我在心中为自己设下的标准就是，如果被告是我的兄弟，我该怎么办？我该做得更多或是更少？这就是我的标准。如果被告是我自己或者是我最最关心的人，在我的预算之内我该怎么办，会有多大的工作量？而我正是这样去做的。我停下自己私人的工作，花了几个月的时间处理这起案件。我把被告当作自己的兄弟来做这件事情。我的标准就是这样：如果被告是我的兄弟，我也会做同样的事情。

简把当事人当作自己的亲人来处理案件。也就是说，她把对亲人的热爱转化成了一种职业的责任感。

简是如何成为这样一个有责任心的律师的呢？她本人认为法学院的教育是一个转折点，转变了她对人与人之间关系的看法。

> 我感觉到这种转变发生在法学院，我真切地感受到了这种转变。我

知道人们也许会认为我疯了，但我清楚地记得在法学院接受教育的第一年，我就感觉到我在被迫改变自己的想法。这种感觉难以描述，但我感觉到了。我记得当时我对我的朋友说："他们在玩弄我们的思维，你们没有意识到吗？"我实实在在地感觉到他们在改变我对事物的看法。经过三年的法律培训，任何一个人都不可能对同一种事物持同样的看法了。我并不是说这种转变不好。可能在很多方面这种转变对我们更好……

简的话说明，她原来看待和理解世界的方式与她的新环境是不相容的，为了适应法律行业的职业规范，她不得不放弃自己在文化中所形成的女性理解和认识世界的方式。

这种调整——为了事业抑制女性自我，使自己适应职业生涯——成了简从事法律工作的一个重要组成部分。她有着自己充满柔情的一面，而为了事业，她不得不把这一面掩盖起来。"我的生活中只有事业。"按职业的要求调整自己，对于从事法律工作的女性而言至关重要。而女性的柔情和这种要求互不相容。

简不愿像她的母亲一样地生活，她认为那种生活毫无意义。我们从她的描述中发现了她想成为一名律师的动机。

> 出生在我这样的家庭背景，我已经看到了我自己的命运：结婚生子，丈夫每天早出晚归地工作，自己在家操持家务。我害怕这种生活，为了摆脱这一切，我必须不断攀登，不断努力。我很小的时候就决定不要像母亲那样生活……我还记得当时我是怎么想的，父亲每天出门做事，和别人交往，去办公室，他是一个举足轻重的人，而我从来不知道母亲在做什么。

选择法律职业，这就意味着她拒绝了母亲那种从属、无足轻重的角色，而选择了她在父亲世界里看到的自立、丰富多彩的生活方式。简接受了文化对母亲角色的消极定位，并把它归咎于女性气质。她认为正是这种女性气质导致了女性的依赖性和脆弱性。"我在1971年加入了全国妇女组织，那是我读大学的第三年，我深切地感受到，女性如果结婚后待在家里将给她们带来极大的损失。"只有独立和成功才能给女性带来幸福，奉行传统角色只能使她们不幸。她的这种态度促使她选择与她的看法相符的职业。简认为律师是独立自主的、具有男性气质的，因此她努力克服与律师职业要求发生冲突的女性的仁慈本性。[①]

　　简放弃女性自我而投身于工作，除了受儿时家庭环境的影响之外（这一影响使她不愿像母亲那样生活），还受到另一事实的影响，那就是她在法学院接受培训时与丈夫离了婚。在她看来，离婚使她更加坚信，亲密的关系和事业是不相容的。"我对离婚负全部责任。我认为都是我的错，既然我把事业看得比婚姻和家庭更重要，那我就没有权利拥有婚姻和家庭。"她认为她的丈夫无法忍受"我事业上的成功，所以他不想再维持这段婚姻了"。离婚后，她没有寻找任何帮助来帮自己渡过难关，也没有整理清楚自己在追求事业的过程中失去了什么东西。相反，她放弃了她自己对亲密关系的正常需要。

　　　特别是在我离婚后，我决定我不再需要任何人的帮助，我不再对我身边的任何人说"我需要你"之类的话了，因为我再也不允许自己需要。我需要自我控制而不能再依靠别人。

另外，她所在的职业环境，一个只要具有成功的男性律师的品质就能够独立自主、获得成功、得到幸福的职业环境，也迫使她拒绝一切联系。

　　对于自己为了职业生涯而放弃温柔的自我，简没有感觉到困难，她认为"还好"，但是她又说"如果我有孩子的话，要放弃自己的本性或者是有充分的时间干事业都将是十分困难的事情"。她选择不要孩子的决定不仅仅是她个人的意愿和需求，同时还是其处于两个不相容的世界里所不得不作出的选择。为了适应律师这一角色，她不得不放弃自己要孩子的实际需要。

　　简认为，婚姻和孩子必然会给事业造成负面影响，因此她反复强调不要孩子，除非她拥有男人所拥有的——一位"妻子或者佣人"来照顾他们。

---

　　① 其他工作中的职业妇女也有这种状态。可参见：P. McBroom, *The Third Sex*, New York (1986)。

如果你的搭档请假生孩子，或者要花一部分时间照顾孩子，或者因为孩子生病而取消约定的见面，你会怎么想呢？我没有"妻子"帮我照顾孩子。我的男同事拿着他们的餐盒来上班，可是我没有"妻子"每天早上为我准备午餐盒。我的意思是，他们有"佣人"为他们服务。所以我一旦有了孩子就不再能像他们那样工作了。

简认识到从事法律工作的女性，必须像她们的男性同事一样把自己的个人生活融入工作中去。但是，从传统来讲，男性有妻子来照顾他们的孩子和家庭。简用了"佣人"一词，显然，她的意思是家务事远不如"让我感觉到自己的重要性"的律师工作重要。

虽然简认为不要孩子是"一件很困难的事"，但同时她又认为，在她年老的时候，从律师工作过程中得到的那种"对别人有所帮助"的安慰，要比孩子给她带来的满足感大得多。

我想，当我老了，坐在养老院里，别人都拿着自己孩子的照片看的时候，我将打开别人给我的感谢信。我会把每一封感谢信都保存起来，第一封感谢信是一位老妇人写来的，很精美的一封信，上面有胶水粘的美丽的小东西。我的意思是，非常不可思议。

怀着这样的未来憧憬，简孤单地生活着，幻想着她总有一天会得到自己为律师工作献身的回报。

做一名成功的律师，简为了成就而放弃了亲人，为了工作而放弃了爱，为了事业而放弃了女性品质。用她的话来讲，她"为了为女性开辟新的道路作出了牺牲"。为了取得事业的成功，她牺牲了一部分的自我——仁慈的一面，为其他女性开辟了道路。她的决定符合新的女性标准，这种标准强调成就带给人的回报。与这种标准相对立的是以她母亲的生活为典型的，屈从的、自我牺牲的、无聊的生活。

虽然对朋友和亲人的需要与简的职业目标存在冲突，但在简从事律师职业的时候，这种冲突并没有很明显地表现出来，因为她完全仿效成功律师的形象，从而放弃了自我的需要。但是，在我们对她进行访谈的一年半以后，我们意想不到地听到她"暂时放下律师工作来丰富自己的个人生活"。我们再一次对她进行了访谈，找到了她这样做的原因。用她自己的话来讲：

> 除了工作，我要给自己的生活留下一些空间。我以前从来不会关注身边的人和事，但我能肯定，在我以前生活中的某些时候，我确实关注过，我的思想经过一个循环又回到了原地。

像钟摆一样，投身于事业的一边倒的倾向，必然会带来一定的反作用力来寻求平衡，那就是对自己生活和亲人朋友的关注。简试图重新发现在法学院和从事法律实践的过程中被抛置在一边的"家庭世界"。

当我们问起她在适应游戏规则的过程中有没有不满意的地方，简告诉我们，压抑的自我需要总在她面前展现两幅画面。一幅画面是：

> 一个35岁左右的女律师，未婚，没有子女，身穿律师服，系着领结，手提装满现金的公文包，一边走进自己的事务所一边说"我不知道自己为什么不开心"。这是个典型的画面，我成功了，但我不知道自己为什么不开心。

另一幅画面上是"我，未婚，没有子女，坐在长椅上像一根干枯的树枝"。这些画面中的她，虽然获得了事业上的成功，但这些成功并没有给她带来想象中的独立和幸福，相反却充满了伤感和孤独。从这些画面中，她看到了"自己的完全丧失，失去了亲人和朋友的爱，失去了人与人之间的关爱"。

在对简进行的第二次访谈中，她讲述了自己最初是如何放弃对他人的关心来适应律师这一角色的。

> 对于我来说，法律行业是男性的领地，我必须努力去适应。你知道，一年半之前，我的人生目标就是被同龄人尊重，我需要被人重视，这是促使我进入法学院的动力。我不愿像母亲一样成为不被重视的人。如果你认为教育会帮助你成就这些，你就会投身于它。为了从事这一职业，我放弃了除工作之外所有的生活。我成了典型的工作狂，不仅放弃了女性的所有需要，也放弃了作为一个人的需要。因为那时我还年轻，

我认为只有放弃自己的女性品质，我才能像男性那样获得成功。所以我
要做的就是放弃自己的女性品质。但是当我一路走来，我发现自己放弃
的不仅仅是某一性别的品质，而是作为一个人，一个完整的人的品质。
作为一个人，你不能放弃需要、爱和关怀。我把这一切都放弃了，因为
我渴望成功。我就是这样做的，直到我受到了几次重大的打击后，我才
开始反省我自己。

在市场经济社会中，女性被视为无足轻重的。简意识到了这一点，她认为女
性对关系的需要使她们不被重视，不易获得成功，而这种需要就表现为女性
的品质。这种品质又被认为是在法律行业取得成功的主要障碍。如果她能够
放弃这部分自我，"我就能像男性那样获得成功"。然而，当她重新审视以前
被放弃的那部分自我的时候，她发现这不仅仅是女性品质的表现，同时也是
作为"一个完整的人"的表现。也就是说，从一个更宽泛的角度去审视，她
成功的目标就显得狭隘，并限制了她的发展。

对于简选择离开法律行业，我们不应该认为她犯了什么错，而应该对她
表示理解，我们普遍认可的律师角色已经使她无以为继。律师的工作是不带
任何感情色彩、充满竞争性的并且需要绝对按规则行事，不允许任何时间和
精力的分散，因此简感到无法适应也是正常的。在对她的访谈中，简讲述了
她在放弃自我获得成功的同时逐步认识到了自己在情感方面所付出的代价。

社会为成年人提供了相互对立的选择——要么获得成功，要么与其他人
维持良好的关系。从传统而言，人们通过婚姻来对家庭成员分配不同的责
任。男性取得事业的成功，女性则聚在一起建立良好的社会关系。他们都得
不到来自不同性别世界的回报。随着社会观念的更新，这种分配逐渐被打
破。但是社会对传统的女性角色还是存有偏见。因此男性如果承担传统女性
的工作，他们不会承受很大的压力，但是传统的由男性主宰的领域却迎来了
男性和女性的竞争。结果是，女性越来越清醒地认识到，为了得到社会的认
可，她们必须做到既要追求事业，又要照顾家庭，既要具有竞争性，又要温
柔体贴。然而事实是，社会并没有把公共和个人这两个领域当作互相依存和
相互促进的，这就迫使男性和女性放弃家庭，投身于事业。而对于女性来
讲，这意味着她们根本无法做到两者兼顾。

简面临的冲突向所有追求事业的女性提出了一个关键问题：如何兼顾家庭和事业？社会环境给女性提供了看似相互排斥的两种选择，限制了女性的思维，使她们无法协调这两种相互矛盾和对立的选择。现如今，事业和家庭两个领域都普遍受到重视，而且女性越来越认识到，要得到满足和自尊，两者缺一不可。耶鲁法学院的学生以及我们访谈的许多女性，都希望在如何解决这种冲突方面寻求社会的支持和认可。简选择了事业，但常常会受到缺乏爱和关怀的折磨。她无法在事业和家庭的需要之间找到平衡。对于简而言，为了寻找一条同时拥有事业和家庭的道路，她打算暂时离开工作，结婚，然后回到工作岗位寻找事业和家庭的新的平衡点。

我们不能建议每一位女性都采取简的解决方式。但是我们可以从中得到一些启示。简重新审视了她是如何胜任律师这一角色的。她不再盲目地仿效成功律师的社会形象，她开始有意识地自我发现和自我实现，在作决定之前先进行自我反思。这种变化已经表明简开始努力树立自我形象和目标，不仅如此，这种解决冲突的方式已经不受外部标准所驱使，而是她内心世界的真实反映。

分裂自我：突出、隐蔽和整合

我们访谈中的大部分女性都不是像简那样，完全仿效男性形象而放弃自我。她们大多在追求事业、按男性游戏规则行事的同时，把自己关怀他人的本性表现出来。为了在从事法律行业的同时保持女性看待事物和与人相处的原则，她们采取的一个措施就是把自我分成两个部分——职业的自我和关怀的自我。在工作中展现职业自我，抑制关怀的自我。工作之外，情况则相反。这使得女性所展现的自我能够恰当地对应于其所受的教育及价值观。把自我分成两个部分，每一部分必须有机会得到发展，不能丧失。这样，两部分能够相互独立，健康发展，而且随时发挥作用。至少，这是我们的期望。

事实上，女性律师告诉我们，她们经常会遇到两个难题。在工作中，作为女性本性的那部分关怀自我经常会不甘于被压制，从而不自觉地发挥显著作用。另一个难题是两个部分难以统一。虽然两个部分在概念上的区分是清晰的，但实际上，把自我分成两个部分不仅不能促进心理的健康，相反，还会造成一定的心理压力。对这些律师而言，压抑自己的个性或者掩饰自己关怀他人的本性是困难的，常常会失败。如果缺乏整合，自我分裂的结果会给她们带来极大的麻烦。另外，如果在工作中任凭关怀自我自由发展，不仅会使她们陷入痛苦，还会威胁到整个职业的发展。苏珊，一位私人律师，对这种情况是这样描述的："你会觉得情感是一种奢侈品，你不能付出感情，但是你知道，有时候你却非常想要这么做。"

苏珊认为，她从事法律工作时最难适应的是必须分裂自我，以及在分裂自我后产生的失落感。从她的描述中我们发现，要把关怀的自我和职业的自我截然分开是不可能的。对法律工作产生的对抗心理不可避免地会影响她们的个人生活。

> 人们有时候会对你十分刻薄。我讨厌这样……很多时候我会遇到那么糟糕的一天，人们打电话过来，因为不同的事情对我大喊大叫，而我却要努力装出一副无动于衷的样子。慢慢地，我的脸皮越来越厚，于是我真的对这些事情无动于衷了。如果我想做好我的工作，不受这些情感影响，我就必须做出这副样子。我还记得我刚从法学院毕业的时候，第一次接到这样的电话……一个秘书对我非常无礼，我放下电话，流下了眼泪，因为她的无礼。你知道那样的场面，我静静地走进我的办公室，关上门，坐下来抹眼泪，抽泣不止。但是你不能在每一次别人对你无礼的时候都这样，你必须学会克制自己。渐渐地，这种克制延伸到了我的非律师的那部分自我中……最近我惊讶地发现，我和同在办公室工作的我的合作伙伴们的妻子是多么的不同……我总是匆匆忙忙，而她们总是有时间交流自己的感受，我却永远不会。这对我来说影响很大，因为我们是有着相同背景的女性，然而正是因为我们有着不同的经历，我们走了不同的道路，我成了顽强的职业女性。有时候我对她们非常不耐烦，我有那么多事要做，她们怎么有那么多的时间去关注自己的感受？同时我也很羡慕她们。

为了不受情感的影响，苏珊变得坚强了，但是这种坚强又对她的个人生活产生了负面的影响。"作为一个律师，你需要擅长辩论和周密思考，而这些并不能给人际关系带来积极影响。"在对紧张的职业自我和其他女性的感性自我进行对比之后，苏珊把自己归入"顽强的职业女性"，并且开始羡慕后者能自由表达自己的感受。

和苏珊一样，珍妮特也想通过分裂自我以便在从事法律工作的同时表现出关怀他人的本性，她把自己直觉、感性的自我与理性、客观的职业自我分离开来。她向我们展示了两种不同的认知方式，一种被法律职业所认可，而另一种则不被接受。她对从事法律工作感到最难适应的就是：

> ……大部分时间要表现得理性而充满智慧。做一个律师并不难。但对于我来说是一件很困难的事……因为我发现我变了，我的思维方式以及对理性和分析能力的重视改变了我。我变了，但是我要强调的是，变成这样并不难，难的是我再也变不回原来的样子了……法律领域要求你把感情和理智隔离开来，只有这样你才能说服那些评判者、男性和法官们……大多数律师——我为自己是他们中的一员而感到骄傲——都会只针对案件本身进行分析，而把感情的因素抛开，因为他们拿不准如果掺杂了感情因素他们还能不能成功地说服那些听众。

珍妮特清楚地认识到是谁掌握了游戏规则以及应该按谁的行为方式行事。因此她为了保证能赢得官司，把自己的声音深深地埋藏起来。

珍妮特希望能改变法律行业片面强调理性的状况，重新发现个人的心灵合一。

> 从法学院毕业，参加完律师考试，我用了一个星期的时间放松自己，我去了山里，而我发现我竟无法去感觉了。以前我经常背着行囊上山——一去就是几天——我总是有心灵合一的感觉。但是我现在完全感受不到了。我所能看到的就是眼前的一幅美景，但是这没能给我带来多大的快乐，我无法去感觉了。整整一个星期，我什么都不做，只是像动物一样用身体去感觉：像热恋中的少女一样坐在湖边，坐在岩石下，游泳，看日落，与鹭为伴……某种程度上而言，法律工作让我变得迟钝，因为我过分理性了。

法律的分析思考需要客观性、怀疑态度和客观推理，这些要素能促使明智者从已知信息中作出有效区分。认知的客观方法暂时弱化了珍妮特的感觉能力，也侵蚀了其作为生活的生态网络组成部分之一的感觉的一致性。

同样地，安也表现出了此种焦虑，她无法在工作中展现完整的自我，无法表现出具有同情心的一面。她经历了自身世界的刺痛却无力弥补。

> 我的天，上周的某一天发生了很多事情——好像是月圆之日。发生了许多令人伤心和意想不到的事。在那一天结束的时候，我的心里非常不舒服，好像被这些事情撕裂了，在那种时候，你别想清晰地思考，别想做好任何事。我竟然对那一天我的最后一个当事人说："我们换个时间吧，今天我什么都听不进去了。"

为了减少痛苦，她"把直觉感性的自我与理性职业的自我分离开来。我要为我的当事人做事，这与我的个人情感无关"。这种通过分裂自我来解决职业和自我冲突的做法是十分危险的。

> 要做一个完完整整的人，你不能失去你感性的一面。你还是希望在自己的个人生活中保持感性的思维，虽然这在你的工作中不能表现出来。你不希望你的理性批判的自我完全把另一个感性的自我吞噬掉，因为那样的话你会非常空虚。这就是我争取要做到的，也是和我相识的几乎所有的女人都想努力做到的。

安意识到，一旦她的理性批判的自我占了支配地位，她的情感方面就会成为一片空白，这是极其危险的。律师角色要求律师的职业作风中立，不受个人情感的影响，这种要求不断地占据着律师的情感空间，安要努力做到的就是在扮演这种角色的同时保持自己必不可少的感性的一面。

> 这是对我的真正挑战。我想其他人可能会认为他们最大的困难是没有足够的时间做完所有的事，但是我面临的最大挑战就是保持做一个有感情的完整的人。

安意识到失去感觉是一件十分危险的事，因此她在工作之外努力去做作为一个完整的人应该去做的事情。"我在生活中努力成为完整的人，所以在我从事律师工作以外我还要做很多其他的事情。我努力与身边的亲人和朋友保持良好的关系，以便使另一个自我得到良好的发展。"对于安而言，她的个人成长有赖于良好的人际关系，而她事业的发展却需要她在工作中把自己"直觉、感性的自我"分离出来。

安不断地承受着压力。一方面，为了扮演好律师这个角色，她有时不得不放弃个人的原则。另一方面，作为律师，她亲眼目睹了很多痛苦，却无能为力。部分来讲，这种压力根植于她所奉行的完整世界、完整自我的观念。心理学家告诉我们，人类的认知是在对事物进行理解并采取行动的基础上发展起来的（Kegan，1977，p. 99）。这种理解建立在完整自我的基础上，包括"产生新的见解并采取行动的过程"（Kegan，转引自 Sassen，1980）。女性在法学院接受了新的观念，但同时她们还保持着旧的思想观念，这种新观念不足以形成新的认知结构以及对事物的新的理解方式。她们会有效地利用这种新的观念，但是这种观念并不会触及她们对人生意义的理解。

安和珍妮特都对自己献身于自己职业的决心表示怀疑，因为她们从事的职业不允许她们有自己的理解方式，迫使她们放弃有价值的那部分自我。珍妮特经常幻想自己如何才能表达被职业排斥的那部分自我，如何才能保持自我的平衡。

> 我现在经常幻想我该怎样改变自己的做法，我是否还愿意从事这个职业，如果我继续下去，我该怎样改变我自己。我写了好多诗，我打算把它们寄给出版社。因为我想寻找心理的平衡，我想给予那部分自我更多的关注。

安对从事律师工作所付出的代价表示不安。

> 这是一个不断质疑的过程，你知道。如果继续这样下去，我还是不是我自己呢？如果你认为你已经变得不是自己了，也许你应该退出游戏。很多我认识的争取做一个完整的人的律师都打算退出。我想我

也会这么做。我再也不能忍受作为人的自我和作为律师的自我之间的这种冲突了，当这种冲突的一方压倒另一方的时候，就是该退出的时候。

她和耶鲁法学院的女生都处于同样的进退两难之境：要么放弃自我，要么放弃事业。仅停留在把这种处境表达出来的水平是不够的。女律师们作出任何一种选择对她们来说都是不公平的，是有危害的。另外，法律行业也需要注入关怀的价值观，她们必须想方设法把维护正义和关怀他人这两种责任整合起来，从而摆脱这种困境。

重塑角色：改变游戏的领导权

一些极具关怀倾向的女性表达了另外一种适应律师角色的策略。她们既不效仿传统的成功律师形象，也不把关怀自我和职业自我分裂开来，这些女性塑造了与她们的个性特征相符的律师角色。她们努力维护自己的女性品质，并把自己的个人情感带到自己所从事的律师工作中，这样做不仅能改变人们对这一职业的态度，也能改变律师对工作的责任感。同样地，这也会带来一定的危险性，如果律师们不时地在当事人面前表现出同情心和痛苦状，会使人不堪忍受。做律师的压力也会增大，因为这时的情况与分裂自我时的情况大不相同，个人情感已经不再被压抑在工作之外，而是不时会在工作中表现出来，从而导致又一个危险性——明显带有个人情感的律师会被认为是缺乏职业素养，甚至是不称职的。只要游戏规则不变，个人情感会永远被这一职业排斥在外。

卡罗尔设计了一种工作方式，在这种工作方式中，女性的自我变成了她们良好的合作伙伴。她有意在工作中"提到人们日常生活中遇到的困难……并努力去帮助他们"。她认为自己能从自己的"女性视角"出发，"对女性生活中经历的事情产生兴趣……通过一段时间的了解，可以为她们提供帮助……帮助她们分析和了解她们为什么会陷入某种处境，为什么会用那种方式来处理它"。她使自己的工作实践和她的价值观保持一致。"我们坐下来谈我们的人生观，谈我们希望进入什么样的团队"——使当事人了解情况，和他们保持平等的工作关系，为他们提供帮助。

为了避免职业角色的要求和自身的道德观产生冲突，卡罗尔给自己限定了处理案件的类型。"我想努力做到的就是真诚面对自我，我选择符合我的价值观的那些案件，因此我不会违心地办我自己不喜欢的案件。"通过对自己的工作进行调整，卡罗尔在从事法律工作的时候避免了道德上的冲突。

然而有时候，即使律师能够放弃超然和公正的立场，正如卡罗尔所说的，"随时准备为你的当事人提供帮助"，他们仍然没有能力阻止当事人受到伤害，仍然不能为他们提供所需的帮助。这给那些试图把自己的关怀他人的本性带入律师角色的女律师带来了一个难题——如何处理工作中由于关怀本性而产生的压力。所有的律师都表示自己面临着截止期限、办案数量以及为当事人搜集证据的压力，但是那些具有关怀倾向的女律师承受着更大的压力，她们经常会为没能提供当事人所需要的帮助而感到痛苦。贝思告诉我们，卷入当事人的案件会使律师遭受当事人的痛苦。

> 我从未成功地进行一次监管辩护（custody battle），从来没有全身心地融入案件中。当我败诉的时候，我沮丧极了……在那些案件里，我完全相信我的当事人非常爱他们的孩子，他们是相当称职的父母……我的败诉对做律师的我和我的当事人都是毁灭性的打击。然后剩下我一个人来承受——我的当事人为自身的灾难感到痛苦，他们经常会忘记我的存在，案件结束后，总是我一个人孤零零地站在法庭上，独自哀伤。

为了避免情感伤害，律师们用公正、客观来为自己竖立围栏。因为他们知道，他们或许无法也不愿承受过分付出感情而给自己带来的伤害。

那些在处理案件时过分投入自己感情的女律师，往往会为自己不能满足当事人的要求而承受极大的压力。她们生动地描述了自己付出的代价。"我的心在为我的当事人流血，确实如此。""我想和我的当事人共同承受，但是我快疯了。""你仅仅做一个律师是不够的——你还必须是一个心理学家，一个母亲，总之，你需要扮演不同的角色。你付出了相当大的精力——真是一种情感消耗。"这些律师不仅要解决当事人的法律问题，还要帮助他们解决个人情感问题。这样做的结果是她们将付出大量的个人精力。法庭律师每天都会面对无数的个人情感问题，如果他们每一个都要解决的话，他们会筋疲力尽。

为了减轻自己的压力，这些重新塑造律师形象的女律师们必须学会处理好职责和私人关怀之间的关系。她们在生活中没有压抑关怀的自我，而是尽自己所能地帮助别人解决困难。卡罗尔就是这样做的，她做了八年律师，她向我们讲述了她在工作中所承受的压力，并且希望自己能抑制关怀他人的本性。

> 我很怕听到诸如谁的孩子遭到绑架这样的案件，我感到害怕。你晚上在回家的路上会担心，那孩子哪儿去了，我的当事人怎么样了，她会不会自杀？你知道，这些真的很烦心。一直到去年，事情发展到有很多陌生人会给我家打电话，他们歇斯底里地讲述自己的遭遇，我感到抱歉，因为我总想为他们做点什么，但我快要疯了。我第二天还要上班，而我整晚不能入睡，因为我沉浸在他们的遭遇中不能自拔……而我做不了那么多，我太累了。

卡罗尔不能再这样无私下去了，她对律师的责任有了新的理解。

> 我以前认为我对我的当事人遇到的任何困难和问题都应该负责，他一走进我的办公室我就要对所发生的任何事情负责——理论上如此，但事实上你无法负责。不管我工作得如何努力，孩子被绑架的事实已经发生了。因为这个原因，我承受了极大的压力，因为我认为我应该对此负责。经历了几次这样的案件以后，我意识到，我无法控制每一个当事人的行为，我无法确保她们按我的要求去做，以便案件能顺利地进行。有一次，我对自己说，既然我无法控制她们，如果她们没有按照我的要求去做，就不应该是我的责任，对此我无能为力……我开始为我自己开脱，我知道，只要我尽力了，只要我告诉她们该怎么做了，只要我为我的当事人着想，并想办法帮她们解决问题了，只要我知道自己尽自己最大努力帮助她们了，我就已经做到最好了，但是如果她们还是一意孤

行，如果她们还是因为沮丧而把孩子交给她们的前夫，那么发生了意外的话就不是我的责任了。

认识到自己无法控制发生在别人身上的事，卡罗尔为自己的责任划定了界限，这使得她每次在消极结果发生时不会感到内疚和痛苦。

希拉里也为强加在自己身上的无休止的责任感到筋疲力尽。

> 作为一个专门为残疾人服务的律师，我想我应该像其他很多女性那样，把照顾和关怀他人当作自己的责任，认为自己每一件事都能做好。我经历了很长一个过程才发现，我不可能做到把每一件事都做好，我不可能照顾好每一个需要照顾的人，我不应该把这些当作我的责任，我清楚地认识到这一点，我要努力使自己摆脱这些要求。

希拉里为自己限定了职责的范围。像卡罗尔那样，她并没有逃避自己的当事人，而是对他们采取了既同情又现实的态度。

> 具有讽刺意味的是，我现在和当事人的关系更加密切了，因为我不再把这种责任当作一种负担。我能感觉到他们的痛苦，我能感觉到他们的艰难处境——"你遇到了困难，现在我们来看看能不能一步一步地解决它"——我想正是这种理解才使我和我的当事人保持良好的关系。

希拉里对自己职责的重新理解，使她"既能对当事人表示自己对他们案件的关心，又不使自己深陷其中"，也就是说，她不再"在晚上回家的路上为自己的案件焦虑不已"。她现在已经能够做到只把情感投入案件本身中，而不会认为自己应该对当事人负全部责任。

对于这些能把关怀整合到自己工作中的女性，对职责的重新理解和她们自身道德观的改变是相辅相成的。她们认识到，总把别人的利益放在自己利益的前面会导致自我牺牲和情感伤害："这使我非常痛苦""这将把我吞噬掉"。在考虑别人的需要时，她们总是毫不犹豫地提供帮助而不会顾及自己是否有能力那样做。现在，面对现实，她们限定了自己职责的范围，这样一来，这些女性开始学会尊重自己的利益和需要——"我的需要和当事人的需要同样重要"。除了她们的当事人，她们把自己也当作需要关怀的对象。"我回到家里整晚听电话，这对我来说毫无益处……那时候我希望拥有一个没有被登记在册的电话号码。"①

这些律师不再把自己当作理想化的无私女性，她们意识到当事人的幸福和快乐与她们自己的职业胜任力和满足感不是完全相关的，无法使它们相互满足。正如希拉里所说的那样：

> 我在转变观念的过程中认识到，当事人对案件的反应并不一定能衡量我工作的成效……我应该树立对自己所做工作的评价标准，我不能指望当事人来衡量我作为律师工作的价值。

希拉里和卡罗尔不像那些极具关怀倾向的传统女性，她们没有全身心地为他人着想，而是在从事律师工作的时候压制自己关怀的本性，但又不失对案件本身的投入和关注。她们做到了，但是对很多其他女性来说，关怀的本性很难被抑制。

从本质来讲，限定关怀的范围在某种程度上意味着不表示关怀。在工作中既表示关怀又对它加以限制是一件很不容易的事。很多律师尝试着这样做，但是有些人并没有成功。例如，检察官雷切尔为自己没能阻止灾难的发生而感到痛苦。她因为自己的失败而不断地谴责自己，虽然理智上她知道自己已经尽力做到最好了。在一起案件中，一个孩子在经过她的允许被带回家后遭到了殴打，她在回想这件事时说：

> 我感到自己应该对这起事件负责，我不应该答应他们的条件。但是从理性的角度讲，我没错。我没有做任何错事，但是我认为我做了。我觉得我应该能够挽救那个孩子的。

从她的角色出发，雷切尔知道自己并没有错，但是她的内心告诉她，自己没能阻止灾难的发生。只要律师们没有改变对女性品质和责任的传统观念，即使她们在工作中对自己关怀的范围进行了限定，她们也不可避免地会为没能

---

① 妇女道德的这些变化与吉利根所描绘的一种女性发展模式相一致（Gilligan，1982）。

达到既定目标而感到难过。

在我们进行访谈的所有律师中，只有两位认为自己既能成功地在工作中不失关怀的本性，又能限制它的影响范围。一位是卡罗尔，一名处理女性家庭关系的律师；另一位是希拉里，一名帮助残疾人振作起来，重新获得众人尊重并树立个人自信心的律师。现在的问题是，她们处理关怀的方式是否也适合其他不适于关怀的领域？这种充满活力、精力充沛的律师的存在只能是个别现象，还是需要整个职业改变观念以致力于发展律师关怀的美德？

女性律师的优点与弱点

女性的关怀、协作、敏感、易受影响和缺乏进取心这些传统品质，都被认为是从事法律工作时的致命弱点，包括女性自己也这么认为。但是事实上，这些品质只有在历来由男性制定的游戏规则之下才被视为弱点。在其他情况之下，这些特征可能成为受人们欢迎的品质。萨波特克人（Zapotec）对公平社会的理想是：人与人之间和平共处，保持伙伴关系。在这一理想之下，女性的这些"弱点"就成了优点。① 具有关怀倾向的律师调整着法律领域的价值观，以新的视角来审视工作中的权力、竞争、自信心和坚定性。

女性对关怀和关系性责任的重视，会促使法律领域发生转变，然而，这些品质通常被视为从事法律职业的障碍，具有这些品质的女性会被分配去做那些与她们的价值观"相符"的不重要的工作。另外，人们通常把关怀和女性、家庭、非公共领域联系起来的这种观念，也增加了对女性工作的限制。具有关怀倾向的律师确实能成为成功的家庭律师，但不能因此就认为她们只能在有限的范围内有突出的成就。我们曾看到很多女律师成为优秀的检察官、优秀的公诉辩护（public defender）律师。她们给这个职业注入了新鲜血液，使我们相信法律工作既需要理智和责任，又需要情感的融入。

整个法律领域目前正面临着人际关系的危机，因此女性关怀品质的注入

---

① 参见由 L. 内德尔（Nader, L.）主编，描写其他文化中司法体系的《文化与社会中的法律》（*Law in Culture and Society*）一书，特别参阅那些植根于关心道德的萨波特克人的理想。此外，米勒（Miller, 1976）指出，那些在男权社会中被视为妇女弱点的内容，事实上正是妇女力量之所在。

对这一职业是极其珍贵的，对这些品质的抵制无疑会限制这一职业的发展。法律领域盛行的两分法的思维方式，使人们认为好的律师不应该在工作中掺杂自己的情感。想当然地认为理智和情感、线性思维和联系思维、冷漠的理性和热情的感性之间具有不相容性，因此女性品质被严格排除在法律工作之外。在我们的研究中，我们发现，无论是男律师还是女律师，都有试图在工作中把这两种品质结合起来的范例。过去的文化告诉我们：这两类品质互相排斥，并带有明显的性别特征。将来的观念则会是这两种品质综合起来，互为补充。一个人可以具有同情心、凭感觉行事、善解人意，同时又可以是理智的、有能力的以及反应机敏的。法律领域中将"不再是简单地把公正和关怀截然分开，而是把这两个方面进行整合从而对整个领域进行改造"（Gilligan，1985）。

我们访谈对象中具有关怀倾向的女性都面临着一个共同的问题——如何使自己适应律师这一有着与她们的基础价值观背道而驰的价值观的职业。她们向我们讲述了三种方式，三种方式都是可行的，但是都具有一定的风险。在目前的游戏规则之下，很多女律师会遭受一定的痛苦，因为这种游戏规则不是她们自己的。当然，这并不意味着她们不能表现出色。我们的很多访谈对象以及其他很多律师都证明了她们能够成功。但是她们在成功的同时承受了极大的心理压力，这种压力不仅来自游戏规则的制定者——男性，还来自其他一些方面。她们不得不放弃关怀他人的自我，努力去适应与自己本性不相容的领域。每一个具有这种本性的律师，都将选择与自己的需要和个性最相适应的解决方式。

如果大批进入法律职业的人都感到自己无法适应这一职业角色，那么会造成什么样的后果呢？一个律师建议说："如果你无法忍受，你最好选择离开。"另一个更加深思熟虑的律师会问：这个职业为什么会这样？为什么那些有天分有能力的人们不愿意在这一领域工作？为什么为这个职业献身的工作者会感到难以忍受？如果我们能认真地分析一下那些律师所承受的压力根源，我们将看到法律职业的哪些问题，我们能对它进行怎样的改造？了解问题是解决问题的先决条件。下一步要考虑的问题就是，解决的办法会不会造成更多的问题？既然关怀品质具有一定的社会价值，我们就应该相信，在维护法律公正性的同时，把关怀品质融入法律领域会促进这一领域的发展。这

些女律师的观点和行为将改变传统的律师角色，并使职业的公正性和人类的
关怀品质更好地结合在一起。

致　谢

感谢拉塞尔·塞奇基金会为本研究提供资金支持。感谢卡罗尔·吉利根
对本文初稿所给予的宝贵意见。

参 考 文 献

Adelson, J. *The Handbook of Adolescent Psychology.* New York: John Wiley & Sons (1980).

Adelson, J. , & Doehrman, M. J. "The Psychodynamic Approach to Adolescence. " In J. Adelson, ed. , *The Handbook of Adolescent Psychology.* New York: John Wiley & Sons (1980).

Adelson, J. , & Douvan, E. *The Adolescent Experience.* New York: John Wiley & Sons (1966).

Angelou, M. *I Know Why the Caged Bird Sings.* New York: Bantam Books (1969).

Arendt, H. *The Origins of Totalitarianism.* New York: Harcourt, Brace (1951).

Arendt, H. *Eichmann in Jerusalem: A Report on the Banality of Evil.* New York: Viking Press (1963).

Arendt, H. *The Human Condition.* Garden City, N. Y. : Doubleday (1958).

Arendt, H. *The Life of the Mind: Thinking.* New York: Harcourt, Brace, Jovanovich (1972).

Atkinson, J. W. , ed. *Motives in Fantasy, Action and Society.* New York: Van Nostrand (1958).

Attanucci, J. "Mothers in Their Own Terms: A Developmental Perspective on Self and Role. " Unpublished doctoral dissertation, Harvard Graduate School of Education (1984).

Austen, J. *Persuasion.* New York: Harcourt, Brace & World (1964).

Badinter, E. *Mother Love, Myth and Reality.* New York: Macmillan (1981).

Bakan, D. *On Method.* San Francisco: Jossey-Bass (1969).

Baldwin, J. M. *Mental Development of the child and the Race.* New York: Macmillan (1895).

Baldwin, J. M. *Social and Ethical Interpretations in Mental Development.* New York: Macmillan (1897).

Balint, A. "Love for the Mother and Mother Love" (1939). In M. Balint, ed. , *Primary Love and Psychoanalytic Techniques.* New York: Liveright (1965).

Bardige, B. "Facing History and Ourselves: Tracing Development through Analysis of Student

Journals. " *Moral Education Forum* (Summer 1981) 42 – 48.

Bardige, B. "Reflective Thinking and Prosocial Awareness: Adolescents Face the Holocaust and Themselves. " Unpublished doctoral dissertation, Harvard Graduate School of Education (1983).

Baruch, G. & Barnett, R. , & Rivers, C. *Lifeprints: New Patterns of Love and Work for Today's Women.* New York: McGraw-Hill (1983).

Baumrind, D. "Parental Disciplinary Patterns and Social Competence in Children. " *Youth and Society*, 9 (1978) 239 – 276.

Baumrind, D. "Sex Differences in Moral Reasoning: Response to Walker's (1984) Conclusion That There Are None. " *Child Development*, 57 (1986) 511 – 521.

Belenky, M. , Clinchy, B. , Goldberger, N. , & Tarule, J. *Women's Ways of Knowing.* New York: Basic Books (1986).

Benedek, E. P. "Dilemmas in Research on Female Adolescent Development. " In M. Sugar, ed. , *Female Adolescent Development.* New York: Brunner/Mazel (1979).

Bernard, J. *The Future of Motherhood.* New York: Dial Press (1974).

Bettelheim, B. "The Problem of Generations. " In E. Erikson, ed. , *The Challenge of Youth.* New York: Anchor Books/Doubleday (1965).

Bettelheim, B. *The Uses of Enchantment.* New York: Vintage Books (1977).

Bishop, Y. , Feinberg, S. , & Holland, P. *Discrete Multivariate Analysis: Theory and Practice.* Cambridge, Mass. : Massachusetts Institute of Technology Press (1975).

Blos, P. "The Second Individuation Process of Adolescence. " *The Psychoanalytic Study of the Child*, 22 (1967) 162 – 186.

Blos, P. *The Young Adolescent.* New York: Macmillan (1970).

Blum, L. *Friendship, Altruism and Morality.* Boston: Routledge & Kegan Paul (1980).

Boston Public Schools. "Report to the Safe Schools Commission. " (November 1983).

Bowlby, J. *Attachment and Loss* (3 vols.). New York: Basic/Harper Colophon (1969, 1973, 1980).

Bromley, D. B. "Natural Language and the Development of the Self. " *Nebraska Symposium of Motivation* (1977) 117 – 167.

Bronfenbrenner, U. *The Ecology of Human Development: Experiments by Nature and Design.* Cambridge, Mass. Harvard University Press (1979).

Broverman, I. , Vogel, S. , Broverman, D. , Clarkson, F. , & Rosenkrantz, P. "Sex-Role Stereotypes: A Current Appraisal. " *Journal of Social Issues*, 28 (1972) 58 – 78.

Brown, L. "When Is a Moral Problem Not a Moral Problem?" Unpublished manu-script, Harvard Graduate School of Education (1986).

Brown, L. , Argyris, D. , Attanucci, J. , Bardige, B. , Gilligan, C. , Johnston, K. , Miller, B. , Osborne, R. , Tappan, M. , Ward, J. , & Wilcox, D. "A Guide to Reading Narratives of Moral Conflict and Choice for Self and Moral Voice. " Unpub-lished manuscript, Harvard Graduate School of Education (1987).

Brown University, Office of the Provost. "Men and Women Learning Together: A Study of College Students in the Late 1970's. " (1980).

Bruch, H. *The Golden Cage: The Enigma of Anorexia Nervosa.* Cambridge, Mass. : Harvard University Press (1978).

Burdwick, J. , Douvan, E. , Horner, M. , & Gutman, D. *Feminine Personality and Conflict.* Belmont, Calif. : Wadsworth (1970).

Bussey, K. & Maughan, B. "Gender Differences in Moral Reasoning. " *Journal of Personality and Social Psychology,* 42(4) (1982) 701 – 706.

Camus, A. *The Plague.* New York: Random House (1948).

Chekhov, A. *Collected Plays.* New York: Penguin (1964).

Chodorow, N. "Family Structure and Feminine Personality. " In M. Rosaldo & L. Lamphere, eds. , *Women, Culture and Society.* Stanford, Calif. : Stanford University Press (1974).

Chodorow, N. *The Reproduction of Mothering: Psychoanalysis and the Sociology of Gender.* Berkeley, Calif. : University of California Press (1978).

Chodorow, N. "Feminism and Difference: Gender, Relations and Difference in Psychoanalytic Perspective. " In H. Einstein & A. Jardine, eds. , *The Scholar and the Feminist,* Vol. 1, *The Future of Difference.* Boston: G. K. Hall (1980).

Cohen, J. "A Coefficient of Agreement for Nominal Scales. " *Educational and Psychological Measurement*, 20 (1960) 1.

Cohler, B. & Grunebaum, H. *Mothers, Grandmothers, and Daughters.* New York: Wiley-Interscience Publications, John Wiley & Sons (1981).

Colby, A. , Kohlberg, L. , Candee, D. , Gibbs, J. , Hewer, A. , & Speicher, B. *The Measurement of Moral Judgment: A Manual and Its Results.* New York: Cambridge University Press (1985).

Colby, A. , Kohlberg, L. , Candee, D. , Gibbs, J. , Hewer, A. , Kaufmann, K. , & Power, C. *The Measurement of Moral Judgment: Standard Issue Scoring Manual.* Cambridge, England: Cambridge University Press (1986).

Colby, A. , Kohlberg, L. , Gibbs, J. , & Liebermann, M. "A Longitudinal Study of Moral Judg-ment." *Monographs of the Society for Research in Child Development,* 48 (1 & 2, Serial No. 200) (1983).

Coles, R. *The Moral Life of Children.* Boston: Little, Brown (1986).

Colt, L. , Paine, J. , & Connelly, F. "Facing History and Ourselves: Excerpts from Student Jour-nals." *Moral Education Forum* (Summer 1981) 19 – 35.

Crisp, A. H. , Palmer, R. L. , & Kalucy, R. S. "How Common is Anorexia Nervosa? A Preva-lence Study." *British Journal of Psychiatry,* 128 (1976) 549 – 559.

Cunnion, M. "Sex Differences in Problem Solving." Unpublished doctoral disser-tation, Harvard Graduate School of Education (1984).

Dally, A. *Inventing Motherhood.* New York: Schocken Books (1982).

Damon, W. *The Social World of the Child.* San Francisco: Jossey-Bass (1977).

Damon, W. & Colby, A. "Listening to a Different Voice: A Review of Gilligan's *In a Different Voice.*" *Merrill-Palmer Quarterly,* 29 (1983) 473 – 482.

Deutsch, H. *The Psychology of Women* (2nd ed.). New York: Grune & Stratton (1945).

Douvan, E. & Adelson, J. *The Adolescent Experience.* New York: John Wiley & Sons (1976).

Dryfoos, J. *Preliminary Report to Rockefeller Foundation. Review of Interventions in the Field of Adolescent Pregnancy.* New York (1983).

Dubois *et al.* "Feminist Discourse, Moral Values and the Law—A Conversation." *Buffalo Law Re-view,* 34(1) (1985) 11 – 87.

Ehrenreich, B. & English, D. *For Her Own Good: 150 Years of the Experts'Advice to Women.* New York: Anchor Books (1979).

Eisenberg, N. & Lennon, R. "Sex Differences in Empathy and Related Capacities." *Psychological Bulletin,* 94(1) (1983) 100 – 131.

Eisenberg-Berg, N. "Development of Children's Prosocial Moral Judgment." *Developmental Psy-chology,* 15(2) (1979) 128 – 137.

Elder, G. H. "Appearance and Education in Marriage Mobility." *American Sociology Review,* 34 (1969) 519 – 533.

Eliot, T. S. *On Poetry and Poets.* New York: Farrar, Straus & Cudahy (1957).

Emde, R. N. , Johnson, W. F. , & Easterbrooks, M. A. "The Do's and Don't's of Early Moral De-velopment." In J. Kagan & S. Lamb, eds. , *The Emergence of Morality in Early Childhood.*

Chicago: University of Chicago Press (1987).

Erikson, E. *Childhood and Society.* New York: W. W. Norton (1950).

Erikson, E. *Young Man Luther.* New York: W. W. Norton (1958/1962).

Erikson, E. *Insight and Responsibility.* New York: W. W. Norton (1964).

Erikson, E. "Youth: Fidelity and Diversity." In E. Erikson, ed., *The Challenge of Youth.* New York: Anchor Books (1965).

Erikson, E. *Gandhi's Truth.* New York: W. W. Norton (1968).

Erikson, E. *Identity: Youth and Crisis.* New York: W. W. Norton (1968).

Erikson, E. "Reflections on the Dissent of Contemporary Youth." *In Life History and the Historical Moment.* New York: W. W. Norton (1975).

Erikson, E. "Reflections on Dr. Borg's Life Cycle." *Daedalus*, 105 (1976) 1 – 29.

Fallows, D. *A Mother's Work.* Boston: Houghton Mifflin (1985).

Far West Laboratory for Educational Research and Development, United States Department of Education. *Educational Programs That Work* (8th and 9th eds.). Report prepared for the National Diffusion Network Division, San Francisco(1986).

Fox, P. "Good-bye to Gameplaying." *Juris Doctor*, 1 (1978) 37 – 42.

Freeman, S. & Giebink, J. "Moral Judgment as a Function of Age, Sex, and Stimulus." *The Journal of Psychology*, 102 (1979) 43 – 47.

Freud, A. "The Role of Bodily Illness in the Menial Life of Children." In *The Writings of Anna Freud*, 4. New York: International Universities Press (1968) 260 – 279.

Freud, S. "Three Essays on the Theory of Sexuality," VII (1905); "On Narcissism," XIV (1914); "Some Psychical Consequences of the Anatomical Distinction between the Sexes," XIX (1925); "Female Sexuality," XXI (1931). In I. Strachey, ed. and trans., *The Standard Edition of the Complete Psychological Works of Sigmund Freud.* London: Hogarth Press (1953 – 1974).

Friedan, B. *The Feminine Mystique.* New York: Norton (1963).

Friedman, G. "The Mother-Daughter Bond." *Contemporary Psychoanalysis*, 16(1) (1980) 90 – 97.

Gallatin, J. *Adolescence and Individuality: A Conceptual Approach to Adolescent Psychology.* New York: Harper & Row (1975).

Garwood, S., Levine, D., & Ewing, L. "Effect of Protagonist's Sex on Assessing Gender Differences in Moral Reasoning." *Developmental Psychology*, 16(6) (1980) 677 – 678.

Geertz, C. *The Interpretation of Cultures.* New York: Basic Books (1973).

Gelles, R. *The Violent Home.* Beverly Hills, Calif. : Sage Publications (1974).

Gelles, R. "Violence in the Family: A Review of Research in the 1970's. " *Journal of Marriage and the Family* (November 1980).

Gergen, K. J. "Social Psychology, Science, and History. " *Personality and Social Psychology Bulletin*, 2 (1976) 373 – 383.

Gibbs, J. & Wideman, K. *Social Intelligence.* Englewood Cliffs, N. J. : Prentice-Hall (1982).

Gibbs, J. C. & Schell, S. B. "Moral Development 'versus' Socialization: A Critique. " *American Psychologist*, 40(10) (1985) 1071 – 1080.

Giele, J. , ed. *Women in the Middle Years.* New York: Wiley-Interscience Publi-cations, John Wiley & Sons (1982).

Gilligan, C. "In a Different Voice: Women's Conceptions of the Self and of Morality. " *Harvard Educational Review*, 47 (1977) 481 – 517.

Gilligan, C. "Woman's Place in Man's Life Cycle. " *Harvard Educational Review*, 29(1979).

Gilligan, C. *In a Different Voice: Psychological Theory and Women's Development.* Cambridge, Mass. : Harvard University Press (1982).

Gilligan, C. "Adult Development and Women's Development: Arrangements for a Marriage. " In J. Giele, ed. , *Women in the Middle Years.* New York: Wiley-Interscience Publications, John Wiley & Sons (1982).

Gilligan, C. "The Conquistador and the Dark Continent: Reflections on the Psychology of Love. " *Daedalus* (Summer 1984) 75 – 95.

Gilligan, C. "Exit-Voice Dilemmas in Adolescent Development. " In A. Foxley, M. McPherson, & G. O'Donnell, eds. , *Development, Democracy, and the Art of Trespassing: Essays in Honor of Albert O. Hirschman.* Notre Dame, Ind. : University of Notre Dame Press (1986).

Gilligan, C. "Remapping the Moral Domain: New Images of the Self in Rela-tionship. " In T. C. Heller, M. Sosna, & D. E. Wellberry, eds. , *Reconstructing Individualism.* Stanford, Calif. : Stanford University Press (1986).

Gilligan, C. "Reply" (to critics). *Signs*, 11(2) (1986) 324 – 333.

Gilligan, C. "Female Development in Adolescence: Implications for Theory. " Unpublished manuscript, Harvard University.

Gilligan, C. & Attanucci, J. "Two Moral Orientations: Gender Differences and Similarities. " *Merrill-Palmer Quarterly*, in press.

Gilligan, C. , Bardige, B. , Ward, J. , Taylor, J. , & Cohen, G. *Moral Identity Development in Urban*

Youth. Final Report to the Rockefeller Foundation (1985).

Gilligan, C. & Belenky, M. "A Naturalistic Study of Abortion Decisions." In R. Selman & R. Yando, eds., *New Directions in Child Development: Clinical-Developmental Psychology*, 7. San Francisco: Jossey-Bass (1980) 69 – 90.

Gilligan, C., Brown, L. M., & Rogers, A. G. "Psyche Embedded: A Place for Body, Relationships and Culture in Personality Theory." In A. Rabin *et al.*, eds., *Studying Persons and Lives*. New York: Springer, in press.

Gilligan, C., Johnston, D. K., & Miller, B. *Moral Voices, Adolescent Development, and Secondary Education: A Study at the Green River School*, Monograph #3, GEHD Study Center (1987).

Gilligan, C., Langdale, S., Lyons, N., & Murphy, J. *The Contribution of Women's Thought to Developmental Theory: The Elimination of Sex Bias in Moral Development Research and Education*. Final Report to the National Institute of Education. Cambridge, Mass.: Harvard University Press (1982).

Gilligan, C. & Murphy, J. "Development from Adolescence to Adulthood: The Philosopher and the Dilemma of the Fact." In D. Kuhn, ed., *New Directions in Child Development: Intellectual Development Beyond Childhood*, 5. San Francisco: Jossey-Bass (1979) 85 – 99.

Gilligan, C. & Wiggins, G. "The Origins of Morality in Early Childhood Relation-ships." In J. Kagan and S. Lamb, eds., *The Emergence of Morality in Early Childhood*. Chicago: University of Chicago Press (1987).

Gilligan, M. & Luchsinger, M. L. "Intimidated? Or Intimidator?" *Women Lawyers Journal*, 72 (Winter 1986) 1 – 2, 22.

Glaser, B. G. & Strauss, A. L. *The Discovery of Grounded Theory: Strategies for Qualitative Research*. Chicago: Aldine (1967).

Gottman, J. M. "How Children Become Friends." *Society for Research in Child Development Monograph*, 48(3) (1983).

Gutmann, D. "Psychological Naturalism in Cross-Cultural Studies." In H. L. Raush & E. P. Willems, eds., *Naturalistic Viewpoints in Psychological Research*. New York: Holt, Reinhart & Winston (1969).

Gutmann, D. "Parenthood: A Key to Comparative Study of the Life Cycle." In N. Datan & L. Ginsberg, eds., *Life-Span Developmental Psychology: Normative Crisis*. New York: Academic Press (1975) 167 – 184.

Haan, N. "Hypothetical and Actual Moral Reasoning in a Situation of Civil Disobedience." *Jour-*

nal of Personality and Social Psychology, 32(2) (1975) 255 – 270.

Haan, N. *A Manual for Interpersonal Morality*. Berkeley, Calif. : University of California, Institute for Human Development (1977).

Haan, N. "Two Moralities in Action Contexts: Relationships to Thought, Ego Regulation and Development." *Journal of Personality and Social Psychology*, 36 (1978) 286 – 305.

Haan, N. "Gender Differences in Moral Development." Paper presented at the American Psychological Association meetings, Los Angeles (1985).

Haan, N. *On Moral Grounds*. New York: New York University Press (1985).

Hallowell, A. I. *Culture and Experience*. Philadelphia: University of Pennsylvania Press (1955).

amburg, B. "Early Adolescence: The Specific and Stressful Stage of the Life Cycle. "In G. Coelho, D. A. Hamburg, & J. E. Adams, eds. , *Coping and Adaptation*. New York: Basic Books (1974).

Hamilton, V. *Narcissus and Oedipus*. London: Routledge & Kegan Paul (1982).

Harragan, B. L. *Games Mother Never Taught You*. New York: Warner Books (1977).

Heffner, E. *Mothering*. New York: Doubleday (1978).

Helgeson, V. & Sharpsteen, D. "Perceptions of Danger in Achievement and Affiliation Situations: An Extension of the Pollak and Gilligan Versus Benton *et al.* Debate. " *Journal of Personality and Social Psychology*, 53(4) (1987) 727 – 733.

Hellman, D. "Analysis of Violence in the Boston Public Schools: Incident and Suspension Data: A Report to the Safe Schools Commission. " Boston(November 1983).

Hirschman, A. O. *Exit, Voice, and Loyalty: Responses to Decline in Firms, Organizations, and States*. Cambridge, Mass. : Harvard University Press (1970).

Hoffman, M. "Empathy, Role-Taking, Guilt, and Development of Altruistic Motives. " In T. Likona, ed. , *Moral Development and Behavior*. New York: Holt, Rinehart & Winston (1976).

Hoffman, M. "Sex Differences in Empathy and Related Behaviors. " *Psychological Bulletin*, 84(4) (1977) 712 – 722.

Holstein, C. "Irreversible, Stepwise Sequence in the Development of Moral Judgment: A Longitudinal Study of Male and Females. " *Child Development*, 47(1976) 51 – 61.

Ibsen, H. *The Complete Major Prose Plays*. New York: New American Library(1964).

Inhelder, B. & Piaget, J. *The Growth of Logical Thinking from Childhood to Adolescence*. New York: Basic Books (1958/1983).

Iskrant, A. & Joliet, P. V. *Accidents and Homicide*. Cambridge, Mass. : Harvard University Press

(1968).

Jack, D. "Attachment, Loss and Depression in Women." Unpublished qualifying paper, Harvard Graduate School of Education (1981).

James, W. *The Varieties of Religious Experience* (1902). New York: Collier (1961).

Johnson, M. & Strom, M. "Facing History and Ourselves: Holocaust and Human Behavior." *Organization of American Historians Newsletter.* (November 1985).

Johnson, W. R. *Darkness Visible: A Study of Vergil's Aeneid.* Berkeley, Calif.: University of California Press (1975).

Johnston, D. K. "Moral Problem Solving: A Pilot Study of Adolescents' Ability to Use Both Moral Orientations." Unpublished manuscript, Harvard Graduate School of Education (1983).

Johnston, D. K. "Two Moral Orientations, Two Problem-Solving Strategies: Adolescents' Solutions to Dilemmas in Fables." Unpublished doctoral dissertation, Harvard Graduate School of Education (1985).

Johnston, D. K. "Two Problem-Solving Strategies Exemplified in Moral Problem Solving." In progress.

Josselson, R. "Psychodynamic Aspects of Identity Formation in College Women." *Journal of Youth and Adolescents,* 2(1) (1973) 3 – 52.

Josselson, R. *Finding Herself: Pathways to Development in Women.* San Francisco: Jossey-Bass (1987).

Kagan, J. "Acquisition and Significance of Sex Typing and Sex Role Identity." In M. L. Hoffman & L. W. Hoffman, eds., *Review of Child Development Research,* 1. New York: Russell Sage Foundation (1964) 137 – 167.

Kagan, J. "A Conception of Early Adolescence." *Daedalus,* 100(4) (1971) 997 – 1012. Also in J. Kagan & R. Coles, eds., *Twelve to Sixteen: Early Adolescence.* New York: W. W. Norton (1972).

Kagan, J. *The Nature of the child.* New York: Basic Books (1984).

Kagan, J. & Moss, H. A. *Birth to Maturity.* New York: John Wiley & Sons (1962).

Kagan, J. & Lamb, S., eds. *The Emergence of Morality in Young Children.* Chicago: University of Chicago Press (1987).

Kant, I. "Groundwork of the Metaphysic of Morals" (1785). In Paton, trans., *The Moral Law.* London: Hutchinson & Co. (1948).

Kaplan, B. "Genetic Dramatism: Old Wine in New Bottles." In S. Wagner & B. Kaplan, eds.,

Toward a Holistic Developmental Psychology. N. J. : Lawrence Erlbaum Assoc. (1983).

Kaufman, M. *Evolution of Psychosomatic Concepts: Anorexia Nervosa, a Paradigm.* London: Hogarth Press (1965).

Kegan, R. *The Sweeter Welcome: Martin Buber, Bernard Malamud and Saul Bellow.* Needham Heights, Mass. : Wexford (1977).

Kegan, R. *The Evolving Self: Problems and Process in Human Development.* Cambridge, Mass. : Harvard University Press (1982).

Kingston, M. H. *The Woman Warrior: Memoirs of a Girlhood among Ghosts.* New York: Alfred A. Knopf (1976).

Kluckhohn, C. & Murray, H. , eds. , *Personality in Nature, Culture and Society.* New York: Alfred A. Knopf (1948).

Kohlberg, L. *Education for Justice: A Modern Statement of the Platonic View.* Ernest Burton Lecture on Moral Education. Cambridge, Mass. : Harvard University Press (1968).

Kohlberg, L. "Stage and Sequence: The Cognitive Developmental Approach to Socialization. " In D. Goslin, ed. , *The Handbook of Socialization Theory and Research.* Chicago: Rand McNally (1969) 347 – 480.

Kohlberg, L. "From Is to Ought: How to Commit the Naturalistic Fallacy and Get Away with It in the Study of Moral Development. " In T. Mischel, ed. , *Cognitive Development and Epistemology.* New York: Academic Press (1971) 151 – 235.

Kohlberg, L. "Moral Stages and Moralization: The Cognitive-Developmental Approach. " In T. Lickona, ed. , *Moral Development and Behavior: Theory, Research and Social Issues.* New York: Holt, Rinehart & Winston (1976).

Kohlberg, L. *The Philosophy of Moral Development: Moral Stages and the Idea of Justice: Essays on Moral Development*, 1. San Francisco: Harper & Row(1981).

Kohlberg, L. "A Reply to Owen Flanagan and Some Comments on the Puka-Goodpaster Exchange. " *Ethics*, 92(3) (1982) 513 – 528.

Kohlberg, L. *The Psychology of Moral Development: Essays on Moral Development*, 2. Sun Francisco: Harper & Row (1984).

Kohlberg, L. & Gilligan, C. "The Adolescent as a Philosopher. " *Daedalus*, 100(4) (1971) 1051 – 1086. Also in J. Kagan & R. Coles, *Twelve to Sixteen: Early Adolescence.* New York: W. W. Norton (1972).

Kohlberg, L. & Kramer, R. "Continuities and Discontinuities in Childhood and Adult Moral Development. " *Human Development*, 12 (1969) 93 – 120.

Kohlberg, L. , Levine, C. , & Hewer, A. "Moral Stages: A Current Formulation and a Response to Critics. " In J. Meacham, ed. , *Contributions to Human Development Monograph Series*, 10. Basil, Switzerland: S. Karger (1983) .

Konopka, G. *The Adolescent Girl in Conflict.* Englewood Cliffs, N. J. : Prentice-Hall(1966) .

Konopka, G. *Young Girls: A Portrait of Adolescence.* Englewood Cliffs, N. J. : Prentice-Hall (1976) .

Kundera, M. *The Unbearable Lightness of Being.* New York: Harper & Row (1984) .

Kutash, I. , Kutash, S. , Schlesinger, L. , *et al. Violence: Perspectives on Murder and Aggression.* San Francisco: Jossey-Bass (1978) .

Ladner, J. *Tomorrow's Tomorrow.* New York: Anchor Books (1972) .

Ladner, J. *Final Report to the Mayor's Blue Ribbon Panel on Teenage Pregnancy Prevention.* Washington, D. C. (1985) .

Lamb, M. , ed. *The Role of the Father in Child Development.* New York: John Wiley & Sons (1981) .

Langdale, S. *Conceptions of Morality in Developmental Psychology: Is There More than Justice?* Unpublished qualifying paper, Harvard Graduate School of Education (1980) .

Langdale, S. "Moral Orientations and Moral Development: The Analysis of Care and Justice Reasoning across Different Dilemmas in Females and Males from Childhood through Adulthood. " Doctoral dissertation, Harvard Graduate School of Education (1983) .

Langdale, S. "A Re-vision of Structural-Developmental Theory. " In G. Sapp, ed. , *Handbook of Moral Development.* Birmingham, Ala. : Religious Education Press(1986) .

Langdale, S. & Gilligan, C. *The Contribution of Women's Thought to Developmental Theory.* Interim Report to the National Institute of Education. Cambridge, Mass. : Harvard University (1980) .

Laufer, W. S. & Day, J. M. , eds. *Personality Theory, Moral Development and Criminal Behavior.* Lexington, Mass. : Lexington Books (1983) .

Lee, H. *To Kill a Mockingbird.* New York: Fawcett Popular Library (1960) .

Lessing, D. *The Summer Before the Dark.* New York: Alfred A. Knopf (1973) .

Lever, J. "Sex Differences in the Games Children Play. " *Social Problems*, 23 (1976) 478 – 487.

Lever, J. "Sex Differences in the Complexity of Children's Play and Games. " *American Sociological Review*, 43 (1978) 471 – 483.

LeVine, R. "Anthropology and Child Development." *New Directions for Child Development*, 8 (1980) 71 – 86.

LeVine, R. *Culture, Behavior, and Personality* (2nd ed.). Chicago: Aldine de Gruyter Publishing (1982).

LeVine, R. "The Self in Culture." In R. LeVine, ed., *Culture and Personality* (2nd ed.). Hawthorne, N. Y.: Aldine de Gruyter (1982).

LeVine, R. "The Self and Its Development in an African Society: A Preliminary Analysis." In B. Lee, ed., *New Approaches to the Self*. New York: Plenum Press, in press.

Levinson, D. *The Seasons of a Man's Life*. New York: Alfred A. Knopf (1978).

Lightfoot, S. L. *The Good High School*. New York: Basic Books (1983).

Loevinger, J. *Ego Development: Conceptions and Theories*. San Francisco: Jossey-Bass (1976).

Loevinger, J. *Scientific Ways in the Study of Ego Development*. Worcester, Mass.: Clark University Press (1979).

Lyons, N. "Seeing the Consequences." Unpublished qualifying paper, Harvard Graduate School of Education (1980).

Lyons, N. "Manual for Coding Responses to the Question: How Would You Describe Yourself to Yourself?" Unpublished manuscript, Harvard Graduate School of Education (1981).

Lyons, hi. "Conceptions of Self and Morality and Modes of Moral Choice: Identifying Justice and Care Judgments of Actual Moral Dilemmas." Unpublished doctoral dissertation, Harvard Graduate School of Education (1982).

Lyons, N. "The Manual for Analyzing Responses to the Question: How Would You Describe Yourself to Yourself?" Unpublished manuscript, Harvard Graduate School of Education (1982).

Lyons, N. "Two Perspectives: On Self, Relationships and Morality." *Harvard Educational Review*, 53(2) (1983) 125 – 145.

Maccoby, E. "Social Grouping in Childhood: Their Relationship to Prosocial and Antisocial Behavior in Boys and Girls." In D. Olwens, J. Block, & M. Radke-Yarrow, eds., *Development of Antisocial and Prosocial Behavior: Theories, Research and Issues*. San Diego: Academic Press (1985).

Maccoby, E. & Jacklin, C. *The Psychology of Sex Differences*. Stanford, Calif.: Stanford University Press (1974).

Marcia, J. "Identity in Adolescence." In J. Adelson, ed., *Handbook of Adolescent Psychology*. New York: John Wiley & Sons (1980).

Marshall, M. *The Cost of Loving.* New York: Putnam (1984).

May, R. *Sex and Fantasy.* New York: W. W. Norton (1980).

McClelland, D. C. *Power: The Inner Experience.* New York: Irving (1975).

Mead, G. H. *Mind, Self, and Society.* Chicago: University of Chicago Press (1934).

Miller, J. B. *Toward a New Psychology of Women.* Boston: Beacon Press (1976).

Miller, J. B. "Women and Power." *Work in Progress,* 1. Wellesley, Mass. : Stone Center Working Paper Series (1982).

Miller, J. B. "The Development of Women's Sense of Self." *Work in Progress,* 12. Wellesley, Mass. : Stone Center Working Paper Series (1984).

Miller, J. B. "What Do We Mean by Relationships?" *Work in Progress,* 22. Wellesley, Mass. : Stone Center Working Paper Series (1986).

Mishler, E. "Meaning in Context: Is There Any Other Kind?" *Harvard Educational Review,* 49(1) (1979) 1 – 19.

Mishler, E. *Research Interviewing.* Cambridge, Mass. : Harvard University Press(1986).

Murdoch, I. *The Sovereignty of Good.* Boston: Routledge & Kegan Paul (1970).

Murray, H. A. "Thematic Apperception Test Manual." Cambridge, Mass. : Harvard College (1943).

Nadelson, C. , Notman, M. , & Previn, D. W. "Medical Student Stress, Adaptation, and Mental Health." In S. C. \$chreiber and B. B. Doyle, eds. , *The Impaired Physician.* New York: Plenum Medical Books (1983).

National Institute of Education. "Violent Schools—Safe Schools: Safe School Study, " 1. Report to Congress by Secretary Joseph Califano, Jr. (January 1978).

Neumann, E. *The Great Mother.* Princeton, N. J. : Bollingen Foundation, Princeton University Press (1955).

Niebuhr, H. R. *The Responsible Self.* New York: Harper & Row (1963).

Notman, M. , Salt, P. , & Nadelson, C. "Stress and Adaptation in Medical Students: Who Is the Most Vulnerable?" *Comprehensive Psychiatry,* 25(3)(1984) 355 – 366.

Nunner-Winkler, G. "Two Moralities: A Critical Discussion of an Ethic of Care and Responsibility versus an Ethic of Rights and Justice." In W. Kurtines & J. Gewirtz, eds. , *Morality, Moral Behavior, and Moral Development.* New York: John Wiley & Sons (1984) 348 – 361.

Offer, D. *The Psychological World of the Teenager: A Study of* 175 *Boys.* New York: Basic Books (1969).

Offer, D. & Offer, J. *From Teenage to Young Manhood.* New York: Basic Books(1975).

Orchowsky, S. & Jenkins, L. "Sex Biases in the Measurement of Moral Judgment." *Psychological Reports*, 44 (1979)1040.

Orwell, G. *An Orwell Reader.* New York: Harcourt Brace (1949).

Osborne, R. "Good-Me, Bad-Me, True-Me, False-Me: A Dynamic Multidimen-sional Study of Adolescent Self-Concept." Unpublished doctoral dissertation, Harvard Graduate School of Education (1987).

Ovid. *The Metamorphoses.* M. Inness, trans. London: Penguin (1955).

Parke, R. D. *Fathers.* Cambridge, Mass. : Harvard University Press (1981).

Perry, W. *Forms of Intellectual and Ethical Development in the College Years.* New York: Holt, Rinehart & Winston (1968).

Piaget, J. *The Child's Conception of the World* (1929). Totowa, N. J. : Littlefield, Adams, & Co. (1979).

Piaget, J. *The Rules of the Game.* London: Routledge & Kegan Paul (1932).

Piaget, J. *The Moral Judgment of the Child* (1932). New York: Free Press (1965).

Piaget, J. "The Mental Development of the Child" (1940). In *Six Psychological Studies.* New York: Vintage Books (1967).

Piaget, J. *To Understand Is To Invent: The Future of Education.* New York: Grossman/Penguin (1973).

Pipp, S. , Shaver, P. , Jennings, S. , Lamborn, S. , & Fischer, K. "Adolescents' Theories about the Development of Their Relationships with Parents." *Journal of Personality and Social Psychology* (1985)991 – 1001.

Polanyi, M. *Personal Knowledge.* Chicago: University of Chicago Press (1958).

Pollak, S. "A Study of Gender Differences in Violent Thematic Apperception Test Stories." Unpublished doctoral dissertation, Harvard Graduate School of Education (1985).

Pollak, S. & Gilligan, C. "Images of Violence in Thematic Apperception Test Stories." *Journal of Personality and Social Psychology,* 42 (1982)159 – 167.

Pollak, S. & Gilligan, C. "Differing about Differences: The Incidence and Inter-pretation of Violent Fantasies in Women and Men." *Journal of Personality and Social Psychology,* 45 (1983) 1172 – 1175.

Pollak, S. & Gilligan, C. "Killing the Messenger." *Journal of Personality and Social Psychology,* 48 (1985)374 – 375.

Pratt, M. , Golding, G. , & Hunter, W. "Aging as Ripening: Character and Consistency of Moral Judgment in Young, Mature, and Older Adults. " *Human Development*, 26 (1983) 277 – 288.

Pratt, M. , Golding, G. , & Hunter, W. "Does Morality Have a Gender? Sex, Sex Role and Moral Judgment Relationships across the Lifespan. " *Merrill-Palmer Quarterly*, 30 (1984) 321 – 340.

Ravitch, D. "Decline and Fall of Teaching History. " *New York Times Sunday Magazine* (November 17, 1985) .

Rest, J. *Development in Judging Moral Issues.* Minneapolis, Minn. : University of Minnesota Press (1979) .

Rogers, A. "The Question of Gender Differences: A Validity Study of Two Moral Orientations. " Unpublished manuscript, St. Louis, Mo. , Washington University(1988) .

Roscoe, B. & Callahan, J. "Adolescence Self Report of Violence in Families and Dating Relations. " *Adolescence*, 20(79) (1985) 545 – 553.

Rutter, M. , Baughan, B. , Mortimore, P. , Ouston, J. , & Smith, A. *Fifteen Thousand Hours.* Cambridge, Mass. : Harvard University Press (1979) .

Sarbin, T. R. "Role Theory. " In G. Lindzey & E. Aronson, eds. , *Handbook of Social Psychology*, 1. Reading, Mass. : Addison-Wesley (1954) 223 – 258.

Sartre, J. P. *Existentialism and Humanism.* London: Methuen (1948) .

Sassen, G. "Success Anxiety in Women: A Constructivist Interpretation of Its Source and Its Significance. " *Harvard Educational Review*, 50(1) (1980) 13 – 24.

Schatzman, L. & Strauss, A. L. *Field Research: Strategies for a Natural Sociology.* Englewood Cliffs, N. J. : Prentice-Hall (1973) .

Schwartz, D. , Thompson, M. , & Johnson, C. "Anorexia Nervosa and Bulimia, the Socio-Cultural Context. " *International Journal of Eating Disorders*, 1 (1982) 20 – 36.

Selman, R. *The Growth of Interpersonal Understanding: Developmental and Clinical Analysis.* New York: Academic Press (1980) .

Selman, R. & Jaquette, D. "Stability and Oscillation in Interpersonal Awareness: A Clinical Developmental Approach. " In C. B. Keasy, ed. , *Twenty-Fifth Nebraska Symposium on Motivation.* Lincoln, Nebr. : University of Nebraska Press (1977) 261 – 304.

Sherman, J. A. *On the Psychology of Women: A Survey of Empirical Studies.* Springfield, Ill. : Charles C. Thomas (1971) .

Siegel, S. *Nonparametric Statistics for the Behavioral Sciences.* New York: McGraw-Hill (1956) .

Skinner, M. "The Last Encounter of Dido and Aeneas 6. 450 – 476. " *Vergilius*, 29, The Vergilius

Society (1983).

Skoe, E. E. & Marcia, J. E. *The Development and Partial Validation of a Care-Based Measure of Moral Development.* Unpublished paper (1988).

Snarey, J. "Cross-Cultural Universality of Socio-Moral Development: Critical Review of Kohlberg Research." *Psychological Bulletin*, 97(2)(1985)202 – 232.

Snarey, J., Kohlberg, L., & Noam, G. "Ego Development in Perspective: Structural Stage, Functional Phase and Cultural Age-Period Models." *Developmental Review*, 3 (1983)330 – 338.

Snarey, J., Reimer, J., & Kohlberg, L. "The Socio-Moral Development of Kibbutz Adolescents: A Longitudinal Cross-Cultural Study." *Developmental Psychology*, 21 (1985)3 – 17.

Stack, C. *All Our Kin.* New York: Harper & Row (1974).

Stein, D. *The Interpersonal World of the Infant.* New York: Basic Books (1985).

Steiner-Adair, C. "The Body Politic: Normal Female Adolescent Development and the Development of Eating Disorders." Unpublished doctoral dissertation, Harvard Graduate School of Education (1984).

Steiner-Adair, C. "The Body Politic: Normal Female Adolescent Development and the Development of Eating Disorders." *Journal of the American Academy of Psychoanalysis*, 14(1)(1986) 95 – 114.

Stern, D. *The Interpersonal World of the Infant.* New York: Basic Books (1985).

Strachan, N. "A Map for Women on the Road to Success." *American Bar Association Journal*, 70 (May 1984)94 – 96.

Straus, M. A. "Sexual Inequality, Cultural Norms, and Wife Beating." *Victimology*, 1(1)(1976) 54 – 70.

Straus, M. A. "Measuring Intrafamily Conflict and Violence: The Conflict Tactics(CT) Scales." *Journal of Marriage and the Family* (February 1979)75 – 88.

Straus, M. A., Gelles, R., & Steinmetz, S. *Behind Closed Doors: Violence in the American Family.* New York: Anchor Press (1980).

Strom, M. S. & Parsons, W. *Facing History and Ourselves: Holocaust and Human Behavior.* Watertown, Mass.: Intentional Educations (1982).

Strom, M. S. & Parsons, W. "Students Learn the Pain of Thinking." *Social Education* (1983) 197 – 198.

Sugar, M., ed. *Female Adolescent Development.* New York: Brunner/Mazel (1979).

Surrey, J. "The Self-in-Relation." *Work in Progress*, 13. Wellesley, Mass.: Stone Center Working

Paper Series (1984).

Suttie, I. *The Origins of Love and Hate.* New York: The Julian Press (1935).

Templeton, S. "Comparative Human Infancy Project: Maternal Self-Perception Interview. " Unpublished manuscript, Harvard Graduate School of Education (1980).

Terris, D. "Reading, Writing and Weapons: How Boston Schools Make Learning Safe. " *Boston Globe Magazine* (March 2, 1986).

Trilling, L. "On the Modern Element in Modern Literature. " In I. Howe, ed. , *The Idea of the Modern in Literature and the Arts.* New York: Horizon Press(1967).

Turiel, E. "Conflict and Transition in Adolescent Moral Development. " *Child Development*, 45 (1974) 14 – 29.

United States Federal Bureau of Investigation. *Uniform Crime Reports: Crime in the U. S.* Washington, D. C. : United States Government Printing Office (1983).

Vaillant, G. *Adaptation to Life.* Boston: Little, Brown (1977).

Virgil. *The Aeneid.* R. Fitzgerald, trans. New York: Random House (1983).

Vygotsky, L. S. *Mind in Society.* M. Cole *et al.* , eds. Cambridge, Mass. : Harvard University Press (1978).

Walker, L. "Sex Differences in the Development of Moral Reasoning: A Rejoinder to Baumrind. " *Child Development*, 57 (1986) 522 – 527.

Ward, J. V. "A Study of Urban Adolescents' Thinking about Violence Following a Course on the Holocaust. " Unpublished doctoral dissertation, Harvard Graduate School of Education (1986).

Weil, S. "Human Personality. " In G. Panichas, ed. , *The Simone Well Reader.* New York: David McKay (1977).

Weitzman, L. "Sex Role Socialization. " In J. Freeman, ed. , *Women: A Feminist Perspective.* Palo Alto, Calif. : Mayfield Publishers (1975).

Wiggins, G. "Thoughtfulness as an Educational Aim. " Unpublished manuscript, Harvard Graduate School of Education (1987).

Willard, A. K. "Self, Situation, and Script: A Psychological Study of Decisions about Employment in Mothers of One-Year Olds. " Unpublished doctoral dissertation, Harvard Graduate School of Education (1985).

Winnicott, D. W. *The Family and Individual Development.* New York: Basic Books(1965).

Winnicott, D. W. *Playing and Reality.* London: Tavistock Publications (1971).

Wolf, D. , Rygh, J. , & Altshuler, J. "Agency and Experience: Action and States in Play Narra-
    tives. " In I. Bretherton, ed. , *Symbolic Play: The Development of Social Understanding*. New
    York: Academic Press (1984) 195 – 217.

Wolfgang, M. *Patterns of Criminal Homicide*. New York: John Wiley & Sons (1966).

Woolf, V. *Jacob's Room*. New York: Harcourt Brace (1922).

Wylie, R. C. *The Self-Concept* (revised ed.). Lincoln, Nebr. : University of Nebraska Press
    (1974).

Youniss, J. *Parents and Peers in Social Development*. Chicago: University of Chicago Press
    (1980).

Youniss, J. & Smollar, J. *Adolescents' Relations with Mothers, Fathers, and Friends*. Chicago: Uni-
    versity of Chicago Press (1985).

后　记

　　本书中所有研究的基础是倾听人们对道德及自身的认识方式。这些研究的关键问题是：人们如何界定他们所面对的冲突，如何描述他们在日常生活中作出的选择？人们如何描述自我、他人，如何评价其生活和行动所处的世界？当前研究也是基于如下认识：有关道德发展、同一性的形成及青少年与成人发展的心理学理论，绝大部分都仅依据对男性的研究。在此，与其质疑女性在多大程度上符合男性研究的标准，不如探寻女性思维对心理学理论有怎样的贡献，对女性经验的关注是否会产生思考有关自身、道德、青春期和成人问题的新方式。我们从女性思维中可以学到什么？——本书所汇集的论文阐述了一系列解决这些问题的方法，也提供了一些答案。

　　研究者假定，存在着一种不一样的声音，它关注于关怀，并且从经验上而言关怀特质主要呈现在女性身上。在本书中，研究者通过多种事例及论述来阐明这一假定。本书中的所有研究都发现了研究对象谈论自身、关系及道德的两种方式。一种声音由心理学家完美地加以展现，并经由我们的教育体系得以很好地发展。与此相对，另一种声音尽管可以被人们认识到，但往往被人们忽视了；从传统上而言，人们既把它理想化，同时又认为它具有很大缺陷。我们在对一些受过良好教育的北美青少年和成人的抽样研究中发现，尽管对关怀问题的关注不是所有女性的特征，但这基本上是一种女性现象。由于男女两性对关怀与公正都加以关注，由于每个人在被遗弃和受压抑方面所表现出的脆弱，因此主要由女性来表达关怀思维的状况引发了一系列心理学理论问题，并上升为教育议程。

　　当前有关道德声音的最新研究证实，人们在描绘道德冲突时倾向于抑制一种声音，或者无视某方面的道德关注。聚焦于关怀的女性声音，往往既引起我们对当代美国文化及心理学中最重要的公正中心的关注，也引起我们对持续疏离与独立的根本价值的关注。关注关怀的女性对当代美国社会思维习俗进行反抗，她们抵制公正推理中的疏离，她们反思有关暴力问题的表面价值思维并探索道德行为的理由，她们质疑与女性优点或女性自我牺牲的理想化形象相联系的关怀习俗。她们的所为凸显出无论在私人生活还是在专业训练中抑制关怀的代价。关注关怀的思考者（主要是女性但并非只有女性）承认疏离是一种道德问题，也强调这样一种趋势：在这个高科技时代，人们无视人际联系，忽略了人们会以多种方式介入并影响他人的生活。

　　当前的研究特别关注青春期早期女孩在同一性形成及向成人过渡时期，抵制疏离与分离的种种迹象。这种向成熟的联结形式的转变，存在于由初等教育向中等教育的过渡期。摆在学校面前的困境是：如何在促进抽象思维及更高层次推理能力发展的同时，维持人类联系并增强理解人际关系的能力。当代心理学及西方文化逃避了这一困境，它们分裂了理智与情感、思维与感觉、公共与私人、政治与个人，并把这些区分与两性差异相联系。本书详细阐述了这些分裂存在的问题，但仍然有如下问题悬而未决：如果人们的刻板印象是暴力犯罪与男性联系更多、女性更愿意照看孩子，那么又如何继续谈论性别差异问题以及与道德相关的问题？对当前描绘道德版图具有关键作用的道德声音及道德倾向的观念，展现出了性别的差异，避免了有关男性或女性的过于简单的观点，也避免了在两性比较中的中立立场（一种保持沉默的立场）。

　　当前，性别差异问题标志着在心理学理论和社会现实之间存在一个断层。当代北美社会中，女性生活在很多方面都不同于男性。心理学应该有相关分支去研究诸如早期童年关系、青春期经历及成人期社会经济地位这样一些领域中的性别差异问题。将民主社会的社会理想建立在个体平等基础之上的承诺，不利于探寻两性的差异。在一个以机会均等及个人自由为目标的教育体系中，人们维持着无差异的教育理想，而不去倾听、不去关注两性的差异。为这种实践的正当性进行辩护的理由在于：它是一种公正推理，它鼓励儿童和青少年无视他人及自身的需要。这些都指向了美国教育的主要困境：

在一个充满竞争的、个人主义的文化框架内，如何鼓励人们作出回应？通过聆听关怀推理及公正推理的言论，本书所汇集的研究证明了对两性差异的关注如何有利于包容式或创造性地解决道德冲突，这样的解决方式时常通过对每个人的需要作出回应而化解困境。当必须作出艰难抉择时，关注关怀的思考者不大可能将暴力视为一种可接受的对人际冲突的回应，他们更可能将面对苦难时的疏离看作道德问题。在这种背景下，我们对市内旧城区青少年所作的研究就变得尤其具有启发意义。

市内旧城区拥有最少的经济资源，因此对市内旧城区青少年的研究提醒我们有必要关注关怀，提醒我们对人类自身资源的关注，提醒我们关注个体养育他人、关怀他人的能力。那些亲耳聆听而非单纯依赖于心理和教育评估手段的研究者，能很容易地在那些市内旧城区儿童和青少年的话语中听到玛雅·安吉罗（Maya Angelou）所称为"丰富的交换"，它表达了一种基于体验和细心观察的人类心理知识。心理学家和教育家时常把这些孩子和青少年看成是不懂得分享或不会分享的，这一事实本身就是大量需要重新考虑的问题的原因所在。

我们在本书的整理过程中仔细权衡，以使读者能关注那些临床心理学家和精神治疗医师可能更有兴趣的论文，以及那些曾经出现在专业期刊中的论文：凯瑟琳·斯纳－阿代尔（Catherine Steiner-Adair）关于高中女生饮食混乱的利弊研究，达娜·杰克（Dana Jack）对妇女和消沉问题的研究。我们也会提醒读者注意一些新近完成的研究，这样的研究不仅为人们将公正和关怀看作单独的道德视角提供了重要确证，也为人们将关怀思维与女性的自我发展和形成认同紧密联系起来提供了依据。在此，我们参考了安妮·罗杰斯（Annie Rogers）的研究，将公正和关怀的道德声音与简·洛文杰（Jane Loevinger）的自我发展阶段及伊娃·斯科（Eva Skoe）的研究相联系，将女性关怀推理的发展与由埃里克·埃里克森（Erik Erikson）阐述、詹姆斯·马西娅（James Marcia）进行评估的同一性的发展相联系。有关暴力认识中性别差异的研究（在此重点显示的是女性生理弱点方面的研究），已在维基·赫尔格森（Vicki Helgeson）和唐·夏普斯蒂恩（Don Sharpsteen）所实施的重复性研究中得到独立的证实。

最后，我的一些同事同样正致力于创建道德发展的新版图、创立有关心理健康及教育的新观念，他们对我们的研究给予了特别的鼓励和确认，也提供了有关女性发展的新洞见。与当前研究最直接相关的是玛丽·别列尼基（Mary Belenky）、布莱思·克林奇（Blythe Clinchy）、南希·戈德伯格（Nancy Goldberger）和吉尔·察鲁莱（Jill Tarule）所进行的有关女性认知方式的研究；琼·贝克·米勒（Jean Baker Miller）和韦尔斯利学院（Wellesley College）的心理学家们对女性关于自身意识的发展及精神治疗进行了描述；萨拉·鲁迪克（Sara Ruddick）提出了母性思维的概念并对其与创建和平的关系进行了探讨；简·马丁（Jane Martin）在其著作《恢复交流》（*Reclaiming a Conversation*）中对理想的有教养女性的形象进行了考察；吉塞拉·科诺普卡（Gisela Konopka）在倾听青春期女孩的声音并认真考虑那些声音方面开创了先河。作为收集研究报告和论文的本论文集的编者，我们希望这里绘制的版图和指示的路径将会鼓励并促使其他人进行更深入的探索。

卡罗尔·吉利根（Carol Gilligan）

贾妮·维多利亚·沃德（Janie Victoria Ward）

吉尔·麦克莱恩·泰勒（Jill McLean Taylor）

马萨诸塞州坎布里奇（Cambridge, Massachusetts）

出版人 所广一

责任编辑 何 艺

版式设计 孙欢欢

责任校对 贾静芳

责任印制 曲凤玲

图书在版编目（CIP）数据

描绘道德的图景：女性思维对心理学理论与教育的
贡献／（美）吉利根等主编；季爱民，杨启华译. —北
京：教育科学出版社，2012.11
（当代德育理论译丛）
书名原文：Mapping the Moral Domain
ISBN 978 – 7 – 5041 – 6782 – 8

Ⅰ.①描…　Ⅱ.①吉…　②季…　③杨…　Ⅲ.①女性心
理学—影响—伦理学—文集　Ⅳ.①B82 – 53

中国版本图书馆 CIP 数据核字（2012）第 149200 号
北京市版权局著作权合同登记 图字：01 – 2004 – 5801 号

当代德育理论译丛
描绘道德的图景：女性思维对心理学理论与教育的贡献
MIAOHUI DAODE DE TUJING：NÜXING SIWEI DUI XINLIXUE LILUN YU JIAOYU DE GONGXIAN

出版发行	教育科学出版社				
社　　址	北京·朝阳区安慧北里安园甲9号		市场部电话	010 – 64989009	
邮　　编	100101		编辑部电话	010 – 64981167	
传　　真	010 – 64891796		网　　址	http://www.esph.com.cn	
经　　销	各地新华书店				
制　　作	北京金奥都图文制作中心				
印　　刷	北京中科印刷有限公司				
开　　本	169 毫米×239 毫米　16 开		版　　次	2012 年 11 月第 1 版	
印　　张	20.25		印　　次	2012 年 11 月第 1 次印刷	
字　　数	306 千		定　　价	45.00 元	